左門式ネスペ塾 手を動かし

# ネスペ「ワークブック」

左門至峰・山内大史 著

技術評論社

# はじめに

皆さん，こんにちは。ネットワークスペシャリスト試験対策の「ネスペ」シリーズの著者である左門です。
この本は，ネットワークスペシャリスト試験合格に必要な知識を，手を動かして考えて理解する形式の「ワークブック」です。

なぜこの本が合格のために重要なのか，背景を含めて説明します。
私は，対面やオンラインでネスペ試験の集合研修を実施しています。このとき，一方的に講義する形式は取っていません。「聞く」または「ホワイトボードを見る」だけの学習では，合格に必要な力を得ることができないからです。試験は答案に答えを書かなければいけません。アウトプットできてこそ，合格があるのです。
ですから，講義中には皆さんに，質問を投げかけたり，実際にVLAN設計などを書いてもらいます。経験が豊富な方も参加されていて，熱心に私の講義を聞いてくださいます。でも，いざ，アウトプットするとなると，意外に難しいものです。たとえば，このあとの0章では，「ネットワーク構成図を描いてみよう」という問題があります。これが皆さん，なかなか描けません。FWやDNSサーバなど，部分的に機器を並べたり，なんとなくでしか描けない人がほとんどです。私から追加で，「WANで拠点と接続したり，機器を冗長構成にしてください」とか，「ケーブルも1本1本，ごまかさずに適切に描いてくださいね」とお伝えすると，頭を抱える人が増えます。

でも，ご安心ください。私のネスペ塾でも，多くの方が合格されていますが，はじめからちゃんと描ける人はいません。ゼロです。でも，アウトプットをすることで，自分に不足している知識が何かがわかったり，曖昧だった知識が体系的に整理できたりするのです。そうやって失敗しながらも，合格へ大きく近づいているのです。最初から「私はわからない」とあきらめる人の合格率は高くありません。「合格しました！」という喜びの声とともに合格体験談を送ってくださる人は，私の質問に，わからないなりにも必死にノートに図を描いて，間違ったところを自分自身で理解しようとする人ばかりです。

本書の狙いはまさにそこです。私がやっているネスペ塾を，ワークブックという形で紙面化してお届けしたいと思いました。私の著書である「ネスペ」シリーズや「ネスペ教科書」では，主に知識の理解を促し，このワークブックで，アウトプットの力を身に付けてください。

そして，ネットワークスペシャリスト試験の合格を勝ち取っていただきたいと思います。

2022年　7月　　左門至峰

［左門式ネスペ塾］手を動かして理解する　ネスペ「ワークブック」［目次］

## Chapter 18 プロキシサーバ 312



## Chapter 19 ネットワーク管理 325

Chapter 0　Network Specialist WORKBOOK

# 本書の内容と学習方法

## 本書の意図と内容について

本書は，ネットワークスペシャリスト（以下，「ネスペ」と略称します）試験に重要なアウトプット力をつけるための本です。「アウトプット」といっても，問いに対して単にキーワードを答えるだけの単純な一問一答にとどめていません。その背景にある技術知識を本質から理解できるよう工夫した問いかけを用意しました。

新しい形式の本ですね。想定される読者層を教えてください。

読者層は，ある程度ネットワークの知識があり，ネスペ試験に合格するためにレベルアップをしたい方たちです。ネットワークの初学者がいきなり学習するテキストではありません。もし，ネットワークの知識が不十分という場合は，本書を利用する前に，ネットワークの基礎テキストなどでざっと学習してください。

また，本書では，筆者によるオリジナル問題を多数用意しています。本試験とは違って，答えが1つではないものがたくさんあります。

本試験のように，問題文にたくさんの制約を入れて答えを1つにしてくださいよ。

一問一答形式の問題では，そうしています。しかし，それ以外の問題では，いろいろと知識を膨らませてほしいと考えました。たとえば，このあとの13ページでの皆さんへの最初の問いは，「ネットワーク構成図を描いてみよう」です。細かい制約はありません。よって，解答は人それぞれになってしまいます。ですが，ヒントも何もない状態でのこの問いかけだからこそ，頭をフルに使って考えなくてはいけません。ある程度の答えが書いてあって部分的に埋めるのと，ゼロから書くのとでは労力が違います。しかし，その分，得るものも大きいと思います。

では，正解が1つとは限らないのですね。

はい，記載した答えは，あくまでも一例です。すべての正解を書くことはできません。よって，本書に記載した以外にも，皆さんが考えた正解がある可能性があります。その点，ご容赦ください。

## 本書の構成と勉強方法

本書を学習するタイミングには，明確な決まりはもちろんありません。『ネスペ教科書』などのテキストでの基礎学習をしたあとであれば，どのようなタイミングでもかまいません。実際の過去問を解く前でも，何度か解いた後でもいいと思います。

本書は，以下の3ステップで構成しています。ステップ1から順に勉強を進めてください。ステップ1の短答式問題にしっかり取り組むだけでも，実力アップを図ることができます。

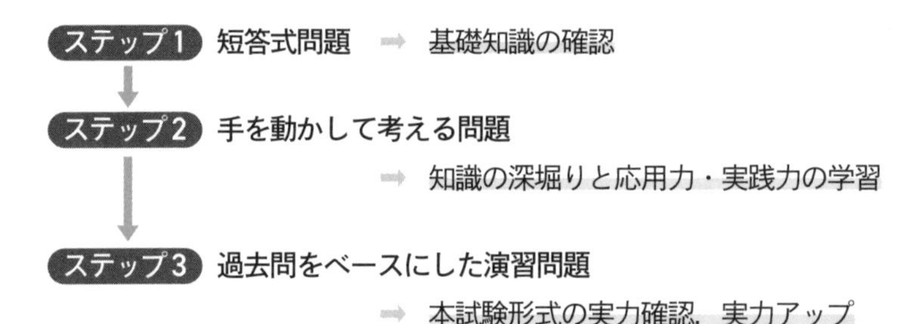


### ステップ1 短答式問題

一問一答形式や穴埋め形式でキーワードを答える問題です。これは，皆さんの基礎知識を確認するための問題です。過去のネスペ試験で実際に問われた問題を中心に作問しています。

ステップ1では，8割以上の正解を目指してください。逆に，ここの問題が8割解けない場合は，拙書『ネスペ教科書』などのテキストを使って，該当分野の基礎知識を再復習しましょう。

## ステップ2 手を動かして考える問題

ネスペ試験になかなか合格できないという方は，この「ステップ2：手を動かして考える問題」に注力してください。

ステップ2では，ネットワークの設計，たとえばIPアドレスの割当てやVLAN設計，STPの設計，VRRPなどの設計をする問題に取り組んでもらいます。

**でも，設計の問題なんて解く必要ありますか？**

もちろんです。ネスペ試験の午後試験は単純な知識問題ではありません。ネットワーク構成図を理解し，現状の課題を見つけ，適切なネットワークを設計して答えを出す問題が多数出題されます。IPアドレスやVLAN，ルーティングテーブルなどが詳細に記載された上で，それを読み解く問題が毎年出題されているのです。

本試験で，それらの図を初めて見て，短時間で内容を理解するのは容易ではありません。ですが，ステップ2に取り組むことで，そのような問題を解くために必要な実力を身につけることができます。

ステップ2の問題の素材は，ネスペ試験の過去問の内容を扱っています。この学習を通じて，ネットワーク構成図を自ら描けるだけでなく，IPアドレスの割当てやVLANなどの設計もその本質を理解しておけば，設問を解くのは簡単です。

それに，ネットワークの設計は基本的にはどれも同じです。理解するまでは少し時間がかかるかもしれませんが，一度理解してしまえば，別の切り口の問題や，応用・発展問題も解けるようになります。

また，ステップ2では，IPアドレスやVLAN，ルーティングの設計といった課題のほか，実機で実際にコマンドプロンプトから操作したり，Wiresharkを使ってパケットを見たり，プロキシの設定を確認してもらう内容なども用意しました。百聞は一見に如かずという言葉のとおり，実際にやってみることで理解が深まります。

**手を動かすのは大事だと思いますが，時間がかかりませんか？**

今回のステップ2での課題で意識した点は，以下の2つです。

- 大掛かりな設定が不要であること（つまり，時間がかかりすぎない）
- 無料でできること

忙しい皆さんでも手軽に取り組めるようにしています。ご安心ください。

ですが実をいうと，少し手間をかけた設定，または，少しばかりのお金をかけて行ってみることも，いい勉強になります。そこで，時間と少しばかりのお小遣いを捻出できる人は，Chapter1のステップ2「L2SWやルータの設定」や，Chapter6のステップ2「Webサーバの構築」にもチャレンジしてみてください。

エンジニアの皆さんなら，手を動かすことは単純に楽しいと思います（私はとても楽しいです）。勉強が単調になりがちだと継続できません。コマンドプロンプトでDNSの名前解決をしたりしながら，楽しく勉強しましょう。それに，ネスペ試験の合格を目指すだけでなく，実務でも活かせること間違いなしです！

### ステップ3 過去問をベースにした演習問題

最後は，過去問をベースにしたオリジナルの演習問題です。過去問では，問題の構成上，10ページを超える問題文の中で出題数は限られています。たとえば，穴埋め問題であれば，せいぜい5，6個しか出題されません。しかし，出題された5，6個だけを覚えておけばいいということではありません。翌年になれば，違うキーワードが問われます。

そこで本書では，1つの過去問の一部分を切り取ったところを題材として，過去に問われたことを中心に，たくさんの設問を用意しました。従来のものより効率的に勉強できると考えてください。設問の数はたくさんあっても，問題文はコンパクトにまとめていますので，忙しい皆さんであっても短時間で効率的に勉強できると思います。

題材にした過去問ですが，直近のネスペ試験の問題をやりこんでいる受験生も多いだろうと想定し，少し古い問題や応用情報技術者試験（AP試験）のネットワーク分野の問題を中心に取り上げています。

ステップ3は本試験形式で実力を確認する場でもあります。正答率が7割を超えていないようであれば，テキスト等での基礎知識の確認とステップ1の学習を改めて実施してください。

また，本書では，テーマごとに内容を整理しています。時間が限られている場合には，苦手なテーマを中心に学習を進めていくのも得策です。

## ネットワーク構成図を描いてみよう

私が開催しているセミナー「ネスペ塾」では，授業の最初に，皆さんにネットワーク構成図（物理構成図，つまり目に見える機器の構成）を描いてもらうことがあります。題材は，「あなたの会社（または学校）のネットワーク構成」です。皆さん，日頃からネットワークを使ってインターネットやファイルサーバへアクセスしたり，メールや業務アプリケーションを利用したりしていることでしょう。それらの，使用しているネットワーク機器を記載し，配線をすべてつないで，IPアドレス設計をしてください。冗長構成になっている場合は，その部分の機器構成や配線も記載します。

さて，皆さん描いてみてください。

## 設計のヒント

自分の知識不足が原因ですが，何を描いていいのかわかりません。

この問いで，いきなりスラスラと描ける人は多くありません。そこで，設計のヒントを出します。

※ネスペ試験でも登場する構成のなかで，比較的大規模なものを想定しています。

### 物理構成

- 公開サーバは，想定されるものをなるべく多く設置する。
- 社内にはサーバセグメントがある。
- プロキシサーバは，外部からのリモートアクセスと，インターネットアクセスの高速化のためのものがある。
- 本社は3階建て。各島にスイッチを置くが，各階には大きめのスイッチを設置する。
- コアとなるスイッチは冗長化する。
- スイッチはL2SWとL3SWを使い分ける。
- データセンターや各拠点・営業所（合計4カ所）とも接続する。
- 本社や拠点のWAN回線を2重化するとともに，ルータも2台ずつ設置する。

### 論理構成

- 物理構成が決まったら，論理構成（IPアドレスやVLAN）も記載する。
- 本社のネットワークは，10.1.0.0/16を使う。
- VLAN番号は任意
- 必要に応じて，グローバルIPアドレスは203.0.113.0/29，198.51.100.0/29，IP-VPNのWANは10.200.0.0/16を使う。

**解答例**

解答例を以下に示します。あくまでも一例なので，このとおりである必要はありません。

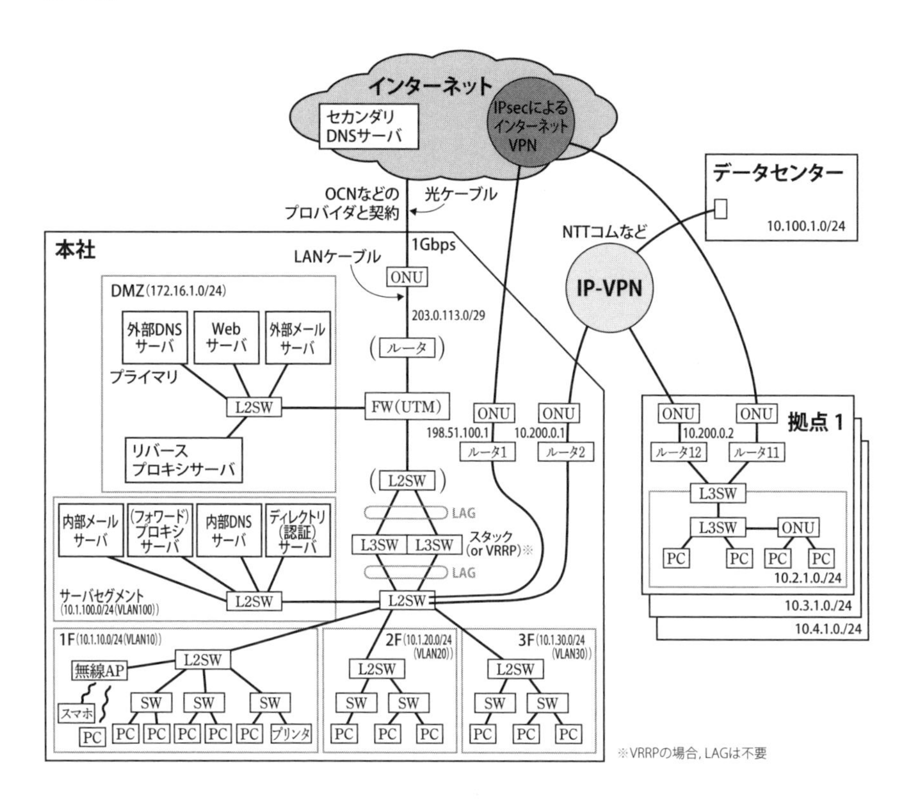


では，順番に解説します。

## ① 本社1FのLAN

皆さんが日常的に利用するネットワーク（LAN）と考えてください。皆さんが使うPCは，有線LANの場合はスイッチングハブ（L2SW）に接続されます。L2SWとSWとに分けているのは，L2SWは24〜48ポートの多機能のスイッチングハブで，SWは小型のものをイメージしました。ですが，どちらもL2SWです。

また，無線を利用する場合は，無線のアクセスポイント（AP）と電波で接続し，無線APとL2SWは，有線LANで接続します。

### ② サーバセグメント

内部LANに設置するサーバを配置します。ここでは，プロキシサーバや内部DNSサーバ，内部メールサーバなどを記載しました。他にも，ファイルサーバや業務用のアプリケーションサーバなどが配置されることでしょう。

### ③ DMZ

外部に公開するサーバをここに配置します。逆に，公開する必要がないサーバは，内部のサーバセグメントに移動すべきです。ここでは，外部DNSサーバや，公開用のWebサーバ，外部メールサーバ，リバースプロキシサーバを記載しました。リバースプロキシサーバは，出先などから社内に接続するための装置です。

### ④ 本社のコアスイッチ

本社のコアスイッチとしてL3SWを2台，スタック構成で接続しています（カッコの中にあるように，VRRPで2台のL3SWを冗長化することもできます）。また，L3SWの上部のL2SWは，なくても問題ありません。ですが，リンクアグリゲーションの設定をするには，設置するほうが自然です。

このあたりのスタックやリンクアグリゲーションに関しては，Chapter2で解説します。

### ⑤ FWとインターネット

これまでのネスペシリーズでも何度も述べていますが，ネットワーク構成図の中心となるのがFWです。FWによって，セグメントを大きく3つに分けます。3つとは，インターネット，内部LAN（サーバセグメントを含む），DMZです。

ルータがカッコで記載されています。

ルータがある場合とない場合があるという意味です。FWからインターネットの接続には，ルータを設置することもありますし，FWが持つルーティングやPPPoEの機能などを利用することで，ルータを設置しない場合もあります。

### ⑥ WAN

IPsecによるインターネットVPNと，NTTコミュニケーションズなどがサービス提供するIP-VPNがあります。詳細はChapter15で解説しますが，どちらを使う場合にも，拠点を接続する部分には，光ケーブルを終端するONUと，レイヤ3レベルでパケットを転送するためのルータが必要です。インターネットVPNを使う場合は，ルータではなく，IPsecVPN機能を持ったFW（たとえばFortiGate）で代用されることもあります。

さて，皆さんの出来栄えはいかがでしたか？ ここまで深く書けなくても問題はありません。自分はどこまでわかっていてどこがわからないか，その点を明確にし，弱点を補強していきましょう。

Chapter 1　Network Specialist WORKBOOK

# LANとIPアドレス

**この単元で学ぶこと**

LAN／VLAN／スイッチ(L2スイッチ)／MACアドレス
IPアドレス／フレーム／パケットキャプチャ

本章は，LANとIPアドレスがテーマです。LANとIPアドレスを中心に，関連するスイッチやVLANなどの問題を出題しています。

また，「0.2 本書の使い方」で説明したとおり，本書は3ステップ構成になっています。最初のステップは，短答式問題です。まずは皆さんの理解を確認するために，短答式問題にチャレンジしてください。このとき，頭の中だけで答えを出すのではなく，実際に紙に書くようにしてください。

ノートに書いたほうがいいですか？

はい。書くことは必須ではありませんが，読んでいるだけだと上っ面の勉強になる危険性があります。なんとなく言葉を理解したつもりでいると，本試験で実際に書こうとしても，書けなかったりするものです。私も最近，情報処理安全確保支援士の試験を受けたのですが，その際，OCSP（Online Certificate Status Protocol）というキーワードが問われました。ですが，記憶があいまいで，OSCPかOCSPかをとても悩んだ苦い経験があります。

それでは，早速チャレンジしてみましょう！

# ステップ 1 理解を確認する 短答式問題にチャレンジ



## 問題

➡ 解答解説は26ページ

## 1. LAN

**Q.1**

LANには複数の規格があるが，我々が日頃使っている有線LANの規格は総称して，［ ア ］と呼ばれる。［ ア ］では，データを送る際に，［ イ ］と呼ばれるまとまった単位でデータを送信する。

ア：

イ：

**Q.2**

なぜ，上記のようにまとまった単位でデータを送るのか。

**Q.3**

イーサネットフレームの構造を図示せよ。

**Q.4**

上記のフレーム構造にて，IPアドレスはどこに入っているか。

**Q.5**

タイプフィールドには，たとえば何が入るか。

**Q.6**

イーサネットフレームは，どの宛先のホストに送信するかによって，次の3つに分類される。空欄を答えよ。

| 項番 | 名称 | 解説 | 宛先 MAC アドレス |
|---|---|---|---|
| 1 | ア | 同一セグメント内のすべての端末に，データを一斉に送信 | すべての端末を意味する値 |
| 2 | イ | 1つの端末だけにデータを送信 | 宛先の MAC アドレス |
| 3 | ウ | 同一セグメント内の特定のグループの端末に，データを一斉に送信 | マルチキャスト固有のアドレス |

ア：
イ：
ウ：

**Q.7**

上記Q.6の項番1の宛先MACアドレスの具体的な値は何か。

**Q.8**

LANには複数の端末が接続されているため，複数の端末が同時に通信しようとすると，フレームの衝突が起こる。有線LANと無線LANにおける，衝突の検知や衝突の回避の仕組みをそれぞれ答えよ。

有線LAN：
無線LAN：

**Q.9**

有線LANの上記の仕組みの場合，衝突を検知したら，どのような行動をとるか。

# 2. スイッチ

**Q.1**

シェアードハブとスイッチングハブ（スイッチ）との違いは何か。

**Q.2** ✓✓✓

スイッチでは，MACアドレスを学習する機能がある。なぜ学習するのか。

**Q.3** ✓✓✓

上記で学習した情報は，どこに保存されるか。

**Q.4** ✓✓✓

上記には，何と何の情報が記憶されるか。

**Q.5** ✓✓✓

MACアドレステーブルは，どうやって学習するのか。フレームを受信したときか，送信したときかも含めて答えよ。

**Q.6** ✓✓✓

スイッチのポートやホストのNIC（Network Interface Card）では，速度や通信の設定を行うことができる。デュプレックスに関して，以下の空欄を埋めよ。

| 種類 | 解説 | 身近な例 |
|---|---|---|
| 片方向通信 | 一方的な通信 | ラジオ |
| ［ア］通信 (half duplex) | 両者が通話可能だが，両者が同時に通話することはできない | トランシーバ |
| ［イ］通信 (full duplex) | 両者が双方向で，同時に通話することが可能 | 電話 |

ア：

イ：

**Q.7** ✓✓✓

LANケーブルには，ストレートケーブルとクロスケーブルがある。昔はPCとPCを接続するときは，クロスケーブルで接続する必要があった。しかし，今ではPCとPCでもストレートケーブルで通信ができる。これはなぜか。

# 3. VLAN

**Q.1**

ポートベースVLANの場合，スイッチの物理的な1つのポートに所属するVLANの数はいくつか。

**Q.2**

スイッチにポートVLANを設定した場合と設定していない場合で，スイッチを流れるフレームの構造は変化するか。

**Q.3**

ポートVLANが設定されたポートを「アクセスポート」といい，タグVLANが設定されたポートを［　　　］ポートという。

**Q.4**

以下は，タグVLANのフレーム構造であるが，VLANタグ（802.1Qヘッダ）は何バイトか。

| 宛先MAC<br>アドレス | 送信元MAC<br>アドレス | VLANタグ | タイプ | データ | FCS |
|---|---|---|---|---|---|

**Q.5**

上記のなかで，VLAN IDに利用されるのは何ビットか。

**Q.6**

よって，VLANの最大数はいくつになるか。

**Q.7**

以下の設定は，ポートVLANとタグVLANのどちらの設定か。

```
Switch(config)#interface fastEthernet 0/1
Switch(config-if)#switchport mode access
Switch(config-if)#switchport access VLAN 10
```

※Cisco社スイッチの例

## 4. パケットキャプチャ

**Q.1**

PC1からサーバへのパケットをキャプチャしようとして，両方が接続されたスイッチにパケットキャプチャ用のPC-Xを接続したが，PC-Xにパケットが届かない。なぜか。

**Q.2**

では，スイッチにどのような設定を入れるべきか。

**Q.3**

スイッチに上記の設定をし，PC-XにWiresharkなどのパケットキャプチャソフトをインストールしたが（※それ以外の設定は何もしていない），パケットキャプチャが一切できなかった。なぜか。

**Q.4**

ではPC-Xにどういう設定をすればいいか。

# 5. IPアドレス

**Q.1**

IPアドレス（IPv4）は何ビットか。

**Q.2**

以下の図（H26年度 NW試験 午前Ⅱ問10より）において，図中の各セグメントの数値は，上段がネットワークアドレス，下段がサブネットマスクを表す。セグメントBをプレフィックス長で表すと，どうなるか。

セグメントA
ルータ
セグメントC
172.16.1.224
255.255.255.252
ルータ
セグメントD
172.16.1.64
255.255.255.192
セグメントB
172.16.1.32
255.255.255.224

**Q.3**

上図において，セグメントDの端末に割当て可能なIPアドレスの範囲は，いくつからいくつまでか。

**Q.4**

セグメントCのブロードキャストアドレスは何か。

**Q.5**

すべてのセグメント間で通信可能としたい。セグメントAに割り当てるサブネットワークアドレスとして，適切なものを選べ。

| | ネットワークアドレス | サブネットマスク |
|---|---|---|
| ア | 172.16.1.0 | 255.255.255.128 |
| イ | 172.16.1.128 | 255.255.255.128 |
| ウ | 172.16.1.128 | 255.255.255.192 |
| エ | 172.16.1.192 | 255.255.255.192 |

**Q.6**

IPv6アドレスの長さは何ビットか。

**Q.7**

IPv6では，128ビットを16ビットごとに区切り，各16ビット（以下，16ビットセクションという）を16進数で表し，区切りにコロン（:）を使用する。また，いくつかの省略ルールがあり，たとえば，2001:0db8:0000:0000:0000:ff00:0042:8329は［　　　］と表わされる。

**Q.8**

IPv6アドレスでは，通常のアドレスの他に，fe80で始まる［　　　］がある。これは，ルータを介さずに直接接続できる相手との通信にだけ使用できるアドレスである。

**Q.9**

IPv6とIPv4とは互換性があるか。

## 解答・解説

# 1. LAN

**A.1** ア：イーサネット　　イ：フレーム

**A.2** **複数のPCがほぼ同時に複数のPCと通信することができるようになるから。**

フレームにしないと，複数のPCと同時に通信できないんでしたっけ？

WANで考えてみましょう。たとえば，専用線であれば，通信する相手と1本ずつ物理的な線を用意する必要があります。フレーム（およびパケット）という考え方を採用し，ヘッダに宛先や送信元のアドレスをつけることで，複数の人が複数拠点と同時に通信ができるようになりました。

**A.3**

| 宛先 MAC アドレス | 送信元 MAC アドレス | タイプ | データ | FCS |
|---|---|---|---|---|

**A.4** **IPアドレスを使った通信であれば，「データ」の中**

※IPアドレスがないフレームもあり，その場合はどこにも入りません。

**A.5** **たとえば，IPv4のデータなのか，IPv6なのかを示す値**

※覚える必要はありませんが，IPv4の場合は「0x0800」で，IPv6の場合は「0x86DD」です。

**A.6** ア：ブロードキャスト　　イ：ユニキャスト　　ウ：マルチキャスト

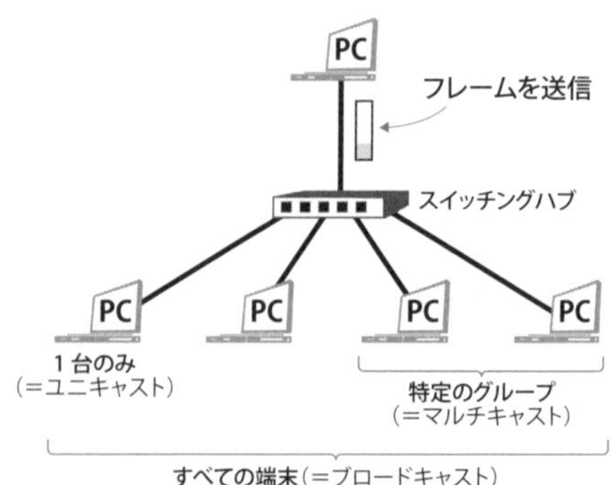

**A.7** **FF:FF:FF:FF:FF:FF**

※16進数Fを2進数で表すと1111であり，FF:FF:FF:FF:FF:FFはすべてが1の意味。

**A.8** 有線LAN：**CSMA/CD**

（Carrier Sense Multiple Access with Collision Detection：搬送波感知多重アクセス/衝突検出）

無線LAN：**CSMA/CA**

（Carrier Sense Multiple Access with Collision Avoidance：搬送波感知多重アクセス/衝突回避）

**A.9** **一定時間が経過した後に再送信を行う。**

無線LANの場合は，仕組みが違いますか？

はい，無線LANの場合，そもそも衝突しないようにしています。CSMA/CAでは，「Collision Avoidance（衝突回避）」とあるように，通信を開始する無線端末が，ほかの端末が電波を出していないかを事前に確認します。なので，基本的には衝突が起こりません。

## 2. スイッチ

**A.1** **シェアードハブ（リピータハブ）は，受信したフレームを，ハブに接続されているすべてのポートに転送する。なので，ハブに接続されているすべてのホストにフレームが届く。一方，スイッチングハブは，フレームの宛先MACアドレスを見て，該当するホストが接続されているポートにのみフレームを転送する。**

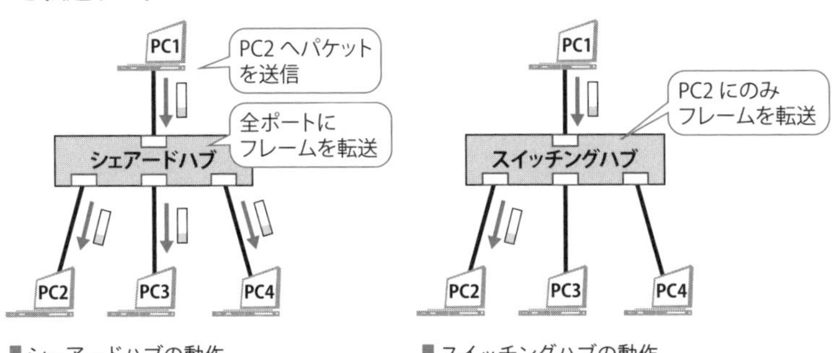


■シェアードハブの動作　■スイッチングハブの動作

こうすることで，LAN上に無駄なフレームを流さなくなり，フレームの衝突も少なくなります。その結果，LANのスループットが向上します。

**A.2　該当ポートにのみフレームを転送するため。**

※学習していないと，どのポートから出力すべきかわかりません。

**A.3　（スイッチングハブの中の）MACアドレステーブル**

**A.4　MACアドレスとポートの対応**

［MACアドレステーブルの例］

| MACアドレス | ポート |
|---|---|
| 00-00-5E-00-53-01 | 1番 |
| 00-00-5E-00-53-25 | 2番 |
| 00-00-5E-00-53-A3 | 3番 |

**A.5　スイッチのポートにフレームが入ってきたとき，そのフレームの送信元のMACアドレスを見て学習する。**

宛先MACアドレスではないのですね。

はい，繰り返しになりますが，フレームが入ってきたポートと，そのフレームの送信元MACアドレスを記録します。

**A.6　ア：半二重　　　イ：全二重**

**A.7　最近のLANは，1G（1000Mbps）が主流である。1000Mbps以上の通信を行う機器は，Auto MDI/MDI-X機能を実装するように通信規格で定められているから。**

# 3. VLAN

**A.1　1つ**

**A.2　変化しない**

※なお，タグVLANの場合は変化します。

**A.3　トランク**

**A.4　4バイト＝32ビット**

**A.5　12ビット**

**A.6　4094個**

2の12乗＝4096で，両端の0と4095はVLAN IDとしては利用できません。よって，4094個のVLAN IDが設定できます。ただし，あくまでも規格上の論理であり，実際の製品では，もっと少ない場合がほとんどです。

**A.7　ポートVLAN（ポートベースVLAN）**

1つのインタフェース（0/1）に1つのVLAN（VLAN10）が割り当てられていることがわかります。



# 4. パケットキャプチャ

**A.1　スイッチ（スイッチングハブ）は，宛先の端末がつながっているポートにのみフレームを転送するから。つまり，PC1からのフレームはサーバにのみ転送され，PC-Xには届けられない。**

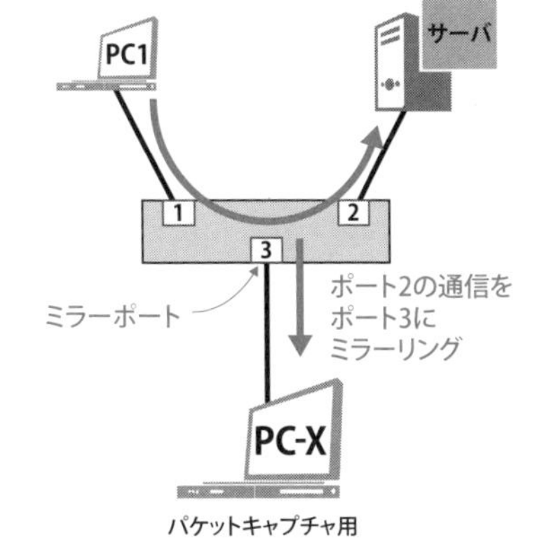


**A.2　ミラーリングの設定をする。**

※参考までに，ミラーリングの設定がされたポートをミラーポートといいます。

具体的には，サーバ（またはPC1）に接続しているポート（図のポート2）のミラーポートとして，パケットキャプチャ用のPC-Xが接続しているポート（図のポート3）を指定します。

**A.3　PC-XのNICは，宛先MACアドレスが自分宛ではないフレームは受け取らないから。**

**A.4　NICの動作モードを「プロミスキャスモード（promiscuous mode）」に設定し，自分宛以外のフレームも受信するようにする。**

# 5. IPアドレス

**A.1** 32ビット

**A.2** 172.16.1.32/27

参考までに，IPアドレスの範囲は，それぞれ以下のとおりです。

| セグメント | プレフィックス長 | IP アドレスの範囲 |
|---|---|---|
| B | 172.16.1.32/27 | 172.16.1.32 ～ 63 |
| C | 172.16.1.224/30 | 172.16.1.224 ～ 227 |
| D | 172.16.1.64/26 | 172.16.1.64 ～ 127 |

**A.3** 172.16.1.65～126

IPアドレスの範囲は172.16.1.64～127ですが，172.16.1.64はネットワークアドレス，172.16.1.127はブロードキャストアドレスであるため，利用できません。

**A.4** 172.16.1.227

**A.5** ウ

選択肢からそれぞれのIPアドレスの範囲は，以下のようになります。

ア　172.16.1.0～127（/25なのでアドレス128個）
イ　172.16.1.128～255（/25なのでアドレス128個）
ウ　172.16.1.128～191（/26なのでアドレス64個）
エ　172.16.1.192～255（/26なのでアドレス64個）

以上から，図と重複しない選択肢はウです。

**A.6** 128

**A.7** 2001:db8::ff00:42:8329

**A.8** リンクローカルユニキャストアドレス

**A.9** ない

# ステップ 2　手を動かして考える IPアドレスとVLANを設計してみよう



ステップ2では，ネットワークの設計問題や，実機を操作する問題にチャレンジしてください。IPアドレス割当てやVLAN設計，STPの設計，コマンドプロンプトでのDNSの問合せなどを実施してもらいます。

ほとんどが初めてのことなので，時間がかかりそうです。

最初は誰でも同じです。しかし，この作業によって本質を理解すれば，別の切り口の問題や応用・発展問題も解けるようになります。

では，早速チャレンジしてみましょう。

## Q.1 VLANの設計を行ってみよう

以下の過去問（令和元年度NW試験 午後Ｉ問3）をもとに，ネットワーク構成図のIPアドレスとVLANの設計を自分で書け。フロア2はフロア1と同様なので，答えは省略してよい。また，IPアドレスやVLAN番号などは，自分で設定すること（自分で考えることが勉強になる）。

> E社は，小売業を営む中堅企業である。E社のネットワーク構成を，図1（次ページ）に示す。
>
> - PCを接続するLANは，各フロア二つ，計四つのセグメントに分かれている。
> - L3SW1，L3SW2で設定されているVLANは，全てポートVLANである。

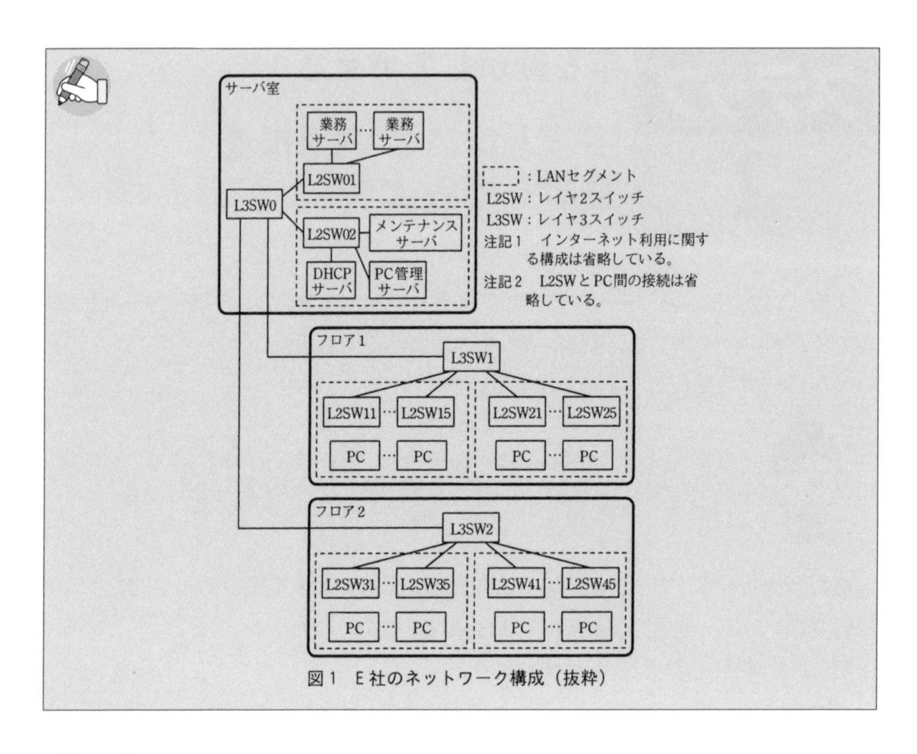

図1　E社のネットワーク構成（抜粋）

# A.1

ネスペ試験のためだけでなく，ネットワークの基礎といえる知識についての勉強です。解答例は以下のとおりです。

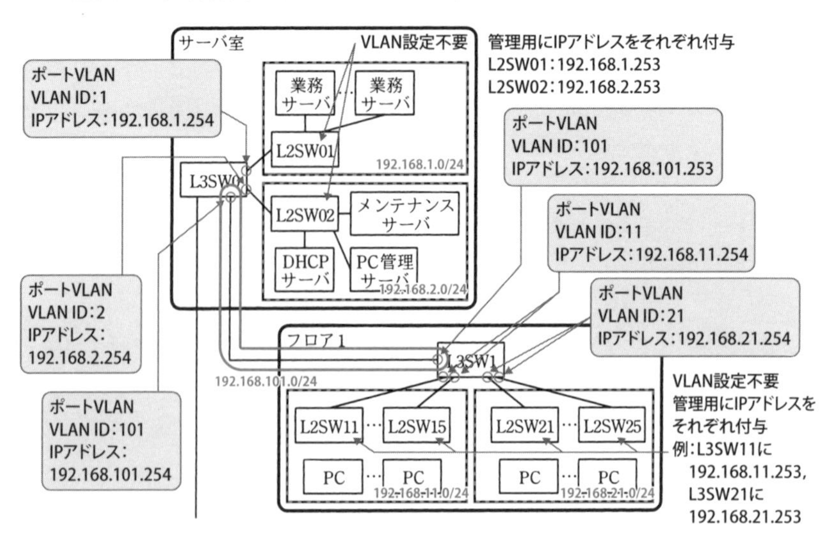

■解答例：E社LANのIPアドレスおよびVLAN設計

少し補足します。点線内はLANセグメントです。サーバ室のセグメントとして192.168.1.0/24と192.168.2.0/24，フロア1には192.168.11.0/24と192.168.21.0/24を割り当てました。

L3SW0を見てみましょう。192.168.1.0/24のネットワークが接続されているスイッチのポートには，ポートVLANでVLAN1，IPアドレス192.168.1.254を割り当てます。同様に，192.168.2.0/24のネットワークが接続されているポートにはVLAN2とIPアドレス192.168.2.254，フロア1と接続するポートにはVLAN101とIPアドレス192.168.101.254を割り当てます。VLANはすべてポートVLANです。

さて，皆さん，IPアドレス設計はできたでしょうか。試験では，ネットワーク構成図は毎回登場します。今回の問題に限らず，別の問題でも，IPアドレスやVLANの設計をしてみましょう。

## Q.2 L2SWでポートVLANとタグVLANの設定をしてみよう

ここからは，ネットワークスペシャリストにとって基本ともいえるL2SWやルータの実機操作についてです。ただし，重大な課題があります。それは，実機を用意する必要があるということです。なので，ここからの作業は可能な方だけでかまいません。

まず，機器の準備方法です。最新の機種を購入すると10万円を超えることもあります。そこで，皆さんの勤務先や学校で機器を借用できる場合は，貸してもらいましょう。または，メルカリやヤフオクなどで中古品を買うのもよいでしょう。古い機種であればあるほど価格が下がります。たとえば，L2SWのCatalyst2950（または2960）や，ルータのCisco 892あたりなら，数千円台で購入できると思います。古い機種でも，VLANやOSPFを学習するには十分です。

筆者がヤフオクで購入したL2SW（Catalyst2960）とルータ（Cisco892）

具体的なL2SWの設定内容ですが，基本的なところで，ポートVLANとタグVLANの設定を行ってみましょう。

はい，実際にやってみると，いい勉強になると思います。

**A.2** 設定方法は，準備した機器によっても変わるので，ネットで検索してみてください。以下は，Ciscoのスイッチをイメージしていますが，ポートの名前などは機器によって変わります。

**①ポートVLANの設定**

ポートごとにVLANを割り当てます。以下はCisco社のスイッチであるCatalystのポート1番にVLAN10を割り当てた場合の設定です。

```
Switch(config)#vlan 10  ←vlan10を新規に作成
Switch(config-vlan)#exit
Switch(config)# interface fastethernet 0/1 ←インタフェースの1番を指定
Switch(config-if)# switchport mode access  ←アクセスポートに設定
Switch(config-if)# switchport access vlan 10 ←VLAN番号を10に指定
```

**②タグVLANの設定**

次ページは，ポート2番にタグVLANの設定をした例です。

```
Switch(config)# interface fastethernet 0/2←インタフェースの2番を指定
Switch(config-if)# switchport trunk allowed vlan 10,20←VLAN10と20
                                                          を許可
Switch(config-if)# switchport mode trunk←トランクポートに設定
```

ここで，allowd vlanというのは，許可するVLANです。この場合はVLAN10と20を許可しています。

また，タグVLANが設定されたポートを「トランクポート」といいましたね。

## Q.3 ルータの設定をしてみよう

ルーティングに関する問題も，ネスペ試験では非常によく問われます。動的経路としてOSPFを設定し，2台のルータで経路情報を交換させましょう。

## A.3 OSPFの設定そのものは単純です。以下が設定例です。

```
ip routing      ←ルーティングを有効にする
router ospf 1 ←1はプロセスIDで，複数のプロセスを持つ場合に使う（あまり気にしない）
network 192.168.1.0 0.0.0.255 area 0  ←ルーティングを有効にするセグメン
                                        トを記載する。今回のエリアは0
network 192.168.2.0 0.0.0.255 area 0
```

設定が終わったら，通信テストをしたり，経路情報はどのように表記されるのかを見ておくといいでしょう。余裕があれば，コストを設定してみたり，どの機器がDR（Designated Router）になっているかなど，実際に試験で問われた設定を確認してください。設定方法は，ネット上に記載されているので，調べながら（ときに苦労しならがら）設定すると，理解が深まり記憶にも定着すると思います。

※ルーティングの詳細については，Chapter11「ルーティング」で解説します。

# ステップ3 実戦問題を解く
# 過去問をベースにした演習問題にチャレンジ

ステップ3は，過去問をベースにしたオリジナルの演習問題です。ネットワークスペシャリストの本試験の問題文は長文です。午後Ⅱであれば，10ページほどあります。ですが，この演習問題では，問題文を大幅に短くし，その中でたくさんの設問を用意しました。

問題文が短いのは助かります。

背景的なところを割愛していますので，若干わかりにくいところがあります。短時間での効率的な勉強のためと考え，ご理解をよろしくお願いします。

では，問題を解いていきましょう。所要時間は，1つの問題を15分で解くことを目安にしてください。

## 問題

次の記述を読んで，設問1，2に答えよ。(平成21年度 NW試験 午後Ⅰ問1を改題)

Z社は，東京の本社，配送所及び横浜の営業所の計三つの拠点をもつ。Z社のネットワークは，各拠点にあるレイヤ2スイッチ(以下，L2SWという)を使用して，広域イーサネットサービス網（以下，広域イーサ網という）に接続されている。参考ではあるが，広域イーサネットとは，網内に，ネットワーク機器である［ ア ］が設置されていると考えればいい。

社員は，各拠点にあるPCから本社にある販売管理サーバ（以下，HK-SVという）にアクセスしている。PCの①IPアドレスは，固定で割り当てられている。また，PCの［ イ ］と$L2SW_3$を，LANケーブルで接続する。配送所では，可搬型端末（以下，HTという）を使って商品管理を行っている。HTに蓄積された商品情報は，無線LAN経由で本社にある商品管理サーバ（以下，SK-SVという）に転送される。さらに，本社にある監視用PC（以下，MPCという）から，L2SWと無線LANアクセスポイント（以下，APという）の監視を行っている。また，Z社には，IP電話による社内電話システムが構築されている。Z社のネットワーク構成を，図1に示す（②）。



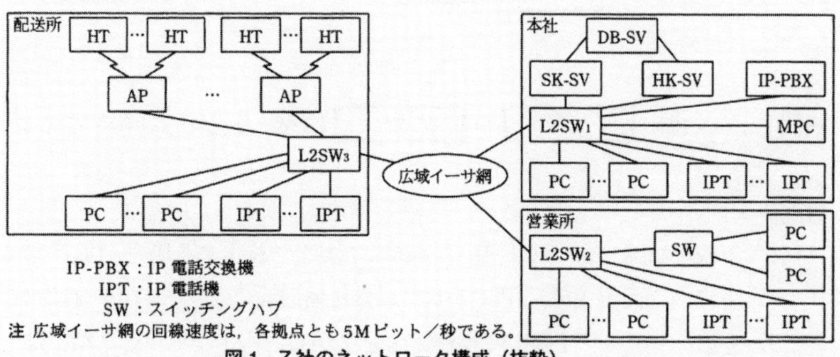


**図1 Z社のネットワーク構成（抜粋）**

Z社のネットワークでは，次の表に示すとおりVLANによって通信を目的別に分離し，L2SWでは，ポートごとに一つのVLANを割り当てて機器を接続している（この方式のVLANは［ウ］VLANといわれる）。ただし，<u>③広域イーサ網を経由する各L2SW間の接続</u>と，<u>④$L2SW_3$とAP間の接続には，［エ］規格のタグVLANを使用している</u>。VLAN用のVIDには12ビットが割り当てられ，VLANの最大数は［オ］個である。また，ポートVLANが設定されたポートを［カ］ポートといい，タグVLANが設定されたポートを［キ］ポートという。

**表 VLANと接続機器又はポートの対応**

| VLAN ID | 接続機器又はポート |
|---|---|
| VLAN 1 | MPC，L2SW-MP，AP-MP |
| VLAN 10 | HK-SV，PC，SW |
| VLAN 20 | SK-SV，HT |
| VLAN 30 | IP-PBX，IPT |

注 L2SW-MPはL2SWの，AP-MPはAPの，論理的な監視用ポートである。

L2SW及びAPの仕様では，タグVLANを使用して中継するVLANの一つを特別なVLANとして扱い，タグを付加しないフレームを使用することになっている。工場出荷時のL2SWには，すべてのポートにVLAN 1が割り当てられ，タグを付加しないフレームを使用する特別なVLANとしても

VLAN 1が設定されている。

L2SWには，[ ク ]と呼ばれる，接続機器のポートの属性を識別して，自ポートの結線をストレート又はクロスに自動的に切り替える機能がある。また，双方向通信なのかや，速度を自動判別してそれを基に自装置の設定を変更する[ ケ ]機能もあり，どちらの機能も有効にした。

**設問1** 本文中の[ ア ]～[ ケ ]に入れる適切な字句を答えよ。

**設問2**

(1) 下線①に関して，PCにIPアドレスを固定で設定する場合，PCのネットワーク設定では，IPアドレス以外に何の設定をするのが一般的か。

(2) ②に関して，図1の中でルーティングができるネットワーク機器はどれか。

(3) 図1において，VLAN 10のPCとVLAN 30のIPTの通信は可能か。

(4) 下線③に関して，各L2SW間はタグVLANを使用するとあるが，ここを通過するVLANをすべて答えよ。

(5) 下線④に関して，$L2SW_3$とAP間を通過するVLANをすべて答えよ。

## 解答

| 設問 | | 解答 |
|---|---|---|
| 設問 1 | ア | スイッチングハブ　または　レイヤ 2 スイッチ |
| | イ | NIC |
| | ウ | ポートベース |
| | エ | IEEE 802.1Q |
| | オ | 4094 |
| | カ | アクセス |
| | キ | トランク |
| | ク | Auto MDI/MDI-X　または　Auto MDI-X |
| | ケ | オートネゴシエーション |
| 設問 2 | (1) | サブネットマスク，デフォルトゲートウェイ，DNS サーバなど |
| | (2) | なし |
| | (3) | 不可能（と考えられる） |
| | (4) | VLAN 1，10，20，30 |
| | (5) | VLAN 1，20 |



## 補足解説

### ■設問1　ア

広域イーサネットは，レイヤ2のネットワークサービスです（参考までに，IP-VPNはレイヤ3のネットワークサービスです）。VLANタグや，ブロードキャストフレームも広域イーサネット網を通過させることができます。

### ■設問1　オ

VIDは12ビットなので，VLANの値は2の12乗＝4096。このなかで，0と末尾の4096は使ってはいけない仕様なので，最大数は4094。

### ■設問2（1）

皆さんも，実際にネットワーク設定の画面を見てみましょう。次ページの画面図はWindows10におけるネットワーク設定の画面です。IPアドレス以外に，サブネットマスクやデフォルトゲートウェイ，DNSの設定を行います。

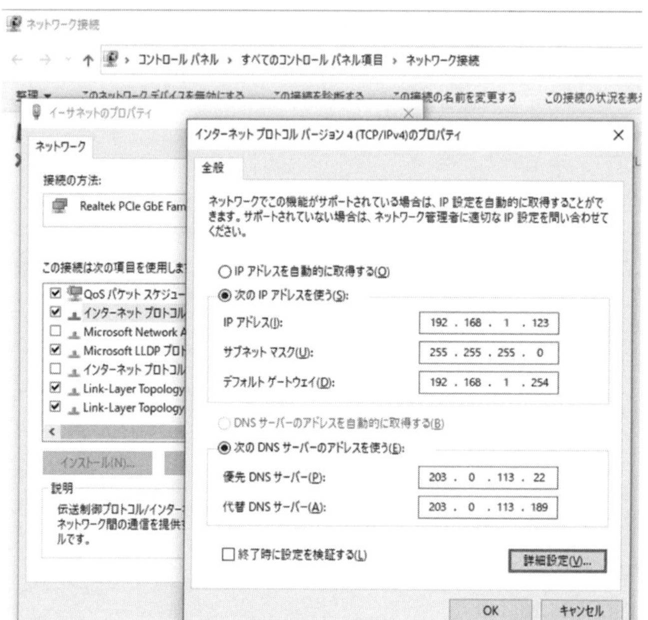


■ネットワーク設定の画面(Windows10)

## ■設問2 (2)

ルーティングをするネットワーク機器の代表は，ルータやL3SWです。それ以外には，FWもルーティング機能を持つことがほとんどです。L2SWはルーティング機能を持ちません。また，ネットワーク機器以外では，PCやSVなどはデフォルトゲートウェイに対してルーティングさせています。PCやSVは設問で指示された「ネットワーク機器」には該当しないという前提ですが，ルーティング機能を持ちます。

## ■設問2 (3)

L3スイッチやルータがないので，VLAN間の通信はできません。

## ■設問2 (4)

表をもとに，各VLANがどのような通信をしているかを確認しましょう。参考までに，各VLANの通信内容を整理すると，以下のようになります。

| VLAN | 通信内容 |
|---|---|
| VLAN 1 | MPC(監視用端末)がL2SWやAPのMP(監視用ポート)を監視するための通信 |
| VLAN 10 | PC（一部は SW に収容）が HK-SV にアクセスする通信 |
| VLAN 20 | HT が SK-SV に商品情報を転送する通信 |
| VLAN 30 | IP 電話に関する IPT，IP-PBX 間の通信 |

どんなVLANが通過するかは，表をもとに，実際の通信を書いてみることが得策です。

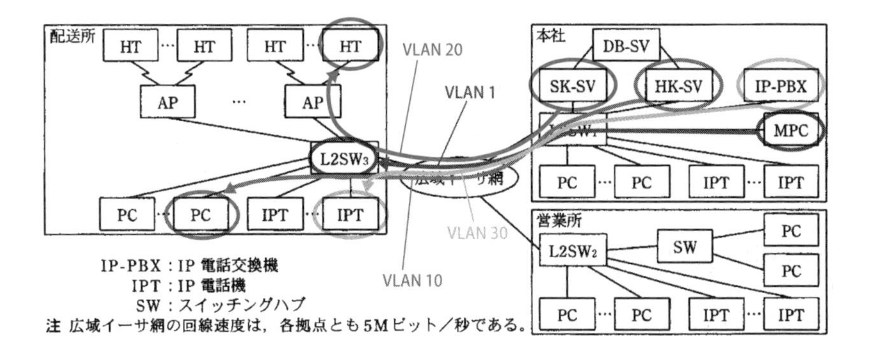


このように書いてみると，広域イーサ網は，すべてのVLAN（VLAN 1，10，20，30）が通過することがわかります。

## ■設問2（5）

設問2（4）で解説した通信の流れを見ると，$L2SW_3$とAP間は，VLAN 20が通過することがわかります。また，VLAN 1は，AP-MP（APの論理的な監視ポート）とMPCの通信が流れるので，VLAN 1も通過します。

Chapter 2　Network Specialist WORKBOOK

# LANの冗長化

この単元で学ぶこと

STP／RSPT／リンクアグリゲーション／LACP／スタック

## ステップ1 理解を確認する 短答式問題にチャレンジ

## 問題

➡ 解答解説は46ページ

### 1. STP

**Q.1** 複数のL2スイッチをループ状に循環する構成にすると，どういう不具合事象が発生するか。その事象を何というか。

**Q.2** なぜ，Q.1の事象が発生するのか。スイッチングハブのフレームの転送の機能を考えて説明せよ。

**Q.3** ☑☑☑

Q.1の事象が起こるのは，どのようなフレームによるものか。また，それ以外のフレームでは発生しないのか。

**Q.4** ☑☑☑

STPは，どのレイヤのプロトコルか。

**Q.5** ☑☑☑

スイッチにて，STPを有効にする目的を2つ述べよ。

①：

②：

**Q.6** ☑☑☑

STPにて，ループを検出するために利用するフレームを何というか。

**Q.7** ☑☑☑

上記のフレームを送るのは誰か。

**Q.8** ☑☑☑

上記のフレームを使って，どうやってループを検知するのか。

**Q.9** ☑☑☑

STPにおけるルートブリッジの決定には，何と何を使うか。

**Q.10** ☑☑☑

上記に関連し，MACアドレスの値が大きい方と小さい方，どちらが優先されるか。

**Q.11**

STPの状態には次の4つの状態がある。ブロッキング，リスニング，ラーニングと，あと1つは何か。

**Q.12**

古くからあるSTPの場合，STPによる経路の切り替えには，最大で何秒ほどかかるか。

**Q.13**

STPを設定したスイッチは，各ポートに，ルートポート，指定ポートおよび非指定ポートのいずれかの役割を決定する。ルートブリッジであるL3SW1では，すべてのポートが［　　　］ポートとなる。

**Q.14**

STPよりも障害時の復旧を高速化できるIEEE 802.1D-2004で規定されているプロトコルは何か。

## 2. リンクアグリゲーション

**Q.1**

リンクアグリゲーションを設定する目的を2つ述べよ。

①：

②：

**Q.2**

リンクアグリゲーションを使わずに，高速な回線を使わないのはなぜか。たとえば，10Gbpsのケーブルではなく，1Gbpsを4本でリンクアグリゲーションを組むことがあるのはなぜか。

**Q.3** STPと比べた，リンクアグリゲーションの利点を2つ述べよ。

①：

②：

**Q.4** リンクアグリゲーションでは，静的に設定する方法と，［　　　］というプロトコルにより動的に確立させる方法がある。

**Q.5** リンクアグリゲーションを静的に設定する方法に比べた，Q.4の動的な設定方法の利点は何か。

## 3. スタック

**Q.1** 2台のスイッチングハブをスタック接続することによる利点を述べよ。

**Q.2** 2台以上のスイッチングハブをスタックで接続する場合，スイッチングハブの間をどんなケーブルで接続するか。

**Q.3** スタック接続した場合，IPアドレスや設定情報（Config）はどうなるか？別々か，それとも共通か。

## 解答・解説

# 1. STP

**A.1** フレームがループし無限に流れ続け，通信ができなくなる。この事象をブロードキャストストームという。

**A.2** スイッチングハブは，受け取ったフレームを別のポートから出力する。ブロードキャストフレームは無条件で転送するので，ループ構成の中を延々と回り，ブロードキャストストームになる。

では，ブロードキャストフレームがループして輻輳(ふくそう)する様子を具体的に考えてみましょう。以下の図と照らし合わせて見てください。

PC1からSW1の1番ポートにARPを送信したとします（下図❶）。ARPのフレームはブロードキャストなので，フレームを受信したポート以外のすべてのポートにフレームが転送されます(図のポート2, 3)。したがって，SW2とSW3にもこのブロードキャストフレームが届きます（❷，❸）。

SW2は，受信した1番ポート以外のすべてのポートにフレームを転送するので，SW3にもフレームを届けます（❹）。SW3は，SW2から受信したフレーム（❹）をSW1に（❺），SW1から受信したフレーム（❸）をSW2に転送します（❻）。SW2はSW3から受信したフレーム（❻）をSW1に転送します（❼）。SW1は受け取った❺や❼のフレームをさらにSW2とSW3に転送します。

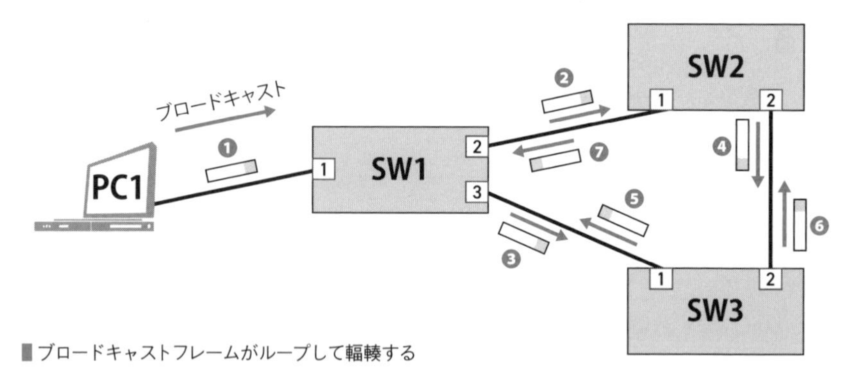


■ブロードキャストフレームがループして輻輳する

こうして，フレームが無限に流れ続けるブロードキャストストーム状態になり，通信ができなくなります。

**A.3** **事象が起こるフレームは，ブロードキャストのフレーム。それ以外のユニキャストやマルチキャストでは，基本的にはループによるブロードキャストストームは起こらない。**

**A.4** **データリンク層（レイヤ2）**

**A.5** **①ループの回避**
**②信頼性向上（冗長性の確保）**

ループ構成を組んでSTPを有効にしておけば，障害時に自動的に迂回経路に切り替わります。

**A.6** **BPDU**（Bridge Protocol Data Unit）

**A.7** **ルートブリッジ**

**A.8** **ループ状になっていなければ，BPDUを1つの経路からしか受け取らない。一方，複数の経路からこのBPDUが届けば，ループ状になっていることがわかる。**

**A.9** **ブリッジの優先度とMACアドレス**

**A.10** **小さい方**

**A.11** **フォワーディング**

**A.12** **50秒ほど**

ブロッキングが約20秒，リスニングが約15秒。ラーニングが約15秒。合計50秒を経て，フォワーディング状態に遷移します。

**A.13** **指定**

**A.14** **RSTP**（Rapid Spanning Tree Protocol）

# 2. リンクアグリゲーション

**A.1** **帯域拡大と冗長化（による信頼性向上）**

※STPとの違いを確認してください。

**A.2** **10Gbpsなどのインタフェースが高額であること，また，冗長化ができるので，1本のケーブルで構成するよりも信頼性を高められる。**

**A.3** **①障害時の中断時間が短い。**
**②帯域拡大ができる。** ※STPでは帯域の拡大ができません

**A.4** **LACP**（Link Aggregation Control Protocol）

**A.5** **対向の機器の状態（正常なのか，ダウンしているかなど）を確認できる。**

令和元年度のネスペ試験で問われたましたね。

そのとおりです。以下は，令和元年度 NW試験 午後Ⅰ問1で問われた内容と構成です。

コアルータ（下図❶）とL3SW（❷）を2本のLANケーブルを使ってリンクアグリゲーション（❸）で構成します。設定はLACPを使って動的（❹）に行います。両者の間には光ケーブル（❺）があり，光ケーブルとLANケーブルはM/C（メディアコンバータ）（❻）で信号の変換を行います。

ここで，M/Cの光ケーブル側に故障が発生したとします（❼）。コアルータでは，M/Cそのものは動作しているのでインタフェースがダウンせず，M/Cの故障を検知できません（❽）。しかし，LACPを使うと，LACPの情報のやりとりができなくなるので，このポートは（故障などによって）使用すべきではないと判断できます。

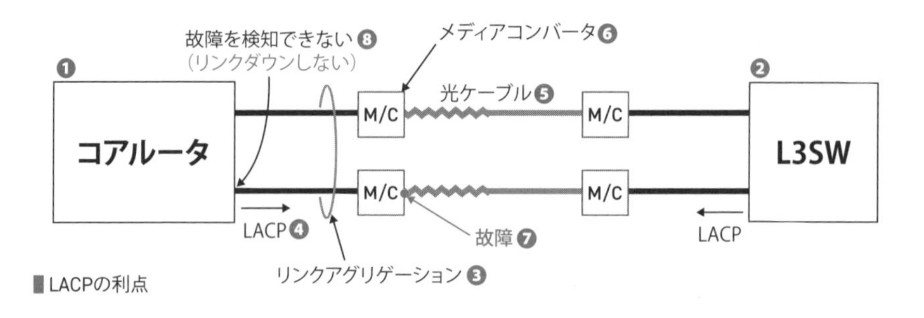


■LACPの利点

## 3. スタック

**A.1** ①ポートの拡張ができる。たとえば，24ポートのスイッチングハブ2台をスタック接続することで，48ポートのスイッチングハブとして利用できる。
②リンクアグリゲーションなどと組み合わせることで，機器の冗長化および帯域の拡大ができる。

**A.2** 主に専用ケーブル（光ケーブルの場合もある）

**A.3** Configは2台で1つ。よって，IPアドレスも2台で1つ。

ステップ 2

手を動かして考える

# スイッチを使ったネットワークを冗長化してみよう

## Q. スイッチを使ったネットワークを冗長化してみよう

リンクアグリゲーション，スタック接続を使うことで，スイッチを使ったネットワークを冗長化してみよう。

冗長化する前の構成は，下図のとおりである。社内LANだけのネットワークで，複数台のPCと，2台のサーバがあり，それらがL3SWとL2SWなどで接続されている。

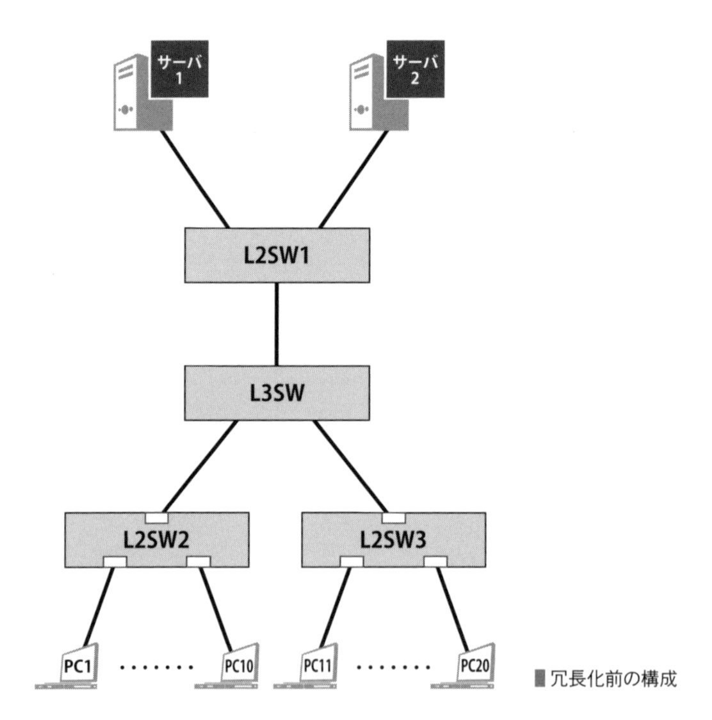


■冗長化前の構成

L2SWの故障率は非常に小さいが，L3SWは故障する可能性がやや高くなる。また，L3SWはこのネットワークの中核をなす大事な機器であるため，冗長化したい。具体的には，L3SWの1台が故障しても，PCからサーバへの通信が切断されないようにする。

**課題1** L3SWを増設して，冗長化した構成を描け。2台のL3SWの一方が故障しても，通信が継続できるようにする。構成はスタック構成を活用し，ループ対策も施す。また，記載した構成において，どのような冗長化技術をどこで使うのかも記載せよ。

**課題2** PCやサーバ, ネットワーク機器（必要な機器に限る）にIPアドレスを（プレフィックス長とともに)割り当てよ。このとき, PC1～10とPC11～20は, 異なるセグメントにすること。

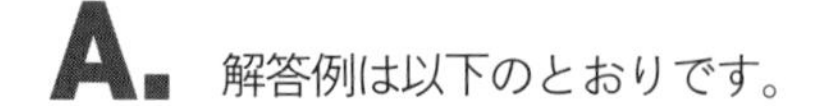

解答例は以下のとおりです。

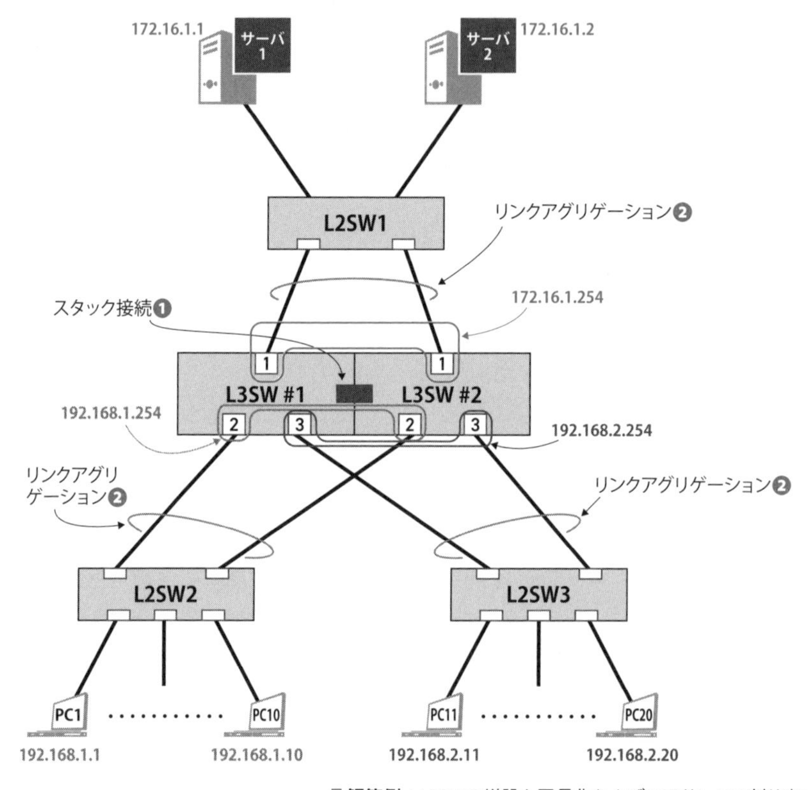


■**解答例**：L3SWの増設と冗長化およびIPアドレスの割り当て

**課題1** L3SWを2台，スタック接続によって接続します。（上図❶）。次に，どちらか一方のL3SWが故障しても通信が継続できるように，L2SWとの間は2本（以上）のケーブルを接続し，リンクアグリゲーションの設定をします（❷）。このとき，2本のケーブルは，2台のL3SWにそれぞれ接続します。

また，この構成にはループは存在しませんが，LANケーブルを誤接続するなどによってループができてしまったときに備え，各スイッチ（L3SW，L2SW）ではSTPを有効にします（スイッチの設定だけなので，図では表せていません）。

**課題2** IPアドレスの割当てに関して補足します。セグメントは，サーバがあるセグメント，PC1～10のセグメント，PC11～20の3つです。サブネットをそれぞれ，172.16.1.0/24，192.168.1.0/24，192.168.2.0/24としました。

もちろん，違うIPアドレスでも構いません。

サーバセグメントを確認します。サーバ1には172.16.1.1，サーバ2には172.16.1.2を割り当てます。また，L3SWのサーバセグメント側のポートも同一セグメントにすべきです。そこで，L3SW#1の1番ポートとL3SW#2の1番ポートを同じVLANに所属させ，そのVLANに対して172.16.1.254のIPアドレスを割り当てます。

L3SWのPC側も同様です。たとえば，L2SW2と接続するL3SW＃1とL3SW＃2の2番ポートに共通のVLANを割り当て，192.168.1.254のIPアドレスを割り当てます。

なんとなくわかったような気がします。

大事なことは,自分で描いてみることです。このようなVLANの設計を含んだネットワーク構成図が毎年のように出題されます。あいまいな知識で終わらせず，自分で設計できるようにしておきましょう。

# ステップ 3 実戦問題を解く
# 過去問をベースにした演習問題にチャレンジ

## 問題

スイッチ間の接続経路の冗長化に関する次の記述を読んで，設問1～4に答えよ。
（H28年度春期 AP試験 午後問5を改題）

R社は，社員200名の医療機器の販売会社であり，本社で，部署1サーバと部署2サーバを運用している。

〔STPの導入検討〕

L2SW間にLANケーブルを増設して経路を冗長化すると，経路が［ア］構成になり，［イ］ストームが発生する。STPは，［ア］構成となった経路の一部をフレームが流れないようにブロックすることで論理的にツリー構成に変更して，経路の冗長化を可能にするプロトコルである。

S君は，L2SWを3台，サーバとPCを2台ずつ用意し，テストLANを構築してSTPの動作確認を行うことにした。テストLANの構成を図1に示す。

3台のL2SWに，図1中の注記に示す設定を行った。注記の設定によって，L2SW1が［ウ］ブリッジになり，L2SW2と［エ］の間の経路がブロックされてツリー構成になる。ループの検出は，一定間隔で送信される［オ］というフレームによって行われる。S君は，各L2SWにサーバ又はPCを接続し，その後，L2SW間を接続してSTPを稼働させた。また，L2SW1のVLAN設定は，図1の表のとおりで，L2SW2とL2SW3には，VLANの設定はしていない。

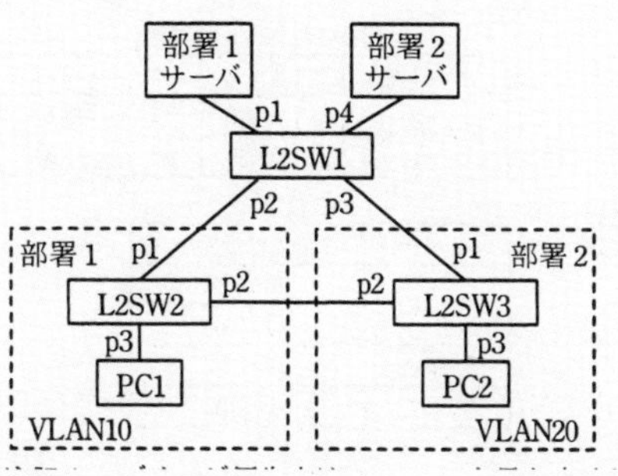


L2SW1のVLAN設定

| ポートID | VLAN名 | VLAN種別 |
| --- | --- | --- |
| p1，p2 | VLAN10 | ポートVLAN |
| p3，p4 | VLAN20 | ポートVLAN |

注記1　L2SW1をルートブリッジとするために，L2SW1のブリッジIDは［　カ　］の値となるように設定した。

注記2　パスコストは，全てのパスに同じ値を設定した。

**図1　テストLANの構成**

S君は図1のテストLAN構築後，次の手順で動作確認を行った。

- PC1及びPC2から，それぞれの部署サーバの利用は問題なく行えた。
- L2SW2のp1に接続されたケーブルを抜いて，経路が再構成されるまで約50秒待った。このとき，ポートの状態は，［　キ　］から，リスニング，ラーニングを経て，フォワーディングに遷移した。
- PC1から部署1サーバまでの経路は，L2SW3経由で再構成されたが，①PC1から部署1サーバが利用できなかった。そこで，PC2をL2SW2のp3に接続し直して部署2サーバにアクセスしたところ，部署2サーバへの通信は［　ク　］した。

〔LAの導入検討〕

LAは，複数のイーサネット回線を論理的に束ね，1本の回線であるかのように扱う技術である。使用中のL2SWを調べたところ，LAに対応していることが分かった。

LAを導入する場合は，図1中のVLAN設定に加え，L2SW1へのVLANの追加設定とLAの設定を行うことになる。LA導入時の本社LANの構成を図2に示す。

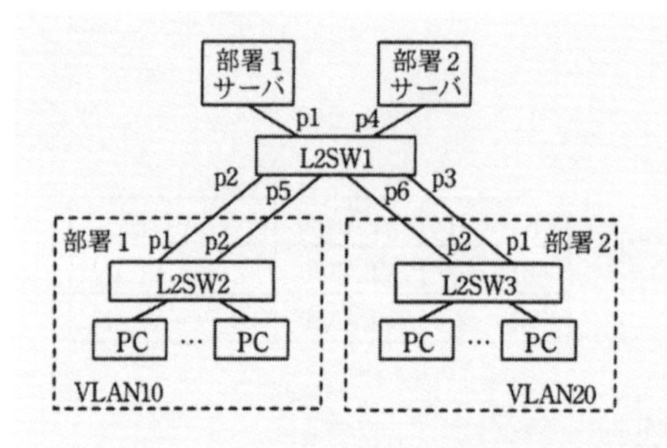


L2SW1のVLAN設定

| ポートID | VLAN名 | VLAN種別 |
|---|---|---|
| p1，p2，p5 | VLAN10 | ポートVLAN |
| p3，p4，p6 | VLAN20 | ポートVLAN |

LAの設定

| スイッチ名 | LAの設定箇所 |
|---|---|
| L2SW1 | p2とp5 |
| | p3とp6 |
| L2SW2 | p1とp2 |
| L2SW3 | p1とp2 |

**図2　LA導入時の本社LANの構成**

図2中の設定によって，例えば，L2SW1のp2とL2SW2のp1を接続する経路に障害が発生しても，L2SW1のp5とL2SW2のp2を接続する経路だけを使って，部署1のPCは，継続して部署1サーバを利用できる。

以上の検討から，図1の本社LANでL2SW間の経路を冗長化する場合，②図2のLAの構成は，図1のSTPの構成に比べて利点があることが分かった。S君が検討結果をT主任に報告したところ，T主任からLAの導入を進めるよう指示を受けた。

**設問1**　本文中の［　ア　］～［　ク　］に入れる適切な字句を答えよ。

**設問2**

(1) 部署1のPC1から部署2のPC2に通信は可能か。

(2) 図1の機器にIPアドレスを割り当てよ（プライベートIPアドレスの中から任意に設定する）。

**設問3**　〔STPの導入検討〕について，(1)，(2) に答えよ。

(1) 本文中の下線①において，PC1が部署1サーバのMACアドレスを取得するためにARPフレームを送信したとき，ARPフレームが到達するサーバ名を，図1中の名称で答えよ。

(2) PC1から部署1サーバが利用できなくなった理由を30字以内で述べよ。

**設問4**　本文中の下線②について，利点を30字以内で述べよ。

## 解答例

| 設問 | | 解答例・解答の要点 |
|---|---|---|
| 設問1 | ア | ループ |
| | イ | ブロードキャスト |
| | ウ | ルート |
| | エ | L2SW3 |
| | オ | BPDU |
| | カ | 最小 |
| | キ | ブロッキング |
| | ク | 成功 |
| 設問2 | (1) | 不可能 |
| | (2) | 割り当て例は以下のとおり<br>部署1サーバ　：192.168.10.10<br>部署1のPC1　：192.168.10.101<br>部署2サーバ　：192.168.20.10<br>部署2のPC2　：192.168.20.102 |
| 設問3 | (1) | 部署2サーバ |
| | (2) | PC1と部署1サーバが所属するVLANが異なるから |
| 設問4 | | 経路障害が発生したとき，通信が中断したとしても短時間で切り替わる。 |



## 補足解説

### ■設問2（1）

部署1のPC1のVLANは10で，部署2のPC2のVLANは20です。両者はセグメントが異なり，VALN10とVLAN20の間をルーティングする装置もありません。

### ■設問2（2）

解答例のとおりです。

L2SWにはIPアドレスを割り当てなくていいのですか？

割り当ててもいいのですが，必須ではありません。割り当てなくてもL2SWの機能を果たし，PCやサーバはL2SWを経由した通信が可能だからです。ただ，SNMP

などで管理をする場合にはL2SWにもIPアドレスを割り当てます。

また，設問3を理解するために，部署1サーバと部署2サーバは異なるセグメントであることを理解しましょう。

■**設問3（1）**

ここに記載の事実をしっかりと認識してください。

L2SW2のp2から出たフレームは，L2SW3を経由して，L2SW1のp3に届きます。

**PC1はVLAN10で，P3はVLAN20ですよね？**
**なんかおかしい気がします。**

そう感じるかもしません。ですが，問題文に記載のとおり，L2SW2とL2SW3には，VLANの設定がありません。単にフレームを転送するだけなので，p3に届きます。

p3はVLAN20であり，部署1サーバはVLAN10であるため，このPC1からのフレームは，部署1サーバには届きません。届くのは，p3と同じVLAN20に所属する部署2サーバです。

※ただし，PC1と部署2サーバのIPアドレスは，セグメントが異なります。なので，両者で通信をすることはできません。単に，ARPフレームが届くかどうかという問いであれば，届くというだけです。

■**設問3（2）**

先の（1）で説明したとおりです。内容を理解していれば，表現が異なっても正解としてください。

■**設問4**

STPは経路が再構成されるのに約50秒かかったという記載がありますが，リンクアグリゲーションの場合は，ほぼタイムラグがなく瞬時に切り替わります。

Chapter 3　Network Specialist WORKBOOK

# MACアドレスとARP

この単元で学ぶこと

MACアドレス／ARP／GARP／ARPスプーフィング

ステップ 1　理解を確認する

## 短答式問題にチャレンジ

### 問題

➡ 解答解説は64ページ

## 1. MACアドレス

**Q.1**

1台のPCにMACアドレスはいくつあるか。

**Q.2**

PCやサーバに2つのNICがあっても，両者で1つのMACアドレスを使う場合がある。それはどんなときか。技術名を答えよ。

**Q.3**

1つのスイッチングハブに，異なるセグメントのPCを接続した場合，通信はできるか。たとえば，次ページの図のようにVLAN機能がないスイッチングハブに，192.168.1.1/24，192.168.1.2/24，10.1.1.1/24，10.1.1.2/24の4台のPCが接続されている。各PC間において通信はできるか。

部分的に通信が可能か，それとも4台それぞれの間で通信が可能か。

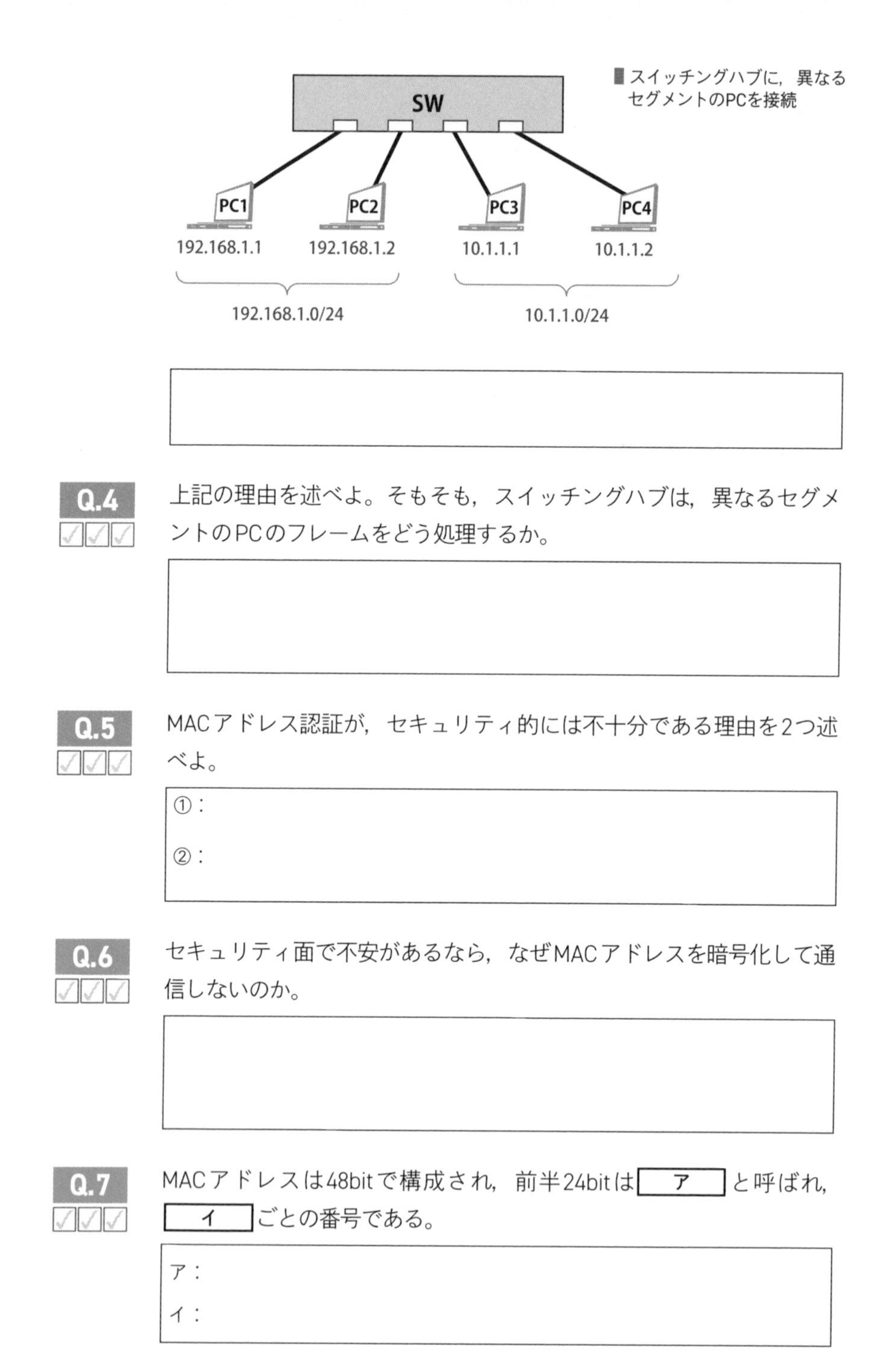


■スイッチングハブに，異なるセグメントのPCを接続

**Q.4**

上記の理由を述べよ。そもそも，スイッチングハブは，異なるセグメントのPCのフレームをどう処理するか。

**Q.5**

MACアドレス認証が，セキュリティ的には不十分である理由を2つ述べよ。

①：

②：

**Q.6**

セキュリティ面で不安があるなら，なぜMACアドレスを暗号化して通信しないのか。

**Q.7**

MACアドレスは48bitで構成され，前半24bitは［　ア　］と呼ばれ，［　イ　］ごとの番号である。

ア：

イ：

# 2. ARP

**Q.1** 以下のネットワークにおいて，PC1からのARP要求は誰に届くか。

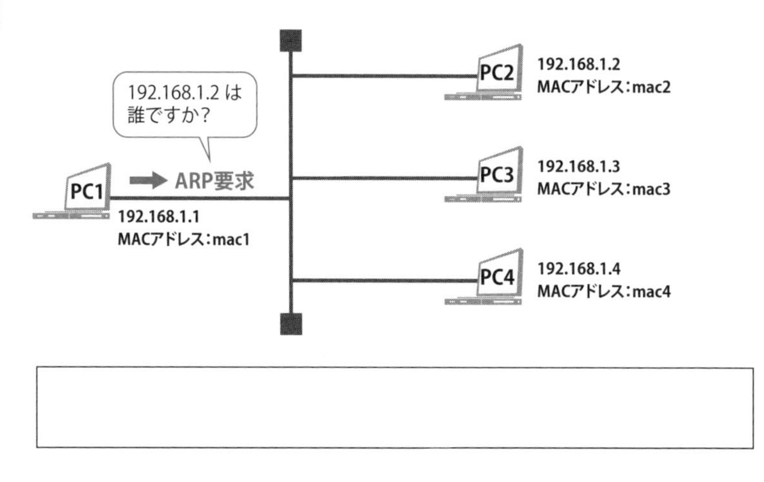


**Q.2** ARP要求フレームの宛先MACアドレスは何か。

**Q.3** ARPテーブルでは，何と何の対応を保持するか。

**Q.4** 上図のPC1からのARP要求の流れにより，PC1に書き込まれるARPテーブルを書け。

**Q.5** 上図のPC1からのARP要求の流れにより，自身のARPテーブルに情報を書き込むのはPC1以外にどれか。ない場合は「なし」と答えよ。

## 3. GARP

**Q.1**

ARPテーブルを更新するためのパケットを何というか。

**Q.2**

以下のように冗長化された2台のファイアウォール（以降，FW）の構成がある。2つのFWはVRRPで構成されている。正常時はFW1がマスター，FW2がバックアップとなる設定をしているため，FW1がアクティブである。また，仮想ルータ用の仮想IPアドレスを設定している。MACアドレスは，仮想MACアドレス（VMAC）が割り当てられている。このとき，PCがFWと通信したあとの，PCのARPテーブルを書け。

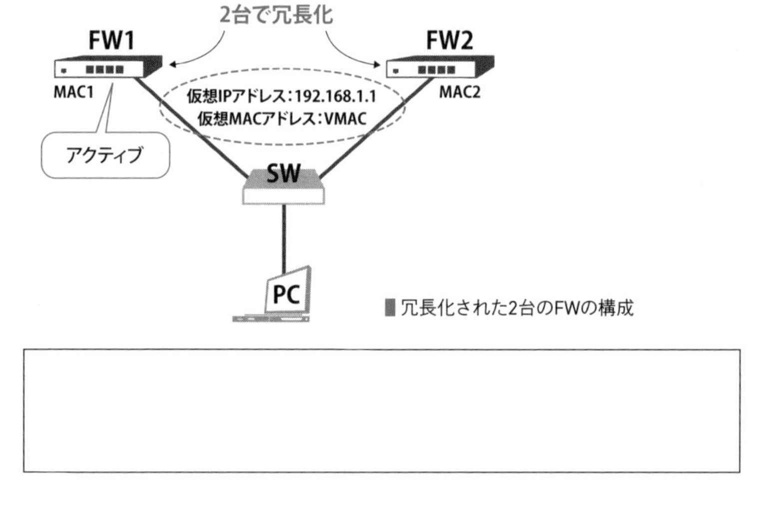

冗長化された2台のFWの構成

**Q.3**

FW1が故障してFW2がアクティブになったとき，ARPテーブルをどう書き換えるべきか。

**Q.4**

GARPは，ARPテーブルを書き換えるのにも利用されるが，VRRPのマスタルータがルータ1からルータ2に切り替わったとき，バックアップルータに接続されているスイッチの[　　　　]テーブルを書き換える際にも利用される。

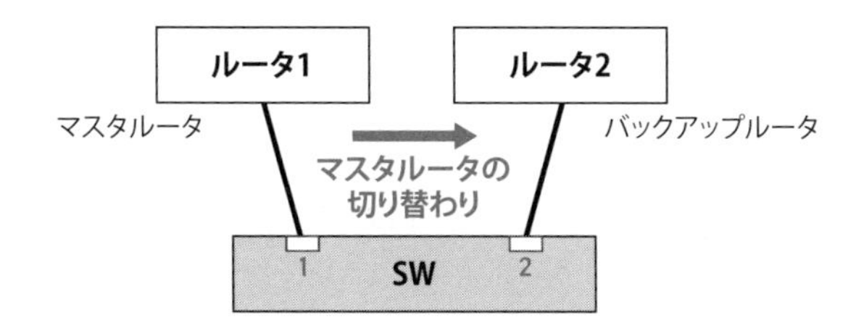


■ マスタルータからバックアップルータへの切り替わり時に書き換えるもの

|  |
|---|
|  |

**Q.5**

このとき，SWのMACアドレステーブルはどのように書き換わるか。

|  |
|---|
|  |

## 解答・解説

# 1. MACアドレス

**A.1** 基本的には，NICの数だけ存在する。（※仮想NICも含めて）

**A.2** チーミング

※チーミングは主にサーバのNICを冗長化する技術です。

**A.3** 同一セグメントのPC間（たとえば，192.168.1.1と192.168.1.2）に限り通信が可能。

**A.4** スイッチングハブは，フレームを転送するだけであり，どのセグメントなのかを意識しない。なので，複数のセグメントが混在しても通信は可能。ただし，異なるセグメントのPCと通信する場合は，ルーティングの処理が必要である。同じスイッチングハブに接続されていたとしても，192.168.1.1のPC1と10.1.1.1のPC3はルーティング処理がないと通信はできない。

**A.5** ①MACアドレスは盗聴可能だから。
②MACアドレスは任意のものに書き換えることができるから。

**A.6** MACアドレスは通信相手を記載しているので，仮にMACアドレスを暗号化してしまったら，そもそも通信ができなくなる。

**A.7** ア：OUI（Organizationally Unique Identifier）　イ：製造者

# 2. ARP

**A.1** PC2，PC3，PC4

同一セグメントだから，すべてのPCに届くのですね？

そのとおりです。

**A.2** ブロードキャスト（FF:FF:FF:FF:FF:FF）

**A.3** IPアドレスとMACアドレス

**A.4**

| IP アドレス | MAC アドレス |
|---|---|
| 192.168.1.2 | mac2 |

**A.5 PC2**

PC2は，PC1のIPアドレスとMACアドレスの情報を，自身のARPテーブルに書き込みます。ARPの通信に参加しなかったPC3とPC4は書き込みません。



# 3. GARP

**A.1 GARP（Gratuitous ARP）**

**A.2**

| IP アドレス | MAC アドレス |
|---|---|
| 192.168.1.1 | VMAC |

**A.3** ARPテーブルを書き換える必要はない。

**A.4 MACアドレス**

**A.5 MACアドレステーブル上のポートが，ポート1からポート2に書き換えられる。**

| MAC アドレス | ポート |
|---|---|
| VMAC | 1 |

→ GARPにより書き換え

| MAC アドレス | ポート |
|---|---|
| VMAC | 2 |

■SWのMACアドレステーブル

# ステップ 2 手を動かして考える ARPテーブルを見てみよう

## Q.1 PCのARPテーブルを見てみよう

PCの**ARP**テーブルを見てみましょう。皆さんに試してもらいたいことは，以下の4点です。

①コマンドプロンプトを立ち上げ，自分のIPアドレスを確認する
②ARPテーブルを見る
③ARPテーブルをクリアして，ARPテーブルを見る
④デフォルトゲートウェイにpingを打って，ARPテーブルを見る

このとき，WiresharkでARPのフレームを見ることも，とてもいい勉強になります。

**A.1** ここでは，Windows10のパソコンでの操作を紹介します。

［スタート］メニューの［Windowsシステムツール］から「コマンドプロンプト」を起動します。その際,「コマンドプロンプト」を右クリックして［その他］→［管理者として実行］を指定してください。

### ①コマンドプロンプトを立ち上げ, 自分のIPアドレスを確認する

コマンドプロンプトで「**ipconfig**」と入力します。

■コマンドプロンプトの結果(抜粋)

```
c:¥>ipconfig

イーサネット アダプター イーサネット:
   接続固有の DNS サフィックス.....:
   IPv4 アドレス.................: 192.168.1.7
   サブネット マスク.............: 255.255.255.0
   デフォルト ゲートウェイ.........: 192.168.1.1
```

自分のPCのIPアドレスが192.168.1.7で，デフォルトゲートウェイが192.168.1.1あることがわかりました。

### ②ARPテーブルを見る

「**arp -a**」と入力します。

■コマンドプロンプトの結果(抜粋)

```
c:¥>arp -a

インターフェイス: 192.168.1.7 --- 0x7
  インターネット アドレス 物理アドレス           種類
  192.168.1.1          2c-ff-65-ec-cb-75     動的
  192.168.1.2          58-27-8c-d8-b6-38     動的
  192.168.1.255        ff-ff-ff-ff-ff-ff     静的
  224.0.0.22           01-00-5e-00-00-16     静的
  ........             ........
```

**192.168.1.0のセグメント以外にも，たくさん表示されます。**

224などのアドレスはマルチキャストなので，ここでは無視してください。前ページの図の場合，デフォルトゲートウェイ（192.168.1.1）のMACアドレスが，表示されています。

### ③ARPテーブルをクリアして，ARPテーブルを見る

まず，メールソフトやブラウザを終了させます。そうしないと，勝手にインターネットに通信してarp要求を実施してしまう可能性があるからです。

では，「**arp -d**」コマンドを実行後に，「**arp -a**」を入力しましょう。

すると，エントリがないと表示されるか，先ほど表示されていたデフォルトゲートウェイ（192.168.1.1）のMACアドレスなどが消えているはずです。

以下のようにARPテーブルが空になりました。

■コマンドプロンプトの結果

```
c:¥>arp -d

c:¥>arp -a

インターフェイス: 192.168.1.7 --- 0x7
  インターネット アドレス 物理アドレス            種類
```

### ④デフォルトゲートウェイにpingを打って，ARPテーブルを見る

「**ping 192.168.1.1**」と入力したあとに，改めて②の操作でARPテーブルを見ます。すると，デフォルトゲートウェイ（192.168.1.1）のMACアドレスが，再度表示されているはずです。

期待したとおりに動いてくれると，うれしいです！

# Q.2 ARPスプーフィングの仕組みを理解しよう

ARPスプーフィングは，ARPフレームに偽りの情報を入れて，相手のARPテーブルに嘘の情報を登録させます。そうすることで，相手の通信を妨害することができます。

攻撃者がマルウェアを送り込んでARPスプーフィングを行えば，通信を妨害したり，通信に介在してPCから不正に情報搾取したりすることが可能になります。

一方，令和元年度 NW試験 午後Ⅰ問3の内容では，ARPスプーフィングによって，LANに接続された不正なPCが正常に通信できないようにしています。PCが不正かどうかは，登録されたMACアドレスかどうかで判断します。

**課題** ARPスプーフィングの攻撃を，具体的にフレームレベルで説明してもらう。構成として，令和元年度 NW試験 午後Ⅰ問3の構成（下図）を用いる。登場人物は，（不正な）PCとL3SW1，通信制限装置である。不正なPCがL3SW1と通信しようとして，❶のARP要求を出す。通信制限装置は，ARPスプーフィングを行うことで，不正なPCが通信できないようにする。

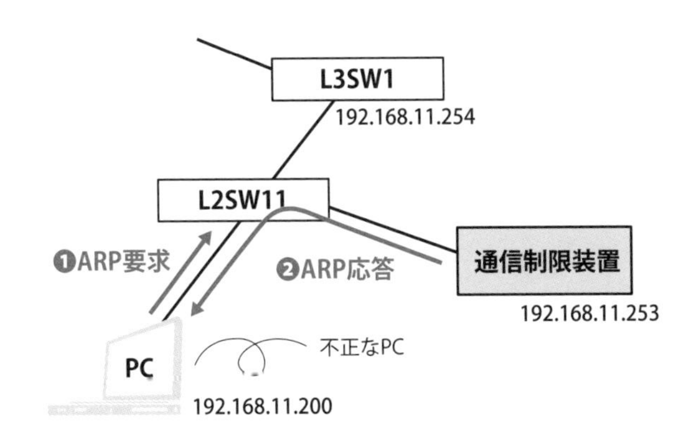


■ 不正なPCと通信制限装置からのARP要求とARP応答

このARPスプーフィングに関して，次の問いに答えよ。

**Q.1** ARP要求のフレームの内容を書け。フレームの項目も考えること。

| | | | |
|---|---|---|---|
| | | | |

**Q.2** 通信制限装置がARPスプーフィングを行う場合の，ARP応答の具体的なフレーム内容を書け。

| | | | |
|---|---|---|---|
| | | | |

**Q.3** ARPスプーフィングをされた場合の，PCのARPテーブルを書け。

| | |
|---|---|
| | |

**Q.4** PCには，ARPスプーフィングを行っている通信制限装置からの応答以外に，L3SW1からも（正規の）ARP応答が届く。PCはこれらの複数のARP応答をどう処理するか。

| |
|---|
| |

# A.

**A.1** ❶のARP要求フレームは，通常のARPです。L3SW1のIPアドレスをもとにL3SW1のMACアドレスを知るために，ブロードキャストを送ります。具体的なフレーム構造は以下のようになります。

| 宛先MACアドレス | 送信元<br>MACアドレス | タイプ | データ |
|---|---|---|---|
| ブロードキャスト | （不正な）PCの<br>MACアドレス | ARP | 【192.168.11.254（L3SW1）の<br>MACアドレスは何ですか？】 |

**A.2** ARPスプーフィングを行う通信制限装置が送信する❷の偽装したARP応答のフレーム構造は以下のようになります。L3SW1のMACアドレスを，自分自身（通信制限装置）であると回答します。

| 宛先MACアドレス | 送信元<br>MACアドレス | タイプ | データ |
|---|---|---|---|
| （不正な）PCの<br>MACアドレス | 通信制限装置の<br>MACアドレス | ARP | 【L3SW1のMACアドレスは通信制限装置のMACアドレスであるXXです】 |

**A.3** PCのARPテーブルは，以下のようになります。通信制限装置の目的は，PCのARPテーブルに嘘の情報を書き込むことです。具体的には，L3SWのMACアドレスを，自分自身（つまり，通信制限装置）にします。

| IPアドレス | MACアドレス |
|---|---|
| 192.168.11.254（L3SW1） | 通信制限装置のMACアドレス |

**A.4　ARPは認証機能がないので，送られたARP応答を無条件に信じる。**

複数のARP応答が届いた場合，あとから届いたARP応答で上書きします。通信制限装置が偽りのARP応答を繰り返し送り続ければ，偽りの情報がARPテーブルに書き込まれることになります。

ステップ 3

# 実戦問題を解く
# 過去問をベースにした演習問題にチャレンジ

## 問題

MACアドレスとARPに関する次の記述を読んで，設問1～3に答えよ。

（H25年度秋期 SC試験 午後Ⅱ問1を改題）

X氏　：今回の盗聴の仕組みを説明する前に，MACアドレスやARPに関する基本的な言葉を整理したい。MAC（Media Access Control）アドレスは，同じアドレスをもつ機器は世界中で一つしか存在しないように割り当てられる［　ア　］ビット（＝［　イ　］バイト）からなるアドレスである。MACアドレスは，PCに1つではなく，基本的にはNICに対して1つずつ割り当てられる。また，ARPは［　ウ　］アドレスから［　エ　］アドレスを取得するプロトコルである。ARPの要求パケットは［　オ　］フレームでセグメント全体に送信され，［　カ　］フレームで返信される。PCは，得られたIPアドレスとMACアドレスの対応付けを［　キ　］テーブルにキャッシュする。

K主任：基本的な用語はわかりました。では，NさんのPCは，どのようにしてMさんからのメールを入手したのでしょうか。

X氏　：状況から考えると，NさんのPCがマルウェアPに感染し，LさんのPCのメール受信時の通信を盗聴した可能性があります。

K主任：どのような手口が使われたのでしょうか。

X氏　：［　a　］という盗聴の手口が利用されたのではないかと思います。

X氏は，図1の拠点6の①ネットワーク構成及び図2の盗聴時のLさんのPCのARPテーブルを用いて，K主任に盗聴の手口を説明した。

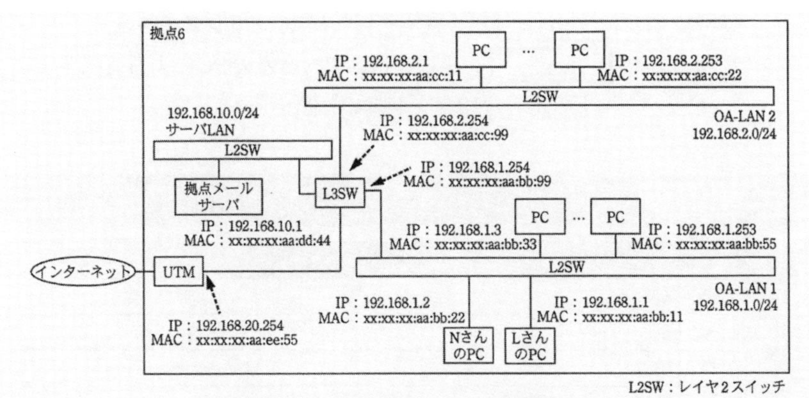


**図1　拠点6のネットワーク構成**

| | |
|---|---|
| IP：192.168.1.254 | MAC：［　b　］ |
| IP：192.168.1.2 | MAC：　（略） |

**図2　盗聴時のLさんのPCのARPテーブル（抜粋）**

X氏　：この手法で盗聴されていたとしたら，LさんのPCのARPテーブルは図2のようになっていたはずです。

K主任：なるほど。このような手口だと，L2SWを利用してネットワークを構築していても盗聴されてしまいますね。

X氏はNさんのPC上に保存されているメールが他にもないか，社内で他にもマルウェアPの感染や不審なメールの受信がないかなどを調査し，今回の事象をまとめて報告書を作成した。

**設問1**　本文中の［　ア　］～［　キ　］に当てはまる字句を答えよ。

**設問2**　下線①に関して，

(1) L3SWはいくつのVLANを持つか。

(2) LさんのPCのデフォルトゲートウェイのIPアドレスは何か。

**設問3**

(1) 本文中の［　a　］に入れる最も適切な字句を答えよ。

(2) 図2中の［ b ］に入れる適切なMACアドレスを答えよ。

(3) 本文中の［ a ］の手口を用いてNさんのPCによる盗聴が成立するパケットの送信元IPアドレスの範囲を具体的に答えよ。

## 解答例

| 設問 | | 解答例・解答の要点 | |
|---|---|---|---|
| 設問1 | ア | 48 | |
| | イ | 6 | |
| | ウ | IP | |
| | エ | MAC | |
| | オ | ブロードキャスト | |
| | カ | ユニキャスト | |
| | キ | ARP | |
| 設問2 | (1) | 4 | |
| | (2) | 192.168.1.254 | |
| 設問3 | (1) | a | ARP スプーフィング |
| | (2) | b | xx:xx:xx:aa:bb:22 |
| | (3) | 192.168.1.1,192.168.1.3 ～ 192.168.1.253 | |

## 補足解説

### ■設問2（1）

192.168.1.0/24，192.168.2.0/24，192.168.10.0/24，192.168.20.0/24の4つ

### ■設問2（2）

デフォルトゲートウェイはL3SWです。

### ■設問3（1）

そもそもですが，同一セグメントなら通信を盗聴できませんでしたか？

できません。通常，スイッチングハブは，MACアドレスを見て，該当ポートにのみフレームを転送します。よって，たとえ同一セグメントにあったとしても他の端末は通信を盗聴することができないのです。今回の場合，ARPスプーフィング

によって，通信先をNさんのPCに変更することで，盗聴が行われました。

**■設問3（2）**

xx:xx:xx:aa:bb:22は，NさんのPCのMACアドレスです。ウイルスに感染しており，ARPスプーフィングを仕掛けています。具体的には，デフォルトゲートウェイ（192.168.1.254）のMACアドレスを，本来のL3SWからNさんのPCのMACアドレスに書き換えます。その結果，デフォルトゲートウェイ宛ての通信がNさんのPCに送られます。NさんのPCは，通信を盗聴したあと，デフォルトゲートウェイに通信を転送します。

**■設問3（3）**

同一セグメントのPCで，NさんのPCとデフォルトゲートウェイであるL3SWを除きます。

Chapter 4



# DHCP

● この単元で学ぶこと

DHCP／DHCPのメッセージ／DHCP リレーエージェント／DHCPスヌーピング

1

## 理解を確認する 短答式問題にチャレンジ

### 問題

➡ 解答解説は79ページ

## DHCP

**Q.1**

DHCPサーバに設定する主な情報は何か。

**Q.2**

DHCPサーバを設置するメリットとして，固定でIPアドレスを割り当てる手間が省略できる点がある。また，それ以外に，払い出したIPアドレスや端末をDHCPサーバにて［　　　］管理できるというメリットもある。

**Q.3**

PCがDHCPサーバからネットワーク情報を取得する際，4つのメッセージをやりとりする。最初に送信されるメッセージは何か。

| 手順 | メッセージ | 動作 |
|---|---|---|
| ① | | PCがネットワーク上のDHCPサーバを探す。 |
| ② | DHCP オファー（OFFER） | DHCP サーバは，提供できる IP アドレスなどのネットワーク設定情報を DHCP クライアントに通知する。 |
| ③ | DHCP リクエスト（REQUEST） | PC が通知された IP アドレスを了承することを伝える。 |
| ④ | DHCP アック（ACK） | DHCP サーバは，PC に IP アドレスを使っていいということを最終通知する。 |

**Q.4**

Q.3の③のDHCPリクエストは，［　　　　］で送信される。

**Q.5**

PCからのDHCPリクエストをルータ等が中継する仕組みを何というか。

**Q.6**

DHCPサーバは，複数のセグメントからIPの要求がきた場合，払い出すIP（のセグメント）をどうやって決めるのか。

**Q.7**

スイッチングハブの機能の一つに，DHCPスヌーピングがある。これは，DHCPのパケットをスヌーピング（のぞき見）し，不正な通信をブロックする機能である。具体的に禁止する不正な接続を2つ述べよ。

①：

②：

**Q.8**

不正なDHCPサーバを勝手に設置することを防ぐために，スイッチでは，DHCPスヌーピングの設定として，正規のDHCPサーバを接続する［　　　］を指定する。

**Q.9**

DHCPスヌーピングでは，正規のDHCPサーバからIPアドレスを割り当てたPCだけを通信させるが，PCの特定は［　　　］で行う。

## 解答・解説

# DHCP

**A.1　払い出すIPアドレスの範囲，デフォルトゲートウェイ，DNSサーバなど。**

それ以外にも払い出すサブネットマスク，ドメインサフィックス，リース時間，払い出しを除外するIPアドレスなども設定可能です。

**A.2　一元**

**A.3　DHCPディスカバ（DISCOVER）**

**A.4　ブロードキャスト**

ユニキャストだとダメということですか？

はい。ブロードキャストで送るのは，この通信によってIPアドレスを取得したことを周りの端末に伝えるためです。ユニキャストで送られた場合，自分の提案が採用されなかったDHCPサーバは，その事実を知ることができません。

**A.5　DHCPリレーエージェント**

下の図がDHCPリレーエージェントの流れです。PCからのDHCP要求（❶）を，L3SW（DHCPリレーエージェントが有効）がDHCPサーバに転送します（❷）。

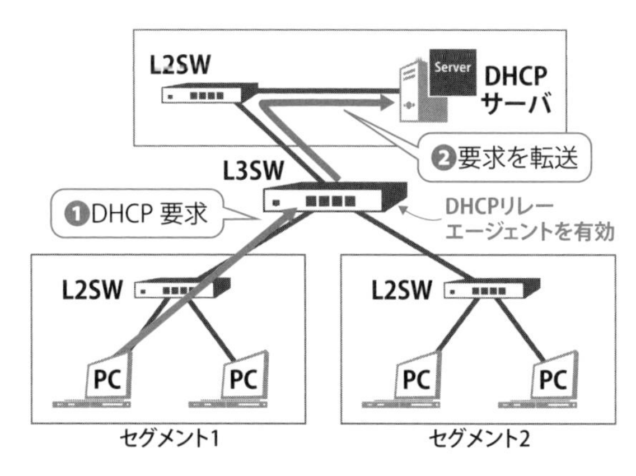


■DHCPリレーエージェントの流れ

**A.6** **DHCPリレーエージェントとなるルータは，DHCPブロードキャストを受信したインタフェース（要求元PC側）のIPアドレス（giaddr=Gateway IP Address）を含めて，DHCPサーバにDHCPリクエストを転送する。DHCPサーバはそのIPアドレスと同一セグメントのIPアドレスを払い出す。**

※この内容は，「ステップ2」でも解説します。

**A.7** **・不正なDHCPサーバを勝手に設置して，端末にIPアドレスを払い出すこと**
**・PCに固定でIPアドレスを割り当てること**

この2つによって，正規のDHCPサーバから割り当てられたPCしか接続できないようにします。

何のためにこんなことをするんでしたっけ？

一例として認証DHCPサーバとの連携により，セキュリティを強化するためです。認証DHCPサーバにて，事前に登録されたMACアドレスだけにIPアドレスを払い出すようにすれば，不正端末をネットワークに接続できないようにできます。このとき，PCが固定でIPアドレスを割り当てたり，不正なDHCPサーバからIPアドレスを取得できないようにします。

**A.8** **ポート**

この設定をしておかないと，正規のDHCPサーバからIPを払い出された場合であっても，DHCPスヌーピングによって通信がブロックされてしまいます。

**A.9** **MACアドレス**

正規のDHCPサーバから払い出したDHCPのフレームを見て（のぞき見），許可させるPCのMACアドレスを入手します。

# 手を動かして考える
# DHCPリレーエージェントの仕組み

## Q. DHCPリレーエージェントの仕組みを理解しよう

以下は，CiscoルータにDHCPリレーエージェントを設定し，PCが別サブネットにあるDHCPサーバからIPアドレスを取得する様子である。DHCPサーバでは，10.1.1.0/24と172.16.1.0/24の2つのサブネットにIPアドレスを払い出す。

このときの，DHCPディスカバ（❶，❷）とDHCPオファー（❸）のフレームやパケットの内容を，できる限り書け。

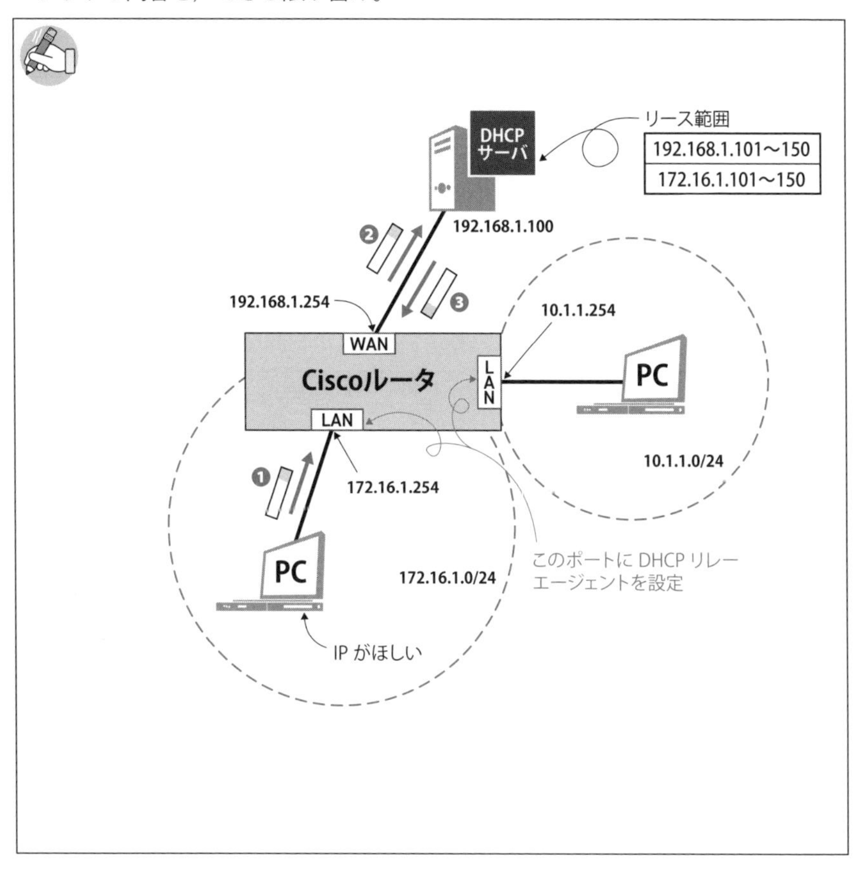


4
DHCP

**A.** 解答例は以下のとおりです。フレームの内容をすべて正確に書ける必要はありません。ですが，テキストに書かれている内容をただ眺めるのと，実際に自分でゼロからフレームを書くのとでは，理解の深まり度合いが違います。たとえ間違えたとしても，なぜそうなっているのかを理解できれば十分です。

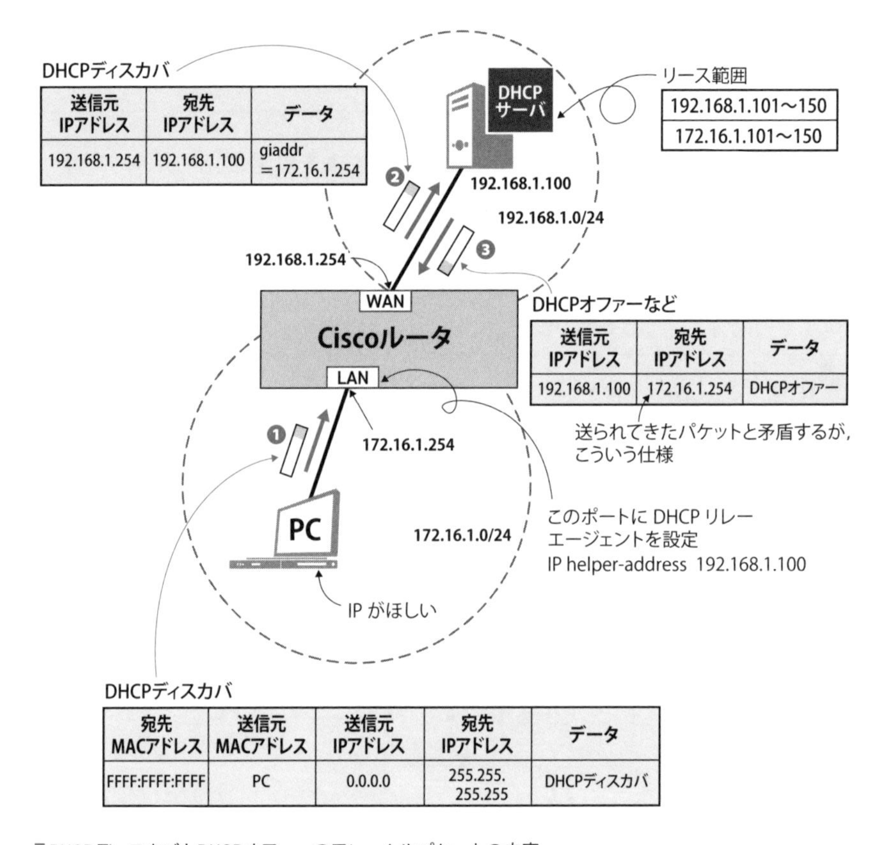


DHCPディスカバとDHCPオファーのフレームやパケットの内容

では，上記の図の内容を少し補足します。

### ❶PCからのDHCPディスカバのフレーム

宛先MACアドレスは，ブロードキャストなのでFFFF:FFFF:FFFFが入ります。

### ❷CiscoルータからDHCPサーバへのパケット

先の❶は，同一サブネット内にだけ届くレイヤ2のフレームでした。

今度は，異なるサブネットに送信されるので，レイヤ3のIPパケットとして届けられます。送信元IPアドレスは，CiscoルータのWAN側のIPアドレスで，宛先IPアドレスはDHCPサーバのIPアドレスです。

また，このとき，データ部分には，giaddrという情報が入り，値としてDHCPディスカバのフレームを受け取ったCiscoルータのポートのIPアドレスが入ります。この場合は172.16.1.254です。この情報をもとに，DHCPサーバでは，払い出すIPアドレスがどのサブネットなのかを判断します。

giaddrという言葉を覚える必要はありますか？

言葉そのものは覚えなくてもいいのですが，IPアドレスを払い出す仕組みは理解しておきましょう。R3年度 NW試験 午後Ⅱ問1では，「giaddrフィールドに，受信したインタフェースのIPアドレスを設定」することが説明文に記載されています。そして，「giaddrフィールドの値を何のために使用するか」が設問で問われ，解答例は「PCが収容されているサブネットを識別し，対応するDHCPのスコープからIPアドレスを割り当てるため」でした。

**❸DHCPオファーのパケット**

特筆すべきところはありません。余談なので覚える必要はまったくありませんが，宛先IPアドレスはCiscoルータのLAN側のIPアドレスになります。

ステップ3

実戦問題を解く

# 過去問をベースにした演習問題にチャレンジ

## 問題

DHCPを利用したサーバの冗長化に関する次の記述を読んで，設問1～3に答えよ。
（H27年度春期 AP試験 午後問5を改題）

P社は，社員100名の調査会社である。P社では，インターネットから様々な情報を収集し，業務で活用している。顧客との情報交換には，ISPのQ社が提供するWebメールサービスを利用している。Webの閲覧や電子メールの送受信などのインターネットの利用は，全てプロキシサーバ経由で行っている。

現在のP社のネットワーク構成を図1に示す。

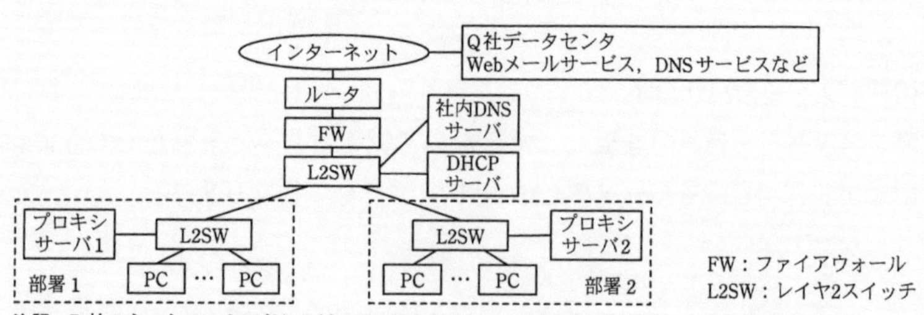


注記　P社のネットワークアドレスは 192.168.0.0/16 で，DHCP サーバがリースする IP アドレスは，192.168.0.1～192.168.0.254 の範囲である。また，サーバには，192.168.10.1～192.168.10.4 の IP アドレスが設定されている。

**図1　現在のP社のネットワーク構成**

部署1のPCはプロキシサーバ1（ホスト名＝proxy1，IPアドレス＝192.168.10.1）を，部署2のPCはプロキシサーバ2（ホスト名＝proxy2，IPアドレス＝192.168.10.2）を経由してインターネットを利用している。PCは，（ア）DHCPサーバから，自身のIPアドレスを含むネットワーク関連の構成情報（以下，構成情報という）を取得して自動設定している。ただし，使用するプロキシサーバと社内DNSサーバのIPアドレスは，あらかじめPCに設定されている。プロキシサーバ1，2は，優先DNSとして社内

DNSサーバを，代替DNSとしてQ社のDNSサービスを利用している。

先般，プロキシサーバ1に障害が発生し，部署1で半日の間インターネットが利用できなくなり，業務が混乱した。この事態を重視した情報システム部のR課長は，ネットワーク担当のS君に，次の2点の要件を満たす対応策の検討を指示した。

- プロキシサーバとDHCPサーバを冗長構成にして，サーバ障害発生時のインターネット利用の中断を短時間に抑えられるようにすること。
- 各サーバの負荷をなるべく平準化すること。

〔冗長化方式の検討〕

S君は，PCの構成情報を自動設定するためのDHCPの仕組みに注目した。

同一サブネットに2台のDHCPサーバがあっても，PCによる自動設定は問題なく行われるので，DHCPサーバを2台導入して冗長化する。

PCは，使用するDNSサーバのIPアドレスをDHCPサーバから取得できる。そこで，DNSサーバとプロキシサーバを2台ずつ導入して，2台のDHCPサーバからそれぞれ異なるDNSサーバのIPアドレスを取得させるようにする。

このときの，サーバのホスト名とIPアドレスは以下のようになる。

| サーバ | ホスト名 | IPアドレス |
|---|---|---|
| DNSサーバ1 | dns1 | 192.168.20.1 |
| DNSサーバ2 | dns2 | 192.168.20.2 |
| プロキシサーバ1 | proxy1→proxyに変更 | 192.168.10.1 |
| プロキシサーバ2 | proxy2→proxyに変更 | 192.168.10.2 |

そして，2台のプロキシサーバに同じホスト名（ホスト名＝proxy）を付与し，それぞれの①DNSリーバのAレコードに，プロキシサーバのホスト名に対して，異なるプロキシサーバの［　a　］を登録する。

この構成にすれば，どちらのDHCPサーバから取得した構成情報をPCが自動設定するかによって，使用するDNSサーバが変わる。そこで，PCのWebブラウザの設定情報の中に，プロキシサーバの［　b　］を登録すれば，PCが使用するプロキシサーバを変えることができる。このとき，②PC1とPC2の設定は以下のようになる。

4 DHCP

| PC1 | | PC2 | |
|---|---|---|---|
| ・IPアドレスの設定 | ア | ・IPアドレスの設定 | ア |
| ・DNSサーバの設定 | イ | ・DNSサーバの設定 | イ |
| ・Proxyサーバの指定 | ウ | ・Proxyサーバの指定 | エ |

※ア，イには，「自動取得」（＝DHCPサーバから自動取得）か「固定設定」のどちらかが入る。ウ，エには具体的なホスト名またはIPアドレスが入る。

そして，コストを削減するために1台の物理サーバに仮想的にサーバを動作させる。具体的には，DHCPサーバ1，DNSサーバ1，プロキシサーバ1を一つの物理サーバに配置し，DHCPサーバ2，DNSサーバ2，プロキシサーバ2を一つの物理サーバに配置する。

DHCPサーバによる構成情報の付与シーケンスを図2に示す。DHCPメッセージは，OSI基本参照モデル第4層の［　c　］プロトコルで送受信される。

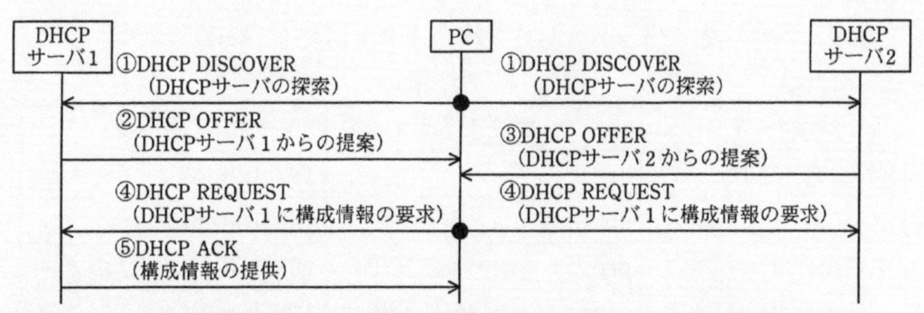


**注記1**　本シーケンスは，PCが，先に受信した提案を受け入れるという仕様に基づいている。
**注記2**　●は，PCが送出するフレームが一つであることを示す。

**図2　DHCPサーバによる構成情報の付与シーケンス**

S君はこのようなDHCPとDNSの仕組みを利用し，DHCPサーバ及びプロキシサーバの冗長化を実現することにした。

**設問1**

(1) 本文中の下線（ア）について，自動設定できる構成情報を解答群の中から二つ選び，記号で答えよ。

解答群

ア　DNSキャッシュ時間　　イ　サブネットマスク

ウ　デフォルトゲートウェイのIPアドレス

エ　プロキシサーバのIPアドレス

(2) DHCPに関して，以下が意味する機能を答えよ。

① ルータは，DHCPクライアントからネットワーク接続に必要な情報などの取得要求を受け取ると，ある機能によって，DHCPサーバにその要求を転送する。また，DHCPサーバからの応答をDHCPクライアントに転送する。

② この機能によって，L2SW及びSWは，正規のDHCPサーバと端末間で通信されるDHCPメッセージを，通過するポートの場所を含めて監視する。さらに，正規のDHCPサーバからIPアドレスを割り当てられた端末だけが通信できるように，ポートのフィルタを自動制御する。

**設問2**　本文中の［ a ］～［ c ］に入れる適切な字句を答えよ。

**設問3**　〔冗長化方式の検討〕について，(1) ～ (4) に答えよ。

(1) 下線①に関して，DNSサーバのAレコードをそれぞれ書け

(2) 下線②に関して，［ ア ］～［ エ ］に入る字句を答えよ。

(3) 図2中の④DHCP REQUESTの内容から，2台のDHCPサーバが知ることができるDHCP OFFERの結果について，20字以内で述べよ。

(4) 仮に，①と②だけの処理だけでIPアドレスを払い出すとすると，DHCPサーバ側でどういう不具合が発生するか。ただし，それぞれのDHCPサーバで，払い出すIPアドレスの範囲を分けているとする。

## 解答例

| 設問 | | | 解答例・解答の要点 |
|---|---|---|---|
| 設問 1 | (1) | | イ，ウ |
| | (2) | | ① DHCP リレーエージェント　② DHCP スヌーピング |
| 設問 2 | a | | IP アドレス |
| | b | | ホスト名 |
| | c | | UDP |
| 設問 3 | (1) | | ・DNS サーバ 1<br>proxy IN A 192.168.10.1<br>・DNS サーバ 2<br>proxy IN A 192.168.10.2 ※設定は逆でも可 |
| | (2) | ア | 自動取得 |
| | | イ | 自動取得 |
| | | ウ | proxy |
| | | エ | proxy |
| | (3) | | 自身の提案が受け入れられたかどうか |
| | (4) | | PC が使っていないのに，IP アドレスを払い出したと勘違いしてしまう。 |

## 補足解説

DHCPサーバから取得する情報と，DNSサーバから取得する情報がこんがらがってきました。

今回は，元からあるDNSサーバだけでなく，DHCPサーバやプロキシサーバも冗長化します。その結果，何がどうなっているのか混乱した人も多かったことでしょう。

そこで，2つのDHCPサーバから情報を取得したときに，PCが保持する情報がどうなるかを以下に整理します。

IPアドレスや設定情報は，次のようになります。

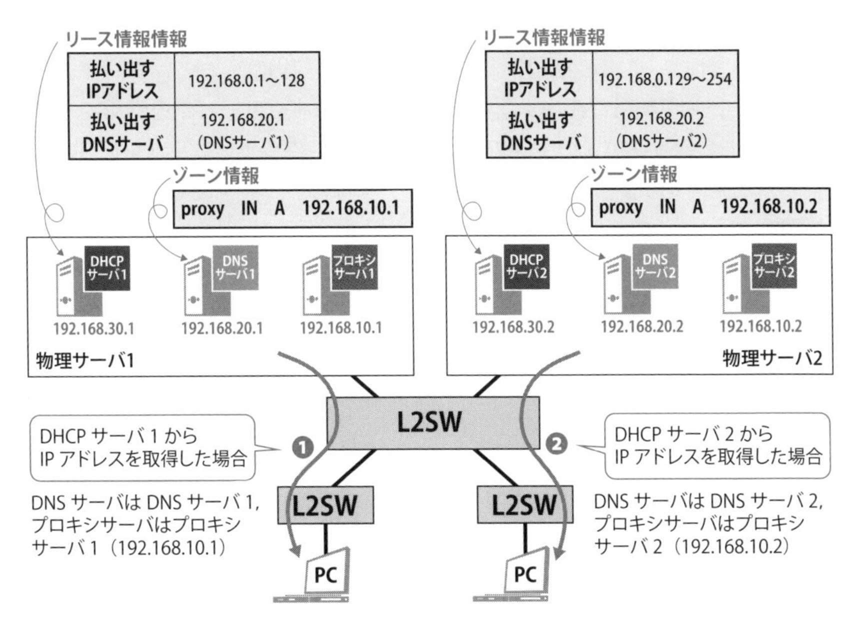


■ IPアドレスと設定情報

### ❶DHCPサーバ1からIPアドレスを取得した場合

PCは，DHCPサーバ1からIPアドレスとともにDNSサーバのIPアドレス192.168.20.1（DNSサーバ1）を取得します。DNSサーバ1のゾーンファイルには，プロキシサーバのホスト（proxy）のIPアドレス情報として，192.168.10.1（プロキシサーバ1）が指定されています。よって，PCはプロキシサーバ1を利用します。

### ❷DHCPサーバ2からIPアドレスを取得した場合

こちらも先ほどと同様です。PCは，DHCPサーバ2からIPアドレスとともにDNSサーバのIPアドレス192.168.20.2（DNSサーバ2）を取得します。DNSサーバ2のゾーンファイルには，プロキシサーバのホスト（proxy）のIPアドレス情報として192.168.10.2（プロキシサーバ2）が指定されています。よって，PCはプロキシサーバ2を利用します。

このようにして，冗長化とともに負荷分散ができます。

今回の冗長化の構成って一般的ですか？

いえ，一般的な構成というわけではありません。この問題は，このあとに仮想化機構を使っており，1台の物理サーバが故障すると，DHCP，DNS，プロキシのすべてのサービスが利用できなくなります。そうなってもサービスを利用できるように，1つの物理サーバ上のすべてのサーバを同時に使うように設計をしています。少し特殊な条件での設計でした。

■設問3（3）

DHCPリクエスト（REQUEST）には，DHCPサーバとのやりとりの情報（transaction id）が含まれています。よって，DHCPサーバが2台あったとしても，このフレームのtransaction idによって，どのDHCPサーバが提案したIPアドレスが採用されたかがわかります。

Chapter 5 Network Specialist WORKBOOK

# DNS

●この単元で学ぶこと

DNS／DNSのレコード／リゾルバ／DNSの役割／
DNSセキュリティ／DNSキャッシュポイズニング

## ステップ1 理解を確認する 短答式問題にチャレンジ

### 問題

➡ 解答解説は96ページ

## 1. DNS

**Q.1**

PCからwww.seeeko.comというWebサーバに通信をするとき，最初に送られるフレームは，どこからどこへのどんなフレームか。

※PCは起動したばかりとする。

**Q.2**

DNSサーバに問合せを行うクライアントPCのソフトウエア（や機能）を何というか。

**Q.3**

以下のURLにおいて，①～③の部分は何というか。

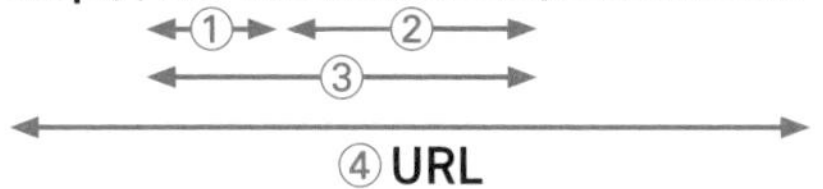

①　②　③　④URL

**Q.4** ☑☑☑

DNSは，多数のDNSサーバで構成される分散型データベースで，[　　　]サーバと呼ばれるサーバを頂点としたツリー構造になっている。

**Q.5** ☑☑☑

ゾーン転送の流れを，最初にパケットを送るのが誰かを含めて説明せよ。

**Q.6** ☑☑☑

上記Q.5のやり方だと，プライマリDNSサーバの設定が変更されたとしても，リアルタイムに反映されない。それを解決する更新通知は何か。

**Q.7** ☑☑☑

DNSキャッシュサーバは，名前解決を最後まで行うことが一般的なので，[　　　]リゾルバとも呼ばれる。

**Q.8** ☑☑☑

www.seeeko.comというWebサーバのIPアドレスが203.0.113.123である場合，DNSゾーンファイルの設定を書け。

**Q.9** ☑☑☑

seeeko.comドメインのメールサーバがmx1.seeeko.comとmx2.seeeko.comの2つがある場合，DNSゾーンファイルの設定を書け。

**Q.10** ☑☑☑

www.example.comというホストにweb.seeeko.comという別名をつける場合，DNSゾーンファイルの設定を書け。

**Q.11** ☑☑☑

DNSラウンドロビンによって，サーバの負荷分散をする。WWWサーバを，10.1.1.1と10.1.1.2のIPアドレスを持つサーバに対応させる。このときのDNSゾーンファイルの設定を書け。

**Q.12** ☑☑☑

DNSサーバは，可用性を高めるために，マスタDNSサーバとスレーブDNSサーバを2台以上設置する必要がある。VRRPのプロトコルを使った冗長化と比べた，DNSの冗長化方式の違いを述べよ。

**Q.13** ☑☑☑

DNSサーバの中で，ドメイン情報を持つDNSサーバを，［　　　］DNSサーバ（または権威DNSサーバ）という。

**Q.14** ☑☑☑

ドメイン情報は持たず，PCからの問合せに対してコンテンツDNSサーバに情報を問合せて回答するのが［　　　］DNSサーバである。

**Q.15** ☑☑☑

PCのネットワークの設定で，IPアドレスやサブネットマスク以外に，DNSサーバを指定する。このDNSサーバは，上記のどちらのサーバか。

**Q.16**

フルリゾルバとスタブリゾルバに該当する具体的なものを答えよ。

(※スタブリゾルバという言葉は覚えなくてよい。あくまでもフルリゾルバの対比として理解する。)

フルリゾルバ：

スタブリゾルバ：

**Q.17**

フルリゾルバが行うのは，自分で調べて回答をすることである。すべてのドメインの名前解決を行うことができることから「フル（＝すべて)」という名がついている。では，フルリゾルバが行う問合せは，「反復問合せ」と「再帰問合せ」のどちらか。

**Q.18**

キャッシュDNSサーバ（フルリゾルバサーバ）の目的を答えよ。

## 2. DNSのセキュリティ

**Q.1**

コンテンツDNSサーバとDNSキャッシュサーバを分けることで，セキュリティを高めることができる。この2つのサーバをネットワーク上にどのように配置するか。どちらかにはDMZという言葉を入れて答えよ。

**Q.2**

上記において，セキュリティの観点からコンテンツDNSサーバとキャッシュDNSサーバで，DNS問合せに対する応答をどのように制限するか。

**Q.3**

内部DNSサーバは，内部LANのゾーン情報を管理し，当該ゾーンに存在しないホストの名前解決要求は，外部DNSサーバに転送する。このときの内部DNSサーバを，「転送」という観点から何と呼ぶか。

**Q.4**

DDoS攻撃の一種で，送信元IPアドレスを偽装した問合せをDNSサーバに送り，DNSサーバからの応答を攻撃対象のサーバに送信させる手法を何というか。

**Q.5**

DNSサーバに偽りのDNS情報を入れ，利用者に偽りのサイトにアクセスさせる攻撃を何というか。

**Q.6**

上記の攻撃では，DNSの問合せに関して，偽りのサーバからではなく，正規のDNSサーバからも正しい応答が返る。つまり，DNSの問合せをしたPCには2つの応答が届く。PCではどのようにその情報を処理するか。

**Q.7**

DNSキャッシュポイズニングでは，問合せをしたPCに対して，IPアドレスやポート番号などを正しく偽装する必要がある。しかし，攻撃者は，正規の問合せIDを知る術がない。どうやって攻撃を成功させているか。

**Q.8**

DNSキャッシュポイズニングの対策にはどんな方法があるか。

## 解答・解説

# 1. DNS

**A.1　PCからデフォルトゲートウェイへのARP**（厳密には宛先はブロードキャスト）

全然わかりませんでした。

PCがwww.seeeko.comというWebサーバに通信するには，www.seeeko.comのIPアドレスを知る必要があります。そのためにDNSサーバに通信をしますが，DNSサーバは別セグメントにあることが一般的です。そこで，まずはデフォルトゲートウェイに通信をします。

※DNSサーバがPCと同一セグメントにある場合は，「DNSサーバへのARP（厳密には宛先はブロードキャスト）」が，この問題の正解です。

デフォルトゲートウェイのIPアドレスは，PCのネットワーク設定に記載があります。そのIPアドレス情報をもとに，MACアドレスを知る必要があります。そのためにARPフレームを送ります。

**A.2　リゾルバ**

**A.3　①ホスト名　②ドメイン名　③FQDN**

**A.4　ルートDNS**

**A.5　まず，セカンダリDNSサーバからプライマリDNSサーバへ，ゾーン転送を要求する（下図❶）。ゾーン情報が更新されていた場合に，ゾーン転送を行う（❷）。**

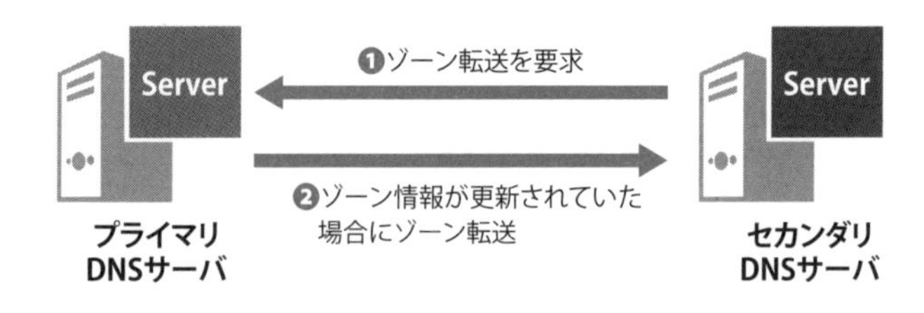


■ゾーン転送の流れ

**A.6　NOTIFYメッセージ**

プライマリDNSサーバは，ゾーン情報を更新すると，セカンダリDNSサーバに更新通知（NOTIFYメッセージ）を送信します。これを契機としてゾーン転送が行われます。

**A.7　フル（またはフルサービス）**

**A.8　www.seeeko.com.　IN　A　203.0.113.123**

または，省略形で次のように記載する。※ドメインがseeeko.comであることはわかっている場合

**www　IN　A　203.0.113.123**

**A.9　seeeko.com.　IN　MX　10　mx1.seeeko.com.**
**seeeko.com.　IN　MX　20　mx2.seeeko.com.**

10や20の数字はサーバの優先度で，小さいほう（この場合は10のmx1.seeeko.com）のサーバが優先されます。冒頭の「seeeko.com.」は省略可能です。

**A.10 web.seeeko.com.　IN　CNAME　www.example.com.**

↑ 別名（web.seeeko.com.）　↑ 本来のFQDN（www.example.com.）

**A.11 www　IN　A　10.1.1.1**
**www　IN　A　10.1.1.2**

**A.12** いくつかあるが，たとえば以下のとおり。

- **DNSでは複数台のサーバがActiveとなる。VRRPでは1台だけがActiveとなる。**（※ただし，VLANごとにActiveなルータを変えることができる）
- **DNSでは，設定情報をマスタDNSサーバからスレーブDNSサーバにコピーする。VRRPは両方に設定情報を投入する必要がある。**

**A.13 コンテンツ**

**A.14 キャッシュ**

**A.15 キャッシュDNSサーバ**

**A.16 フルリゾルバの代表例は，キャッシュDNSサーバ。**
**スタブリゾルバの例は，クライアントPC（またはOSに標準搭載されている名前解決のソフトウェア）。**

### A.17 反復問合せ

キャッシュDNSサーバは，各上位ドメインの権威サーバから下位ドメインの権威サーバまで繰り返して問合せを行いますが，このキャッシュDNSサーバから各権威DNSサーバに対する一連の問合せのことを「反復問合せ」といいます。一方，PCからキャッシュDNSサーバに対する問合せを「再帰問合せ」といいます。

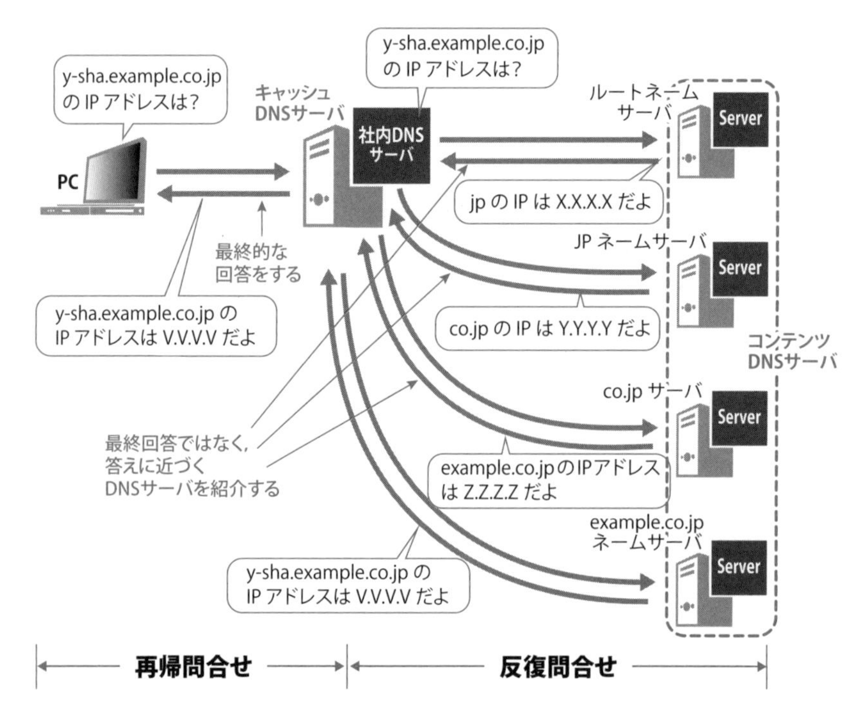


■再帰問合せと反復問合せの流れ

**A.18** キャッシュサーバの主な目的は以下のとおり。

**①DNSの問合せの高速化**

キャッシュを用いて，2回目以降の問合せに対する回答を高速化させます。

**②DNS問合せトラフィックの減少**

キャッシュを持つので，毎回コンテンツDNSサーバに問い合わせる必要がなくなります。

# 2. DNSのセキュリティ

**A.1** コンテンツDNSサーバはDMZに配置し，キャッシュDNSサーバは内部LANに配置する。

**A.2** コンテンツDNSサーバのフルリゾルバ機能は無効にする。キャッシュDNSサーバは，社内のPCからのDNS問合せのみを受け付ける。

**A.3** フォワーダ　※転送先のDNSサーバをフォワーダという場合もあります。

フォワード（forward）は，「転送する」という意味ですね！



**A.4** DNSリフレクタ攻撃（または，DNSアンプやDNSリフレクション攻撃）

**A.5** DNSキャッシュポイズニング

**A.6** 先に届いた情報を正しいと判断する。

**A.7** （65,536通りある）すべての問合せIDを付与してパケットを送信する。

**A.8** **①送信元ポート番号のランダム化**

　ポート番号をランダム化することで，必要な攻撃の数が大量になり，攻撃を成立しにくくします。

**②DNSサーバの構成変更（コンテンツサーバとキャッシュサーバを分け，キャッシュサーバは内部LANに配置する）**

　そもそも，外部からDNSのキャッシュを取得しないようにします。

**③DNSSEC**

　DNSSEC（DNS Security Extensions）では，ディジタル署名を用いることで，DNSキャッシュサーバからの応答が正しいもので，かつ，改ざんされていないことが確認できます。

**ステップ 2** 手を動かして考える

# DNSの名前解決を実践してみよう

## Q. nslookupコマンドでDNSサーバに問合せをしてみよう

今回は，今までの章とは異なり，DNSの名前解決を実践します。Windows, Mac，Linuxなど，各種OSで実行できますが，ここではWindows10のPCでの動作を紹介します。

まず，コマンドプロンプトを起動します。ここで，**nslookup**と入力することで，DNSサーバに問合せをしてくれます。

私のPCでやってみます。

コマンド結果に192.168.1.1とありますが，これがDNSサーバのIPアドレスです。

※ntt.setupというのは自宅に設置されたホームゲートウェイ（NTT西日本のフレッツ回線の場合）です。

**課題** nslookupコマンドを使って，以下の課題に取り組め。

**Q.1** IPAのサイト（https://www.ipa.go.jp）のIPアドレスは何か調べよ。

**Q.2** IPアドレスがわかったら，ドメインではなくIPアドレスで通信を試す。上記Q.1のIPAのIPアドレスを指定（https://x.x.x.x/）して，正常にサイトが表示されるかを確認せよ。

**Q.3** IPAのDNSのTTLは？

**Q.4** IPAのセカンダリDNSサーバが，ゾーンデータファイルをコピーすべきか否かをチェックする時間間隔を答えよ。

**Q.5** Gmailのメールサーバの優先度が高いサーバはどれか。

**Q.6** IPAからのメールは，どのIPアドレスから送られてくるか。

**Q.7** nw.seeeko.comは本来のWebサーバではなく，別名を設定しているだけである。本来のWebのコンテンツがあるサーバのドメインは何か。



# A.

実際の操作結果を記載しますが，IPアドレスなどは変更されている可能性があります。

**A.1 192.218.88.180**

コマンドプロンプトで，**www.ipa.go.jp**を直接入力します。

```
> www.ipa.go.jp

権限のない回答：
名前：    www.ipa.go.jp
Address:  192.218.88.180
```

**A.2 ブラウザを立ち上げてhttp://192.218.88.180で通信すると，https://www.ipa.go.jpにリダイレクト（遷移）して，IPAのサイトが正しく表示されるはずである。**

しかし，URLをhttps://192.218.88.180にすると，HTTPS通信なので，証明書エラーが表示されます。

なぜ証明書エラーが出るかというと，URLのFQDN（192.218.88.180）と証明書のCN（www.ipa.go.jp）が一致しないからです。

**A.3 10800**

コマンドプロンプトで，**set type=SOA**と入力し，SOAレコードを表示するように切り替えます。そして，**ipa.go.jp**を入力します。

```
> set type=SOA
> ipa.go.jp

権限のない回答:
ipa.go.jp
        primary name server = ipa-ns.ipa.go.jp
        responsible mail addr = postmaster.ipa.go.jp
        serial  = 2021022202
        refresh = 43200 (12 hours)
        retry   = 7200 (2 hours)
        expire  = 2419200 (28 days)
        default TTL = 10800 (3 hours)
```

**A.4　43,200秒（12時間）**

上記のSOAレコードの，リフレッシュ（refresh）間隔で設定された時間です。

**A.5　gmail-smtp-in.l.google.com**

コマンドプロンプトで，**set type=MX**と入力し，MXレコードを表示するように切り替えます。そして，gmailのドメインである**gmail.com**を入力します。

```
> set type=MX
> gmail.com
サーバー:  ntt.setup
Address:  192.168.1.1

権限のない回答:
gmail.com       MX preference = 10, mail exchanger = alt1.gmail-smtp-in.l.google.com
gmail.com       MX preference = 5, mail exchanger = gmail-smtp-in.l.google.com
gmail.com       MX preference = 40, mail exchanger = alt4.gmail-smtp-in.l.google.com
gmail.com       MX preference = 20, mail exchanger = alt2.gmail-smtp-in.l.google.com
gmail.com       MX preference = 30, mail exchanger = alt3.gmail-smtp-in.l.google.com
```

ここで，優先度の値が最も低い（preference = 5）サーバが優先されます。

**A.6　答えはたくさんあるが，v=spf1で記載されたIPアドレスのどれかである。**

コマンドプロンプトで，**set type=TXT**と入力し，TXTレコードを表示するように切り替えます。そして，**ipa.go.jp**を入力します。

```
> set type=TXT
> ipa.go.jp
サーバー:  ntt.setup
Address:  192.168.1.1

権限のない回答:
ipa.go.jp       text =
          "v=spf1 mx ip4:192.218.88.1 ip4:192.218.88.4
ip4:192.218.88.11 ip4:192.218.88.231 ip4:202.176.10.23
ip4:202.229.63.232 ip4:202.229.63.234 ip4:202.229.63.238
ip4:202.229.63.243 ip4:210.168.45.67 ip4:133.163.199.192/28
-all"
```

たとえば，192.218.88.1のIPアドレスをもつメールサーバからメールが送られてきます。

### A.7 hatenablog.com

コマンドプロンプトで，**set type=CNAME**と入力し，CNAMEレコードを表示するように切り替えます。そして，**nw.seeeko.com**を入力します。

```
> set type=CNAME
> nw.seeeko.com
サーバー:  ntt.setup
Address:  192.168.1.1

権限のない回答:
nw.seeeko.com   canonical name = hatenablog.com
```

ここで紹介したのは，DNSのほんの一例です。DKIMやDMARCの設定なども確認できるので，ぜひ，いろいろと試してみてください。

# ステップ3 実戦問題を解く 過去問をベースにした演習問題にチャレンジ

## 問題

Webシステムの構成変更に関する次の記述を読んで，設問1～3に答えよ。

（H30年度春期 AP試験 午後問5を改題）

A社は，従業員が300名の情報機器卸売会社であり，DMZに設置したWebサーバで代理店向けのWebサイトを運営している。A社の現在のネットワーク構成を図1に示す。

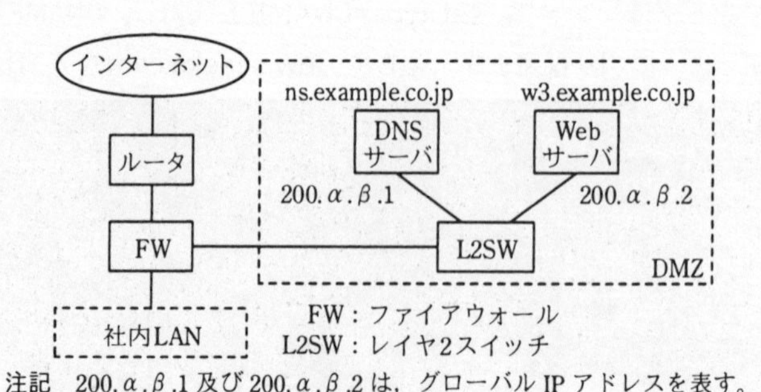


図1　A社の現在のネットワーク構成（抜粋）

Webサイトは開設から3年が経過し，アクセス数が初年度の5倍に増加した。そこで，A社では，Webシステムの構成変更を行うことを決めた。

〔Webシステムの処理能力と可用性の向上策の検討〕

情報システム部のN主任は，Webサーバ及びDNSサーバそれぞれの処理能力と可用性を向上させる冗長化構成を検討した。

Webサーバの冗長化には，Webサーバを2台構成にし，DNSの機能であるDNS［　a　］によって負荷分散する方式があるが，①可用性向上策としては十分でない。そこで，負荷分散装置を利用してWebサーバを冗長化することにした。負荷分散装置自体は，アクティブ／スタンバイ方式で冗長化する。

A社のドメイン（example.co.jp）の情報（以下，ゾーン情報という）を管理するDNSサーバの冗長化は，B社が提供するDNSサービスを利用して実現する。A社のDNSサーバ（ns.example.co.jp）を［ ア ］DNSサーバにし，B社のDNSサーバ（以下，B社DNSサーバという）（ns-asha.example1.ne.jp）をスレーブDNSサーバにする場合，A社又はB社が実施する作業を次に示す。

- A社のドメインを管理するDNSサーバとして，B社DNSサーバのFQDNと［ b ］を，JPドメイン名の登録管理事業者に登録申請する。
- A社のDNSサーバのゾーン情報に［ イ ］レコードを追加して，スレーブDNSサーバのFQDNを設定する。
- ゾーン情報の設定・変更作業を一度で済ませるために，A社のDNSサーバのゾーン情報を，［ c ］DNSサーバへ転送させるのに必要な情報を設定する。



〔Webシステム変更後の構成〕

N主任が考えた，Webシステム変更後の構成を図2に，そのときの，マスタDNSサーバのゾーン情報の内容を図3に示す。

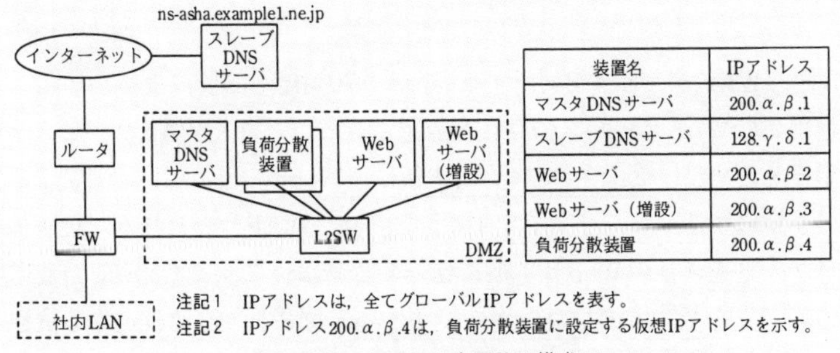


| 装置名 | IPアドレス |
|---|---|
| マスタDNSサーバ | 200.α.β.1 |
| スレーブDNSサーバ | 128.γ.δ.1 |
| Webサーバ | 200.α.β.2 |
| Webサーバ（増設） | 200.α.β.3 |
| 負荷分散装置 | 200.α.β.4 |

注記1　IPアドレスは，全てグローバルIPアドレスを表す。
注記2　IPアドレス200.α.β.4は，負荷分散装置に設定する仮想IPアドレスを示す。

図2　Webシステム変更後の構成

| 行番号 | フィールド名 | | | |
|---|---|---|---|---|
| | owner | class | type | record_data |
| 1 | example | IN | NS | ns.example.co.jp. |
| 2 | | IN | NS | ［ d ］. |
| 3 | ns | IN | A | ［ e ］ |
| 4 | w3 | IN | A | ［ f ］ |

注記　外側の太線の枠内に，ゾーン情報を示す。

図3　マスタDNSサーバのゾーン情報の内容（抜粋）

N主任が検討結果をM課長に報告したときの，2人の会話の一部を次に示す。

N主任：Webシステムを図2の構成に変更します。Webシステム変更後のマスタDNSサーバのゾーン情報の内容は，図3のとおりになります。図3の設定によって，Webサイトの利用者は，使用中のURLを変更せずに済みます。

M課長：分かった。負荷分散装置を活用したこの構成なら，②システム全体として，2つのメリットが期待できるだろう。

〔クラウド型WAFサービスの利用〕

M課長は，Webシステムのセキュリティを高めるために，WAF（Web Application Firewall）の導入を検討することにした。N主任の調査の結果，B社が提供するクラウド型WAFサービスが利用可能なことが分かった。その際の利用者のWebサイトへのアクセス手順は，次のとおりになる。

- A社のWebサイトの利用者は，始めにWAFサービスのFQDNであるwaf-asha.examplel.ne.jpにアクセスする。
- WAFサービスで通信パケットが検査される。
- パケットに問題がないとき，そのパケットがA社のWebサイトに転送される。

B社のWAFサービスを利用する場合，次の対応も必要になる。

- 利用者にWAFサービスの存在を意識させることなくWAFサービスを利用するために，③図3中の4行目の後に，Webサイトのホスト名w3の別名を定義するレコードを追加する。さらに，WAFサービスが，検査後のパケットをA社のWebサイトに転送できるようにするために，④図3中の転送先を示す資源レコードを変更する。図3中に追加設定する資源レコードを図4に示す。

図4　図3中に追加設定する資源レコード

- ⑤WAFサービスを経由せず，直接Webサイトにアクセスされるのを防止するためのアクセス制御を，A社のFWに設定する。

**設問1**

(1) 本文中の [ a ] ～ [ c ]，[ ア ]，[ イ ] に入れる適切な字句を答えよ。

(2) 下線①について，DNSによる負荷分散は，負荷分散装置（LB）に比べて機能が十分ではないのは，どのような点か。30字程度で答えよ。

(3) 下線②について，2つのメリットは何か。コンピュータシステムの性能や信頼性などの観点から述べよ。

**設問2** 図3中の [ d ] ～ [ f ] に入れる適切なIPアドレス又はFQDNを解答群の中から選び，記号で答えよ。

解答群

ア 200.α.β.1　イ 200.α.β.2　ウ 200.α.β.3

エ 200.α.β.4　オ example.co.jp

カ ns-asha.example1.ne.jp　キ ns.example.co.jp

ク w3.example.co.jp　ケ waf-asha.example1.ne.jp

**設問3** 〔クラウド型WAFサービスの利用〕について，(1) ～ (3) に答えよ。

(1) 本文中の下線③によって，Webサイトの利用者が変更しなくてもよくなるものを，15字以内で答えよ。

(2) 図4中の [ X ] に当てはまる字句を答えよ。

(3) 本文中の下線④について，変更する行番号及び変更する必要のある資源レコードのフィールド名を，それぞれ答えよ。

(4) 本文中の下線⑤について，アクセス制御の内容を，35字以内で述べよ。

※WAFに関しては，Chapter8も参考にしてください。

# 解答例

| 設問 | | 解答例・解答の要点 | |
|---|---|---|---|
| 設問 1 | (1) | a | ラウンドロビン |
| | | b | IP アドレス |
| | | c | スレーブ |
| | | ア | マスタ |
| | | イ | NS |
| | (2) | 振分け先のサーバの処理能力や負荷状況に応じた振分けができない点 | |
| | (3) | ・処理能力の向上<br>・可用性（信頼性）の向上 | |
| 設問 2 | d | カ | |
| | e | ア | |
| | f | エ | |
| 設問 3 | (1) | Web サイト利用時の URL | |
| | (2) | waf-asha.example1.ne.jp. | |
| | (3) | 行番号 | 4 |
| | | フィールド名 | owner |
| | (4) | Web サイトへのアクセスを WAF サービスだけから許可する。 | |

# 補足解説

今回は問題文と設問のボリュームが多かったです。

はい，DNSに関しては，理解してほしいことがたくさんあり，つい，増えてしまいました。

さて，補足解説をします。

## ■設問1（1）

**c**：DNSのゾーン情報が，マスタからスレーブにゾーン転送されるような設定をします。具体的な設定は，スレーブDNSサーバにて，次のように，typeをslaveにして，マスタDNSサーバのIPアドレスをmastersに指定します。

```
zone "example.co.jp" {
        type slave;
        file "example.zone";
        masters {200. α . β .1;};
};
```

**イ**：具体的な設定は，図3の2行目です。

**■設問1（2）**

DNSラウンドロビンは，振分け先のサーバの状態を確認できません。

ダウンしているサーバであろうが，DNS応答として返してしまいますね。

そうです。一方の負荷分散装置は，定期的にポーリングをするなどしてサーバの状態を確認し，ダウンしている場合には通信を振り分けない設定ができます。

**■設問1（3）**

Webサーバの増設により，システム全体として，処理能力を向上させることができます。また，複数のWebサーバと負荷分散装置を導入することで，1台のサーバが故障した場合でも，システム全体としての可用性を維持できます。

**■設問2**

**d**：空欄dにはスレーブDNSサーバのFQDNが入ります。図2より，スレーブDNSサーバのFQDNは，ns-asha.example1.ne.jpです。

**f**：WebサーバのIPアドレスは公開する必要がありません。DNSサーバにて広く公開する必要があるのは，負荷分散装置です。

**■設問3（2）**

利用者にWAFサービスを意識させないために，w3のホストにアクセスした場合に，自動的にWAFサービスのサーバ（waf-asha.example1.ne.jp）に接続するようにします。

waf-asha.example1.ne.jp. と末尾に「.」がついています。

試験ではそこまでは問われませんが末尾に「.」をつけるのが正解です。

■設問3（3）

図3の4行目はw3のホストのIPアドレス（負荷分散装置のIPアドレスである200. α . β .4）が記載されています。しかし，図4で設定した資源レコードにより，w3のホスト宛ての通信は，クラウドWAFに転送させたいので，このレコードを残してはいけません。そこで，負荷分散装置のIPアドレスである200. α . β .4に新たなホスト名を割り当てます（たとえばw4）。クラウドWAFから，w4にパケットを送れば，A社の負荷分散装置を経由してWebサイトと通信をすることができるようになります。

■設問3（4）

上記（3）の変更により，w4を指定すると，攻撃者はクラウドWAFサービスを経由せずにA社のWebサーバに通信ができます。

**またはIPアドレス200. α . β .4を直接指定しても通信可能だと思います。**

そうなんです。そうさせないために，FWにて，Webサイトへの通信をWAFサービスからだけに限定します。具体的には，送信元のIPアドレスがWAFサービスのIPと一致する通信だけを許可します。

Chapter 6　Network Specialist WORKBOOK

# TCPとHTTP, DoS攻撃

この単元で学ぶこと

プロトコル／TCP／UDP／3ウェイハンドシェイク
DoS攻撃(SYNフラッドとDNSリフレクタ)／HTTP
HTTPのメソッド／Cookie／HTTP/2

# ステップ1　理解を確認する　短答式問題にチャレンジ

## 問題

➡ 解答解説は117ページ

## 1. TCPとUDP

**Q.1** ☑☑☑

OSI参照モデルの2～4層を答えよ。

2層：

3層：

4層：

**Q.2** ☑☑☑

UDPプロトコルを使うアプリケーションを述べよ。

**Q.3** ☑☑☑

TCPのヘッダの中で，パケットの順番を管理するための番号は何か。

**Q.4**

以下は，3ウェイハンドシェイクによるシーケンス番号と確認応答番号を記載した図である。図中の空欄a，b，cに当てはまる数字を答えよ。

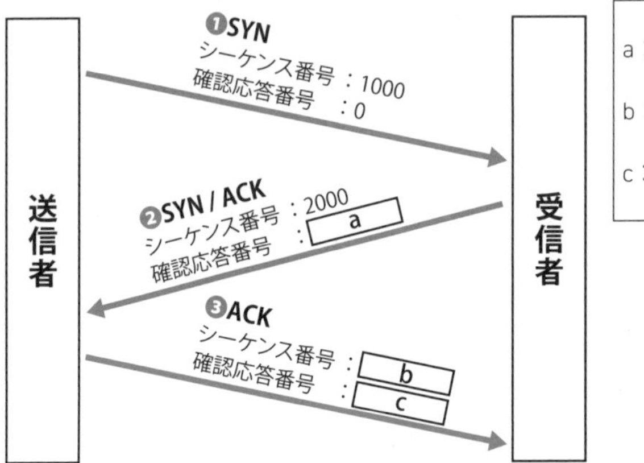


a：

b：

c：

**Q.5**

HTTPやSMTPなどのTCPで動作するプロトコルは，事実上，IPアドレスを詐称することはできない。その理由を述べよ。

**Q.6**

IPパケットの最大サイズを［ ア ］といい，通常は［ イ ］バイトである。また，IPヘッダとTCPヘッダを除いたデータ部分をMSS（Maximum Segment Size）といい，最大サイズは1460バイトである。

| IP ヘッダ（IP アドレスなど） | TCP ヘッダ（ポート番号など） | データ |
|---|---|---|
| 20 バイト | 20 バイト | ～ 1460 バイト |

←MSS→（データ部分）

←［ ア ］→（全体）

ア：　　　　イ：

# 2. DoS攻撃／DDoS攻撃

**Q.1**

DoS（Denial of Service）攻撃とは，大量のパケットをサーバに送りつけるなどして，サービスを提供できないようにすることである。DoS攻撃は，［　　］のIPアドレスを偽装して行われることがある。

**Q.2** DoS攻撃において，攻撃者はなぜIPアドレスを偽装するのか。

**Q.3** 送信元IPアドレスを偽装し，ICMPの応答パケットを大量に発生させ，それが攻撃対象に送られるようにするDDoS（Distributed Denial of Service）攻撃を何というか。

**Q.4** 以下は上記のDDoS攻撃の様子である。攻撃者の送信元IPアドレス（図中の空欄A）は，何に偽装されているか。

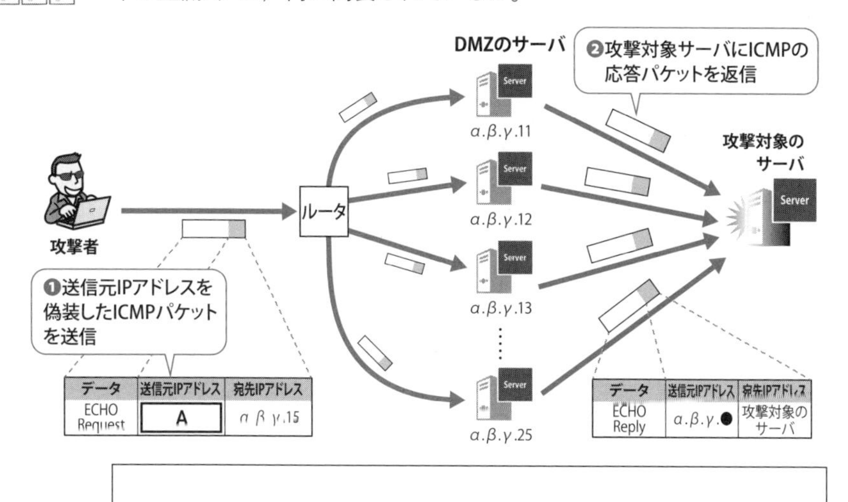


**Q.5** SYNフラッド（SYN flood）攻撃は，何らかの方法で，［　　　　］パケットが攻撃対象のホストに届かないようにすることで，ホストに未完了の接続開始処理（以下，ハーフオープンという）を大量に発生させる攻撃である。

**Q.6** ✓✓✓

DNSリフレクタ（DNSアンプ）攻撃は，どのように実施されるか。IPアドレスを踏まえて答えよ。

**Q.7** ✓✓✓

DNSリフレクタ（DNSアンプ）攻撃では，攻撃を効果的にするために，応答パケットのサイズが大きくなるような問合せを行う。一般的には，[　　　]レコードを問い合わせる。

# 3. HTTP

**Q.1** ✓✓✓

以下は，HTTPのリクエストとレスポンスのどちらか。

```
GET /jAvArhino/ HTTP/1.1
Accept: imAge/gif, imAge/x-xbitmAp, imAge/jpeg,
imAge/pjpeg, ApplicAtion/×-shockwAve-flAsh., */*
Accept-LAnguAge: jA
Accept-Encoding: gzip, deflate
User-Agent: MozillA/4.0 (compAtible; MSIE 6.0;Windows NT
5.1; SVl)
Host: 203.0.113.125
Connection: Keep-Alive
```

**Q.2** ✓✓✓

HTTPサーバからの返信であるHTTPレスポンスに含まれる3桁の数字を何というか。

**Q.3** ✓✓✓

上記に関して，リクエストが成功したことを示す値を答えよ。

**Q.4**
HTTPのステータスコードのなかで，404は指定されたページがないことを意味する。では，302は何を意味するか。

**Q.5**
HTTPには，「GET」「POST」など，いくつかのメソッドがあるが，HTTPSの場合，PCがプロキシサーバに対して利用するメソッドは何か。

**Q.6**
上記のメソッドを使うことによって，HTTPSの通信をプロキシサーバはどのように処理をするか。

**Q.7**
HTTPのヘッダのフィールドの一つであるXFF（X-Forwarded-For）ヘッダは，どんなときに使うか。

**Q.8**
電子商取引サイトのように，Webサーバにユーザがログインしてからログアウトするまでログイン情報を保持したままページを遷移する場合を考える。クライアントとサーバ間でログインの情報を保持し，管理する仕組みを何というか。

**Q.9**

セッションに似た概念である，TCPコネクションとは何か。

**Q.10**

セッション管理でよく利用される，クライアントとサーバ間で保持される情報は何か。

**Q.11**

上記を作成するのは，クライアントとWebサーバのどちらか。

**Q.12**

上記において，WebサーバはHTTPレスポンスのどのヘッダフィールドにセッションIDを書き込むか。

**Q.13**

上記において，「secure」属性が含まれると，どうなるか。

**Q.14**

HTTP1.1の問題点を解消し，1つのTCPコネクションで複数のファイルを同時にやりとりできるようにしたプロトコルは何か。

## 解答・解説

# 1. TCPとUDP

**A.1** 2層：データリンク層　3層：ネットワーク層　4層：トランスポート層

**A.2** SNMP，NTP，DNS（問合せ），SNMP，DHCP，TFTPなど

**A.3** シーケンス番号

**A.4** a：1001　b：1001　c：2001

「受信したシーケンス番号＋1」が確認応答番号で，受け取ったパケットの確認応答番号がそのままシーケンス番号です。

**A.5** IPアドレスを偽装すると，3ウェイハンドシェイクが成功しないから。

SYN / ACKのパケットが，偽装されたIPアドレスに送られてしまうからですね。

そのとおりです。攻撃者にパケットが届かないので，攻撃を継続できません。

**A.6** ア：MTU（Maximum Transmission Unit）　イ：1500

# 2. DoS攻撃／DDoS攻撃

**A.1** 送信元

**A.2**
- 自分の身元を明かさずに攻撃をするため
- FWなどのフィルタリング機能で，簡単に防御されないため

偽装してIPアドレスをコロコロ変えれば，フィルタリングは簡単ではありません。

**A.3** スマーフ（smurf）攻撃

**A.4** 攻撃対象のサーバ（のIPアドレス）

攻撃者はDMZのサーバ（攻撃で利用される端末）に応答要求を送るので，その応答は送信元のIPアドレス宛に送られます。これが大量に送られるとDDoS攻撃になります。

### A.5 ACK

### A.6 送信元IPアドレスを攻撃対象のサーバのIPアドレスに偽装して，DNSサーバに問合せを送信する。

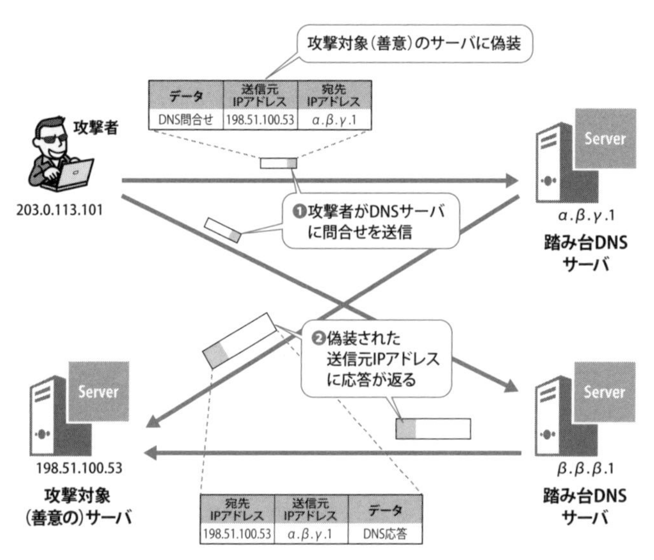


DNSリフレクタ攻撃の流れ

### A.7 TXT

TXTレコードは，任意の文字数を記載できるからです。

たしかに，Aレコードだと，IPアドレスの情報しかありません。

TXTに大量の文字を入力すれば，攻撃の負荷を高めることができます。

# 3. HTTP

### A.1 リクエスト

GETによってWebサーバに対して情報を取得する依頼を送ってます。

### A.2 （HTTPの）ステータスコード

### A.3　200

リクエストが成功すると，HTTPレスポンスは「200　OK」を返します。

### A.4　リダイレクト

### A.5　CONNECTメソッド

### A.6　HTTPSの場合，PCのブラウザとWEBサーバの間では，暗号化通信をする。しかし，プロキシサーバでHTTPSの中継処理をしようにも，暗号鍵がわからないので暗号を解くことができない。そこでPCは，CONNECTメソッドを使うことで，プロキシサーバによる中継をせずに，そのまま何もせずに通過させるように依頼する。

### A.7　送信元の端末のIPアドレスを特定したいとき

たとえば，以下のような構成の場合，ファイアウォールを経由する通信の送信元IPアドレスはすべてプロキシサーバになってしまいます。

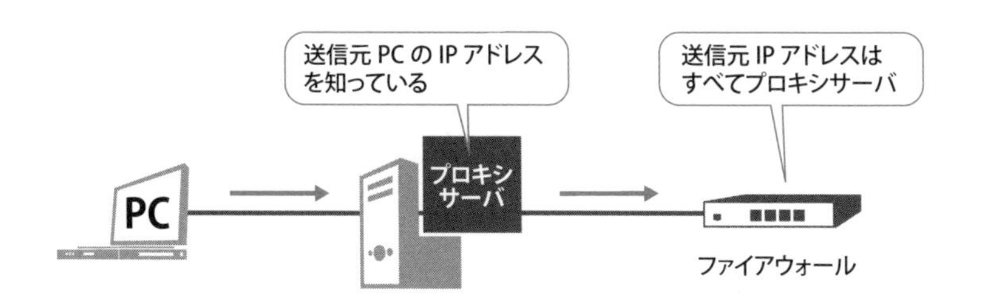


そこで，プロキシサーバにてXFFの情報を追加することで，ファイアウォールでも送信元PCのIPアドレス情報を把握できます。

以下がそのHTTPヘッダの例です。PCのIPアドレス192.168.1.11が追記されていることがわかります。

```
GET / HTTP/1.1
Accept: text/html, application/xhtml+xml, */*
Accept-Language: ja
User-Agent: Mozilla/4.0 (compatible; MSIE 6.0;Windows NT 5.1; SVl)
X-Forwarded-For: 192.168.1.11  ←ProxyサーバがPC追加したPCのIPアドレス
Host: nw.seeeko.com
Connection: keep-alive
```

**A.8** セッション管理

**A.9** TCPコネクションは3ウェイハンドシェイクが行われる一連の通信のこと。

「TCP」とあるので，TCPコネクションはレイヤ4での処理と思えばいいですか？

そうです。一方，セッションは，上位層（5層～7層）の処理です。1つのセッションに複数のTCPコネクションが作成されることも多々あります。ただ，言葉の定義は明確なものではないので，あくまでもイメージとしてとらえて下さい。

**A.10** クッキー（Cookie）

**A.11** Webサーバ

**A.12** Set-Cookieヘッダフィールド

以下がSet-Cookieの例です。

```
Set-Cookie：domain=example.com;session_id=uid205045;secure;path=/874045/
```

└セッション情報を書き込んでいます

**A.13** 暗号化された通信（HTTPS）の場合にのみCookieを送る。HTTP通信の場合はCookieを送らない。

**A.14** HTTP/2

**ステップ 2**

# 手を動かして考える Wiresharkで TCPとUDPの ヘッダを見てみよう

皆さん，イーサネットのフレーム構造を書くことはできますか？ また，HTTPのパケットのパケット構造を書くことはできますか？ とても大事ですので，最初に書いてもらいます。

そしてここでは，**Wireshark**を使ってパケットキャプチャをしてもらいます。

ネスペ試験の合格に必要ですか？

パケット構造を書くことは試験では問われません。ですから，必須ではありません。ですが，参考書でイーサネットフレームの構造などの解説を読んでも，心の底から納得することは難しいでしょう。パケットキャプチャをして実際の生データを見ることで，目で見ることが難しいネットワークというものを視覚的に理解できるようになると思います。

ここではWiresharkの操作説明はしませんが，ネット上にも書籍にもたくさんの情報があります。ぜひご自身でWiresharkをインストールして動かしてみてください。難しいことは不要です。パケットを1つ見るだけでもいいのです。「教科書に書いてある通りになっているじゃん」と感じるだけでも価値があります。

また，余談になってしまいますが，パケットキャプチャができると，実務でとても役立ちます。特にトラブル対応時に大活躍です。

## Q.1 フレーム構造とパケット構造を書いてみよう

**課題1** イーサネットのフレーム構造を書け。

「フレーム」という問いをしています。答えを書くときは，レイヤ2の情報にとどめてください。

**課題2** 次に，レイヤ4の情報も含めて，HTTPのパケット構造を書け。主なフィールドに限定してもよい。

正解は以下のとおりです。

課題1

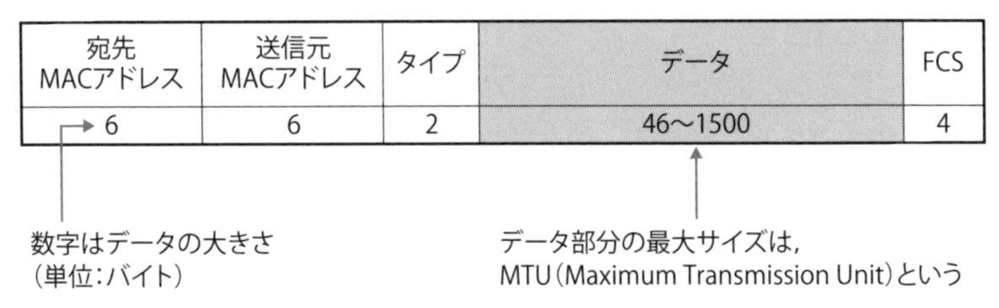


イーサネットのフレーム構造

タイプは，データ部にはどんなタイプのデータが入っているかを示します。たとえば，IPv4，IPv6，PPPoE，AppleTalk，NetBEUIなどを示す値が入ります。FCS（Frame Check Sequence）は，フレームのロスなどがないかを確認するためのデータです。

課題2

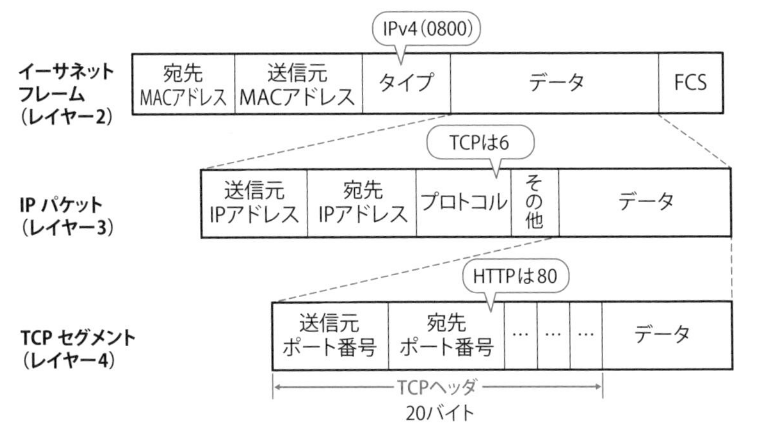


HTTPのパケット構造

このように，イーサネットフレームのデータ部分に，IPパケット（レイヤ3）の情報が含まれています。

実際のパケットを見ましたが，IPパケットのヘッダにはたくさんの情報がありますよね。

そうです。全部を理解する必要はありません。IPパケットのヘッダで着目してほしいのは，送信元IPアドレス，宛先IPアドレス，プロトコルです。プロトコルには，TCP（プロトコル番号：6），UDP（プロトコル番号：17）などを示すプロトコル番号が記載されます。日常的に使うプロトコルの大半は，HTTPやSTMPなどのTCPです。

次に，レイヤ4の情報を確認しましょう。レイヤ4の情報は，IPパケットのデータ部分に含まれます。先のプロトコル番号が6（TCP）であれば，レイヤ4のヘッダはTCPのフォーマットになります。具体的には，以下のとおりです。試験には出ませんが，前半の4つくらいは覚えておきましょう。

加えて，後述するUDPのヘッダとの違い（126ページ）を確認してください。

| | 項目 | 長さ（bit） | 説明 |
|---|---|---|---|
| 1 | 送信元ポート番号 | 16 | |
| 2 | 宛先ポート番号 | 16 | |
| 3 | シーケンス番号 | 32 | この値でパケットの順番を制御する |
| 4 | 確認応答番号 | 32 | どのデータまでを受け取ったかを示す |
| 5 | データオフセット | 4 | TCPヘッダの長さを示す |
| 6 | 予約 | 6 | |
| 7 | フラグ | 6 | ・ACK，RST，SYN，FINなどのフラグがある<br>・ACKとSYNは3ウェイハンドシェイクで利用する。 |
| 8 | ウィンドウサイズ | 16 | ウィンドウサイズを指定 |
| 9 | チェックサム | 16 | |
| 10 | 緊急（Urgent）ポインタ | 16 | |
| 11 | オプション | 可変 | 省略可 |
| 12 | Padding | 可変 | 詰め物。省略可 |

■TCPのヘッダフォーマット

## Q.2 Wiresharkを使ってパケットキャプチャをしてみよう

**課題1** WiresharkでHTTPの通信をパケットキャプチャし，実際のTCPのフレーム構造を見よ。そして，上記のTCPヘッダフォーマットのとおりになっているかを確認せよ。

**課題2** WiresharkでDNSの通信をパケットキャプチャし，実際のUDPのフレーム構造を見よ。そして，上記のTCPヘッダフォーマットと比較せよ。

# A.2

**課題1** 最近は常時SSL化によってHTTPSの暗号化通信が普及し，HTTPの通信が少なくなってきました。FTPやSMTP, Telnetなど, HTTP以外でもいいので, パケットキャプチャをしてみるといいでしょう。

以下は，HTTPの通信をパケットキャプチャしたものです。前ページに記載したTCPのヘッダフォーマットどおりになっていることが確認できます。

※Webサーバの構築に関しては，このあと127ページで解説しています。

```
⊞ Ethernet II, Src: 0c:5b:8f:27:9a:64 (0c:5b:8f:27:9a:64), Dst: Shenzhen_4a:36:32 (24:db:ac:4a:36:32)
⊞ Internet Protocol Version 4, Src: 192.168.1.100 (192.168.1.100), Dst: 183.79.123.210 (183.79.123.210)
⊟ Transmission Control Protocol, Src Port: 61398 (61398), Dst Port: 80 (80), Seq: 1401, Ack: 1, Len: 84
    Source Port: 61398 (61398)
    Destination Port: 80 (80)
    [Stream index: 28]
    [TCP Segment Len: 84]
    Sequence number: 1401    (relative sequence number)
    [Next sequence number: 1485    (relative sequence number)]
    Acknowledgment number: 1    (relative ack number)
    Header Length: 20 bytes
  ⊞ .... 0000 0001 1000 = Flags: 0x018 (PSH, ACK)
    Window size value: 1024
    [Calculated window size: 262144]
    [Window size scaling factor: 256]
  ⊞ Checksum: 0x54e9 [validation disabled]
    Urgent pointer: 0
  ⊞ [SEQ/ACK analysis]
    TCP segment data (84 bytes)
```



■パケットキャプチャで見るTCPの実際のフレーム構造

**課題2** 以下は，DNSの通信をパケットキャプチャしたものです。

```
⊞ Ethernet II, Src: 0c:5b:8f:27:9a:64 (0c:5b:8f:27:9a:64), Dst: Shenzhen_4a:36:32 (24:db:ac:4a:36:32)
⊞ Internet Protocol Version 4, Src: 192.168.1.100 (192.168.1.100), Dst: 192.168.1.1 (192.168.1.1)
⊟ User Datagram Protocol, Src Port: 55398 (55398), Dst Port: 53 (53)
    Source Port: 55398 (55398)
    Destination Port: 53 (53)
    Length: 42
  ⊟ Checksum: 0x2629 [validation disabled]
      [Good Checksum: False]
      [Bad Checksum: False]
    [Stream index: 11]
⊞ Domain Name System (query)
```



■パケットキャプチャで見るUDPの実際のフレーム構造

見てもらうとわかるように，TCPとUDPでは，ヘッダサイズがまったく違い，とても小さいことがわかります。

では，TCPヘッダとUDPヘッダを比べてみましょう。

| | TCP ヘッダ | UDP ヘッダ |
|---|---|---|
| 1 | 送信元ポート番号 | 送信元ポート番号 |
| 2 | 宛先ポート番号 | 宛先ポート番号 |
| 3 | シーケンス番号 | セグメント長 |
| 4 | 確認応答番号 | チェックサム |
| 5 | データオフセット | |
| 6 | 予約 | |
| 7 | フラグ（ACK や SYN ビットを含む） | |
| 8 | ウィンドウサイズ | |
| 9 | チェックサム | |
| 10 | 緊急（Urgent）ポインタ | |
| 11 | オプション | |
| 12 | Padding | |

TCPヘッダとUDPヘッダ

ヘッダが短いことはメリットですか？

はい，高速な通信の実現のためにはメリットです。無駄が少なくなり，伝送効率が良くなります。

## Q.3 Webサーバを実際に構築してみよう

124ページの課題1ではTCPのパケットをキャプチャしてもらいましたが，最近のWebサーバはほとんどがHTTPSであり，内容が暗号化されています。よって，パケットが少しわかりにくいです。

そこで，余裕がある人は，Webサーバを実際に構築していただきたいのです。AWSなどのクラウドサーバを使って立ち上げるのもいいですし，簡易なフリーソフトでWebサーバを構築してもいいでしょう。

でも，サーバなんて持っていません。

サーバは不要です。実は，Windows10のOSの標準機能を使えば，簡単にWebサーバを作ることができます。IIS（インターネット インフォメーション サービス）というWebサーバのアプリがクライアント端末に入っています。

**A.3** WIndows10のIISを使ったWebサーバの構築手順は以下のとおりです。

**①IISのインストール（Windows10, IIS10.0の例）**

Windowのスタートをクリックし，［設定］→［アプリ］→［アプリと機能］→［オプション機能］→［関連設定：Windowsのその他の機能］から，［インターネット インフォメーション サービス］の関連項目のチェックを有効にします。

［インターネット インフォメーション サービス］の関連項目のチェックを有効にすると，IISがインストールされ，これでWebサーバが完成です。

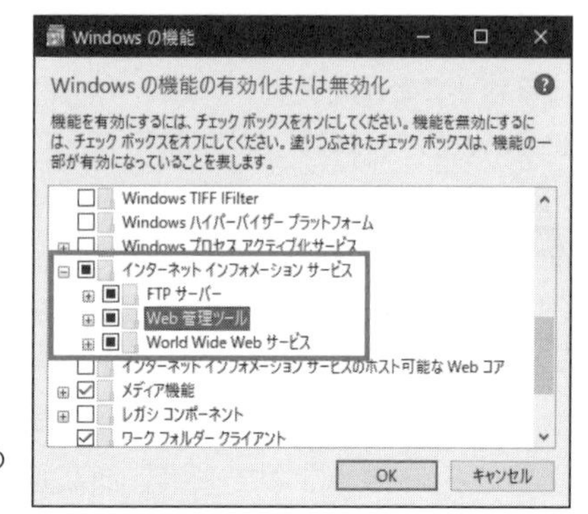


［インターネット インフォメーション サービス］の関連項目のチェックを有効にする

## ②Webサーバへ通信してみよう

Webブラウザのアドレスバーに「**127.0.0.1**」と入力し，マイクロソフトのIISの初期画面が表示されていれば，サーバ構築が完了しています。127.0.0.1というアドレスは，ネスペ試験でも登場するのでご存じだと思いますが，自分自身を指すループバックアドレスです。

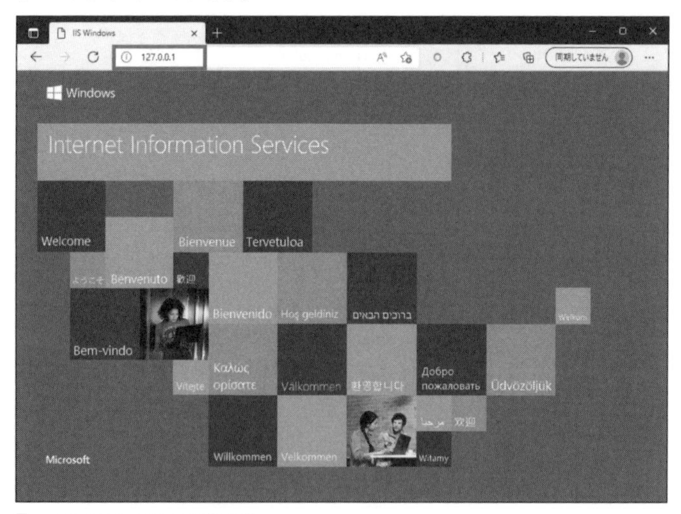


マイクロソフトのIISの初期画面

## ③簡単なWebページの作成

せっかくなので，自分で作成したページを表示してみましょう。

「メモ帳」で文字列（ここでは「Hello」）を入力し，「index.html」というファイル名を付けてPC内の「**C:¥inetpub¥wwwroot**」に保存します。

本来はHTMLのフォーマットで書く必要がありますが，このままでも適切に表示されます。注意点は，拡張子を「html」にすることです。

ファイルを作成したら，先ほどと同じようにWebブラウザを使ってアクセスしてみましょう。URLは，**http://127.0.0.1/index.html**または，今回はindex.htmlという名前を使っているのであれば，**http://127.0.0.1/**でも通信可能です。

次のような画面が表示されていれば，Webページが正しく作成されています。

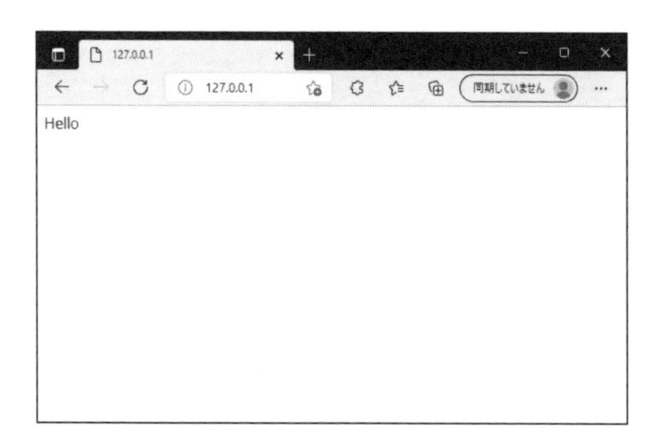

なるほど，**10**分もあればできそうですね。

はい，できます。Webサーバがあれば，WiresharkでHTTPのリクエストやレスポンス，ステータスコード，3ウェイハンドシェイクやパケットのヘッダなど，ネットワークの教科書に出てくるいろいろな情報を自分の目でしっかりと見ることができます。このWebサーバに，別のPCからHTTPで通信してみてください。そのときはもちろん，127.0.0.1のIPアドレスではなく，Webサーバに割り当てられた実際のIPアドレスを使ってください。

# ステップ 3 実戦問題を解く 過去問をベースにした演習問題にチャレンジ

## 問題

SYNフラッド攻撃とその防御技術に関する次の記述を読んで，設問1～3に答えよ。　（R1年度 NW試験 午後Ⅱ問2, H20年度 SV試験 午後Ⅰ問2を改題）

〔SYNフラッド攻撃について〕

J氏　：SYNフラッド（SYN flood）攻撃は，TCPの接続開始処理をねらった攻撃です。一般に，TCPの接続開始処理は，［ a ］ハンドシェイクと呼ばれる手順を経ることで行われます。ホストAからホストBへの接続開始処理を例に挙げると，まず，ホストAから［ b ］パケットがホストBに送られます。次に，［ b ］パケットを受け取ったホストBから［ c ］パケットが返されます。最後に，ホストAから［ d ］パケットが送られることによって，接続開始処理が完了します。SYNフラッド攻撃は，何らかの方法で，最後の［ d ］パケットがホストBに届かないようにすることで，ホストBに未完了の接続開始処理（以下，ハーフオープンという）を大量に発生させる攻撃です。この結果，①正当な利用者がホストBに接続できなくなったり，接続に時間がかかるようになったりします。
なお多くの場合，［ d ］パケットがホストBに届かないようにするために，［ b ］パケットの［ e ］IPアドレスを詐称する方法が使われています。

G課長：なるほど，それで②パケット量が増えても，Webサーバのアクセスログに記録されているアクセス数が増えないわけですね。

J氏　：そうです。

F主任：それで，この攻撃への対策は，どのようにしたらよいのでしょうか。

J氏　：ハーフオープン状態になっている接続開始処理と同じ［ e ］IPアドレスからの接続要求を拒否するという方法も考えられま

すが，③効果が得られないことが多いのです。そのため，最近のFWは，ハーフオープン状態の接続がある数に達すると，それ以上の接続開始処理はいったんFWで保留することで，宛先のサーバに接続要求が到達しないようにできます。

〔ディレイドバインディングとSYNクッキー〕

SYNフラッド攻撃の防御技術には，ディレイドバインディングとSYNクッキーがある。ディレイドバインディング技術を図1に示す。（※筆者注：図の左に「攻撃者」「送信者」とあるが，「送信者」は正規の利用者と考えるとよい。）

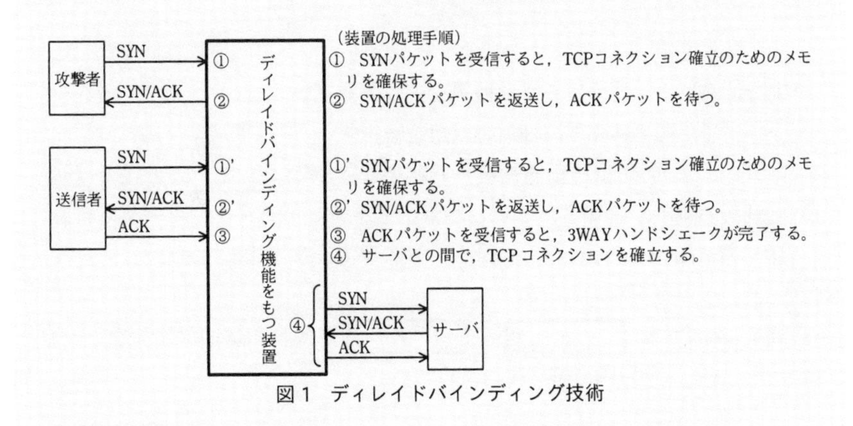

図1　ディレイドバインディング技術

図1の方式では，サーバの代わりにディレイドバインディング機能を持つ装置が，3ウェイハンドシェイクを行う。これによって，サーバが資源を使い切ることを抑止できる。しかし，この装置自体の資源を使い切ってしまう可能性もある。

一方，SYNクッキーでは，この弱点が改善されている。SYNクッキー技術を図2に示す。

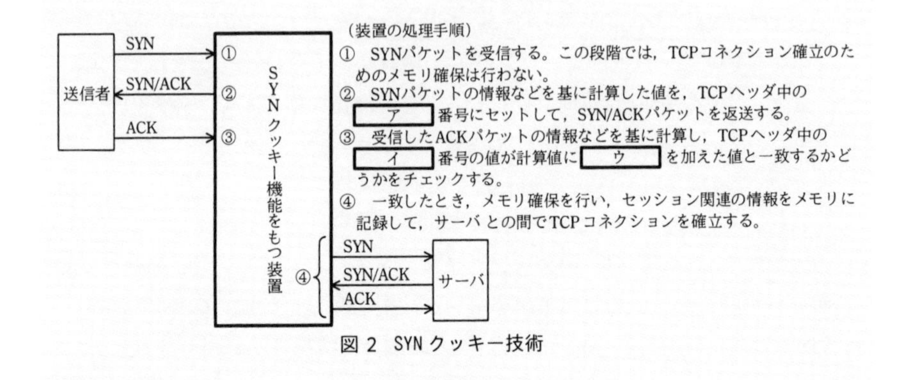


図 2 SYN クッキー技術

図2の方式は，パケット中の該当するコネクションに関連する情報などに，特別な演算によって計算した変換値をクッキーとして，TCPヘッダ中のシーケンス番号に埋め込んで，通信の状態を監視するものである。

J氏は，二つの防御技術を比較した結果，④SYNクッキーの方式では同時接続数の制限が緩和されることが分かったので，SYNクッキー技術をもつIPS（Intrusion Prevention System）の導入をN主任に提案した。

**設問1** 本文中の［ a ］～［ e ］に入れる適切な字句を，それぞれ8字以内で答えよ。

**設問2** SYNフラッド攻撃とその対策について，（1）～（3）に答えよ。

（1）本文中の下線①について，正当な接続要求に応答できなくなったり，接続に時間がかかるようになったりする理由を，“資源”という字句を用いて35字以内で述べよ。

（2）本文中の下線②について，その理由を50字以内で述べよ。

（3）本文中の下線③について，その理由を35字以内で述べよ。

**設問3** ディレイドバインディングとSYNクッキーについて，（1）～（3）に答えよ。

（1）図2中の［ ア ］～［ ウ ］に入れる適切な字句又は数値を答えよ。

（2）本文中の下線④の，制限が緩和されるのは，ディレイドバインディング方式よりメモリ消費量が少なくて済むからである。その理由を，35字以内で述べよ。

## 解答例

| 設問 | | 解答例・解答の要点 | |
|---|---|---|---|
| 設問1 | (1) | a | 3ウェイ |
| | | b | SYN |
| | | c | SYN/ACK |
| | | d | ACK |
| | | e | 送信元 |
| 設問2 | (1) | 大量のハーフオープンによって，ホストBの資源が占有されるから | |
| | (2) | TCPの接続開始処理が未完了のものは，Webサーバのアクセスログに記録されないから | |
| | (3) | 同じ送信元IPアドレスを使って接続要求するとは限らないから | |
| 設問3 | (1) | ア | シーケンス |
| | | イ | 確認応答 |
| | | ウ | 1 |
| | (2) | コネクション確立の準備段階では，メモリの確保が不要だから | |

## 補足解説

### ■設問2（1）

解答に「資源」とありますが，これは何ですか？

CPUやメモリのことと考えてください。

ハーフオープン状態の場合，3ウェイハンドシェイクのシーケンス番号などの情報を保持しておく必要があります。そのため，わずかですがCPUやメモリを消費します。ですが，それがあまりに大量になると，CPUやメモリ資源を占有してしまいます。

### ■設問2（2）

余裕があれば，テスト環境でWebサーバを構築して，フリーのツールでDoS攻撃を仕掛けてみるといいでしょう。攻撃のログが記録されないことがわかります。

### ■設問2（3）

攻撃者は，大量の複数の踏み台サーバを経由して攻撃をしかけるので，特定のIPアドレスだけをFWで拒否しても，あまり効果はありません。

■設問3（1） ア

この問題，難しいです。

たしかに。ただ，「番号」というキーワードから，シーケンス番号か確認応答番号のどちらかが入ると想定できた人にとっては，2択になります。

では，どちらが正解かを考えます。確認応答番号ですが，「受信したシーケンス番号＋1」と決められています。自ら決めることはできません。今回は，自分で計算した値を入れているので，シーケンス番号が正解です。

■設問3（1） イ，ウ

3ウェイハンドシェイクにおいては，「受信したシーケンス番号＋1」が確認応答番号です。以下に示す図を見てください。3ウェイハンドシェイクでは，送信したシーケンス番号に1を加えたものが確認応答番号と一致するかで，通信相手を確認します。

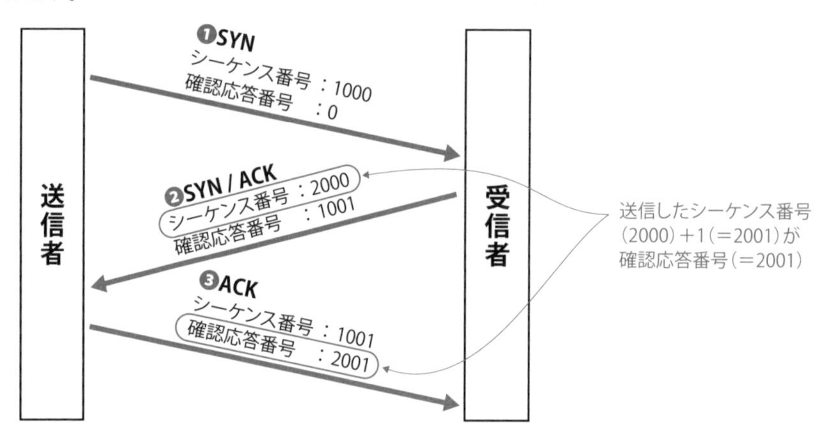


■ シーケンス番号と確認応答番号

■設問3（2）

ハーフオープン状態の場合，3ウェイハンドシェイクのシーケンス番号などの情報を保持しておく必要があり，それによってメモリなどの資源を使います。しかし，この方式だと，演算によって計算をするので，シーケンス番号などの情報を保持しておく必要がありません。問題文の記述としては，図2の①の「TCPコネクション確立のためのメモリを確保は行わない」の部分です。つまり，メモリなどの資源を使わないという利点があります。

# Chapter 7

Network Specialist WORKBOOK

# メール

● この単元で学ぶこと

メールの送受信プロトコル／SMTPのシーケンス／メールヘッダ
メールセキュリティ／SPAM対策（OP25B, SPF, DKIM）

## ステップ 1 理解を確認する 短答式問題にチャレンジ

## 問題

➡ 解答解説は140ページ

## 1. メール全般

**Q.1**

メール送信プロトコルであるSMTPには認証機能がない。この点を改良して認証を行うプロトコルとして，何があるか。

**Q.2**

SMTP AUTHは，SMTP通信において，ユーザ名とパスワードで認証（Authentication）を行う。SMTP AUTHは，このあとの迷惑メール対策で解説するOP25Bでも利用される技術で，ポート番号は［　　　］番である。

**Q.3**

SMTPS（SMTP over TLS）は，非暗号のSMTPの通信を，TLS（古くはSSL）を用いて暗号化するものであるが，ポート番号は［　　　］番である。

**Q.4**

POP3を改良したメールプロトコルで，ポート番号143番を使うプロトコルは何か。

**Q.5**

SMTPのセッションの開始を表すコマンドは，HELO（Helloの意）またはEHLO（Extended Helloの意）である。［①］と［②］に当てはまるコマンドを答えよ。

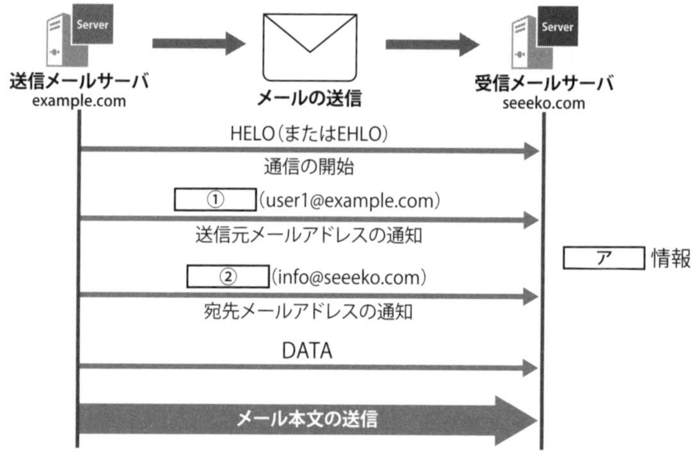

①：

②：

**Q.6**

上記Q.5において，［①］と［②］に入れられた送信元メールアドレスと宛先メールアドレスの情報は，封筒という意味で，［ア］情報と呼ばれる。

**Q.7** ☑☑☑

エンベロープ情報とメールヘッダを整理すると，以下のようになる。[　　　]に当てはまる字句を答えよ。

| エンベロープ（封筒） | MAIL FROM：送信元メールアドレス → Envelope-FROM<br>RCPT TO：宛先メールアドレス |
|---|---|
| メールヘッダ | DATE: 時刻<br>FROM：表示名 <送信元メールアドレス> → [　　　]<br>TO: 表示名 <宛先メールアドレス><br>Subject：題名<br>・・・・・ |
| メール本文 | くまさん，お元気ですか。・・・・・・ |

[　　　　　　　　　　]

## 2. メールセキュリティ

**Q.1** ☑☑☑

迷惑メールの送信者などの攻撃者は，送信元をわからなくするために，踏み台となるメールサーバを中継させる。メールサーバは，他社から他社へのメールを転送する必要はないが，誤ってそれを可能にしてしまっている場合がある。誰もが（オープンに）メールを中継できるという意味で，この状態は何といわれるか。

[　　　　　　　　　　]

**Q.2** ☑☑☑

メールの踏み台の対策を自社のメールサーバで行う。具体的にはどのような設定を行うか。（ヒント：踏み台にされるということは，外部の送信元から外部の宛先への転送に，自社のメールサーバが利用される）

[　　　　　　　　　　]

**Q.3** ☑☑☑

上記の具体的な設定は以下の過去問（H29年度春期 SC試験 午後Ⅱ問2）にも記載がある（次ページの図）。[　c　]に当てはまる字句を答えよ。

7 メール

表3　外部メールサーバの転送機能の設定

| 項番 | 転送元 IP アドレス | 宛先メールアドレスのドメイン名 | 処理 |
|---|---|---|---|
| 1 | 全て | A 社ドメイン名，A 社サブドメイン名 | [ c ] に転送する。 |
| 2 | [ c ] の IP アドレス | 全て | 宛先メールアドレスのドメイン部を基に MX レコードを問い合わせる。MX レコードの FQDN を基に，A レコードを問い合わせ，得られた IP アドレスに転送する。 |
| 3 | 全て | 全て | 拒否する。 |

注記　項番が小さいルールから順に，最初に一致したルールが適用される。

**Q.4**

一般的なメール送信プロトコルであるSMTP（25番ポート）では，認証をせずにメールを送ることができる。よって，攻撃者が，自分の身元を隠して大量の迷惑メールを送信できる。そこで，メールサーバには[ ア ]という仕組みが導入される。これは，[ イ ]IPアドレスのPCから，外部（プロバイダの外）のネットワークへのSMTP（25番ポート）の通信を禁止する。

ア：

イ：

**Q.5**

上記のQ.4の仕組みを導入すると，外部（プロバイダの外）に，メールをまったく送れなくなるのか。

**Q.6**

仮にPCが外部のメールサーバを利用してメールを送信したい場合には，[　　　]ポート（ポート番号587）を使い，SMTP-AUTHによって認証をする。

**Q.7**

なりすましメールを防ぐ方法として，送信ドメインを認証する方法がある。SPFはどのように認証をするか。

**Q.8**

SPFでは，DNSサーバに以下のような設定をする。

```
$ORIGIN  seeeko.com.
      IN   MX     10     mail.seeeko.com. ←MXレコード
      IN   TXT   "v=spf1 ip4: 203.0.113.1 ~all"←┐
                                            TXTレコード
```

　このファイルをもとにすると，S社の送信メールサーバと受信メールサーバはそれぞれ何か。

送信メールサーバ：

受信メールサーバ：

**Q.9**

SPFでは，送られてきたメールアドレスに関して，Envelope-FROMとHeader-FROMのどちらを使って検証するか。

**Q.10**

SPFの運用をするために，メールの送信側と受信側でそれぞれどんな設定が必要か。

メールの送信側：

メールの受信側：

**Q.11**

迷惑（SPAM）メール対策として，送信側メールサーバでディジタル署名を電子メールのヘッダに付与して，受信側メールサーバで検証するものは何か。

**Q.12** ✓✓✓

メール受信側での，SPFとDKIMを利用した検証，検証したメールの取り扱い，および集計レポートについてのポリシを送信側が表明する方法は何か。

|  |
|---|
|  |

## 解答・解説

# 1. メール

**A.1** POP before SMTPとSMTP AUTH

**A.2** 587

ポート番号が試験で問われるのですか？

はい，過去にはPOP3S（POP3 over SSL）のポート番号を答えさせるという，かなり難しい出題もありました（正解は995）。ポート番号が問われる場合もあれば，ポート番号をヒントの一部として，プロトコルが問われることもあります。よって，余裕があれば，ポート番号も覚えておきましょう。

**A.3** 465

**A.4** IMAP（IMAP4）

**A.5** ①MAIL FROM　②RCPT TO

**A.6** エンベロープ

**A.7** Header-FROM

エンベロープ情報とメールヘッダを実際の手紙と考えると，次のようになります。

■エンベロープ情報とメールヘッダのイメージ

# 2. メールセキュリティ

**A.1**　オープンリレー

**A.2**　**自社のメールアドレス宛て以外のメールを中継処理しない。**

**A.3**　内部メールサーバ

**A.4**　ア：**OP25B**（Outbound Port 25 Blocking）　イ：動的

プロバイダが静的に割り当てたIPアドレスは，通信が許可されます。

静的に割り当てたIPアドレスからは，攻撃が行われないのですか？

一般的に，静的に割り当てる場合は別途費用を払うことが多く，また，誰に割り当てたかという情報も保持されています。攻撃者は身元を特定されたくないので，不正行為をする可能性が低くなります。

**A.5**　**そんなことはない。送信できる。**

次ページの図を見てください。❶のように，動的IPアドレスのPCから，外部のメールサーバにはOP25Bによりメールを送信できません。ですが，❷のように，内部のメールサーバには送信できます。また，固定IPアドレスからのメールは拒否されないので，❸のように，内部のメールサーバからであれば，外部のメールサーバにメールを送信できます。

7 メール

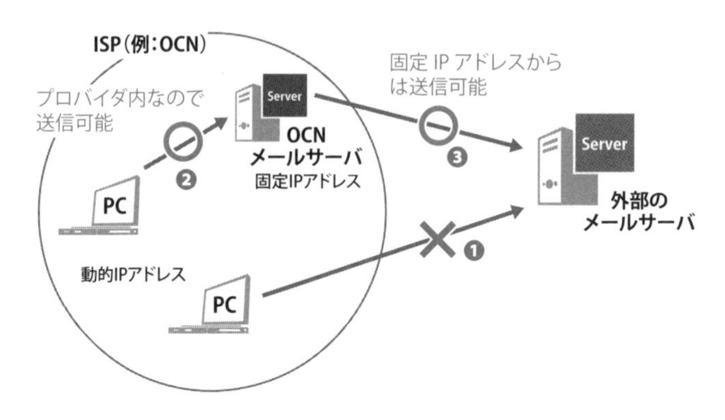

■OP25Bによるメールの送信

**A.6** サブミッション

**A.7** DNSサーバのTXTレコードに記載された送信メールサーバのIPアドレスと，受信したパケットの送信元IPアドレスと比較する。

**A.8** 送信メールサーバ：**203.0.113.1のIPアドレスを持つサーバ**
受信メールサーバ：**mail.seeeko.comのサーバ**

**A.9** Envelope-FROM

**A.10** メールの送信側：**DNSサーバにTXTレコードを追加する。**
メールの受信側：**メールサーバをSPF対応にする。（送信側のメールサーバにTXTレコードを問い合わせる動作をさせるため）**

**A.11** **DKIM**（DomainKeys Identified Mail）

**A.12** **DMARC**（ディーマーク：Domain-based Message Authentication, Reporting, and Conformance）

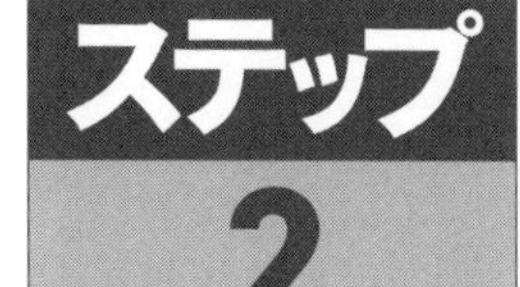


# 手を動かして考える メールシステムを設計しよう

ここでは，新しく会社を作り，メールサーバを構築するなどして社外とメールを送受信できるようにメールシステムを設計してみましょう。次に，メールの送受信の流れを書いてもらいます。最後に，迷惑（SPAM）メール対策を考えます。

## Q.1 メールシステムのネットワーク構成図を描いてみよう

ネットワーク構成図を描き，メールを送受信するために必要な機器をすべて書け。なお，メールサーバなどのサーバは，クラウドサービスを利用せずに，社内に設置する。

※NTPによる時刻同期や，SNMPによる管理など，必須ではないものは不要。ただし，メールを運用するにはメールサーバ以外にも必要なサーバがあるので，それを記載すること。

# A.1 中継メールサーバ（外部メールサーバ）とDNSサーバをDMZに配置し，内部LANに内部メールサーバを配置します。

はい。メールアドレスはuser1@example.comのように，ドメイン名が含まれています。ドメイン名から宛先のメールサーバのIPアドレスを調べる必要があり，メールを送るには名前解決が必要です。

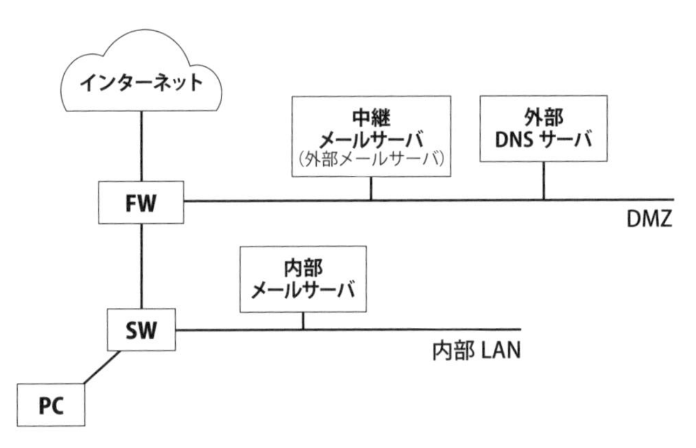


■ メールシステムのネットワーク構成図

# Q.2 メールの送受信の流れを理解しよう

メールの送受信の流れを，以下の2つのケースで，先ほどのQ.1の図に追記せよ。そのときのプロトコルも記載すること。ただし，名前解決の通信は不要とする。

①社内から社外にメールを送信する
②社外からのメールを受信する

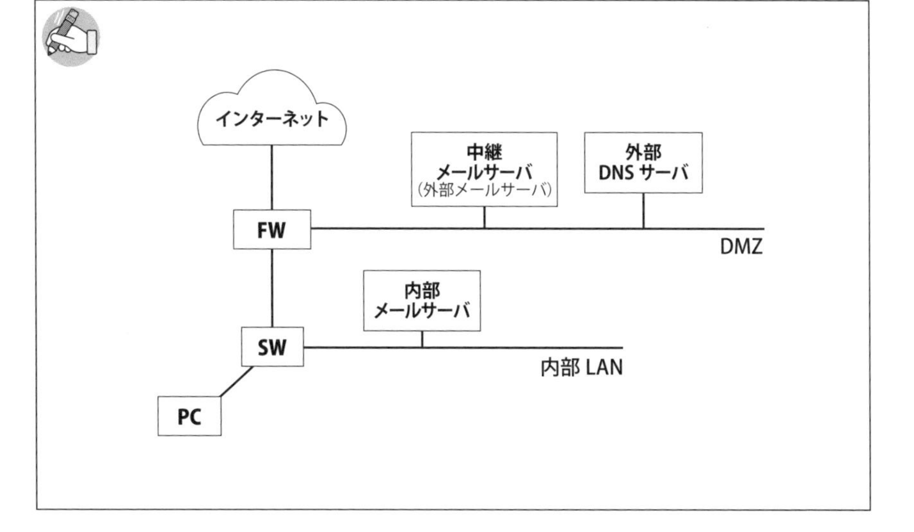


# A.2

## ①メールの送信

社内のPCから，内部メールサーバ，中継メールサーバを経由して，相手のメールサーバにメールが届けられる。

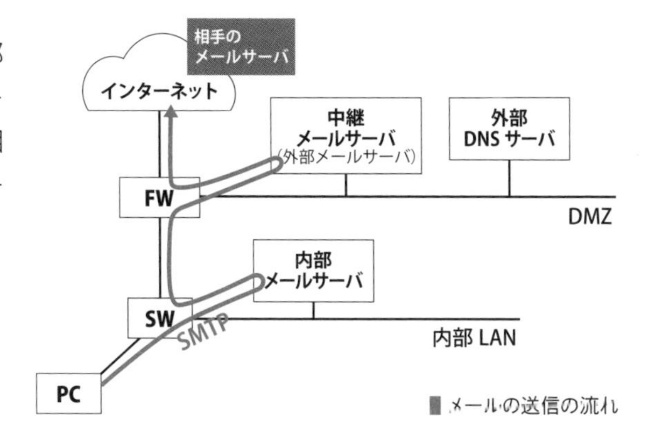


■メールの送信の流れ

メールを送信する際に，中継メールサーバを経由させる理由はありますか？

内部メールサーバから相手のメールサーバに直接送信する場合もあります。わざわざ中継メールサーバを経由させる理由は，中継メールサーバにて，内外からのメールのセキュリティチェックをする場合などが考えられます。参考までに，令和元年度 午後Ⅱ問2では，中継メールサーバを経由させる構成をとっています。

②社外からのメールを受信する

基本的には送信と逆である。ただ，メールは内部メールサーバのメールBOXまでしか届かない。メールを受信するには，利用者が自分のPCからPOP3やIMAP4などのメール受信プロトコルを使って受信する。

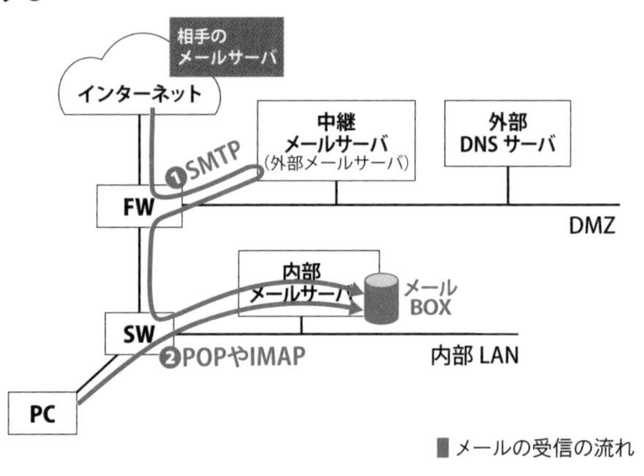


■メールの受信の流れ

# Q.3 迷惑（SPAM）メール対策の全体像を考えよう

迷惑（SPAM）メール対策には，どんな方法があるか。その全体像を示せ。方法としては，以下の3つの対策を考えること。

（1）企業にて，社内からの迷惑（SPAM）メールの送信を防ぐ
（2）プロバイダ内で，迷惑（SPAM）メールの送信を防ぐ
（3）企業にて，迷惑（SPAM）メールの受信を防ぐ

## A.3 表で整理すると以下のようになります。その下に示す図と照らし合わせて理解を深めてください。

■迷惑(SPAM)メール対策

| 対策 | 対策箇所 | 対策内容 | 対策技術例 |
|---|---|---|---|
| (1) | 企業の送信メールサーバ | ユーザを認証することで，不正なメールを送らせない。(下図❶)<br>(不正なメールは，社内PCに感染したマルウェアや，悪意のある者が認証なし(認証情報を知らない)で送信することを想定) | ① SMTP-AUTH<br>② POP before SMTP |
| (2) | プロバイダのファイアウォールなど | プロバイダ内で，動的IPアドレスから管理外ネットワークへのSMTPを禁止する。(下図❷) | OP25B |
| (3) | 受信メールサーバ | 送信者のドメイン認証により，迷惑(SPAM)メールを受け取らない。(下図❸-1) | ① SPF<br>② DKIM<br>③ DMARC |
| | SPAM対策機 | メールのヘッダや本文を解析して迷惑(SPAM)メールをブロックする。(下図❸-2) | ブラックリスト，SPAM対策機の独自機能など |

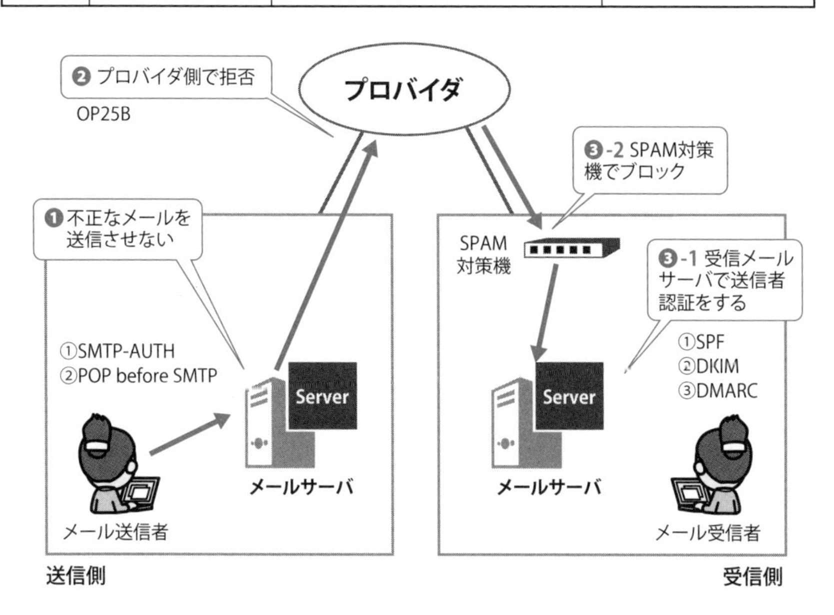

# ステップ3 実戦問題を解く
# 過去問をベースにした演習問題にチャレンジ

## 問題

インターネット販売システムに関する次の記述を読んで，設問1～4に答えよ。
(H18年度 NW試験 午後Ⅰ問4を改題)

H社は，インターネット上で商品を販売する会社である。日々多数の商品紹介メールを送信することが，H社の重要な営業活動となっている。

H社では，外部メールサーバ，Webサイトを開設しているWebサーバ，及び自社の独自［ ア ］を管理しているDNSサーバをDMZに設置している。図に，H社のシステム構成を示す。

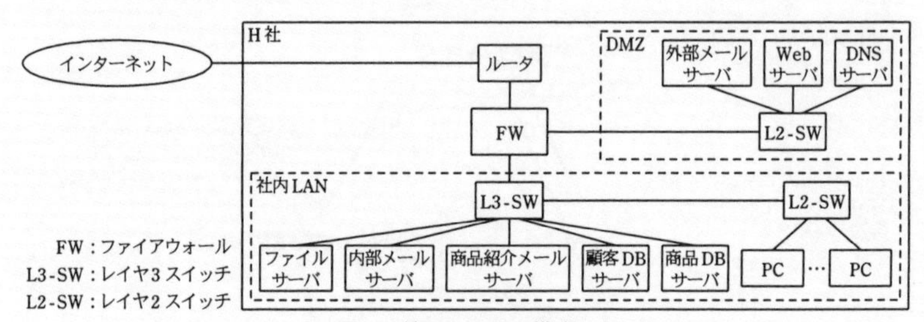


図　H社のシステム構成

FWのフィルタリング設定では，［ イ ］，送信元IPアドレス及び宛先IPアドレス，送信元ポート番号，宛先ポート番号を指定することによって，業務上必要な通信だけを許可している。

各社員のメールボックスは，［ ウ ］サーバ内にあり，インターネットからH社宛てのメールは，［ エ ］というプロトコルによって，①外部メールサーバ経由で内部メールサーバに届く。また，各社員によるメールの受信は，メールをPCにダウンロードする［ オ ］と，サーバ上で管理する［ カ ］の両方のプロトコルを利用可能としている。

〔迷惑メールの受信と削減対策〕

H社では，1か月ほど前から，商品紹介メールの送信遅延が発生するようになった。システム管理者のS君が調査したところ，インターネットから頻繁に大量のメールを受信していたことが分かった。S君は送信遅延の防止策を検討することにした。

インターネットから受信した大量のメールは，受信者の［　キ　］を得ずに一方的に送信してくる迷惑メールであった。そこで，S君は，迷惑メールをFWで遮断することを考えた。まず，FWのログからメール数の多い送信元IPアドレスを抽出した。次に，送信元IPアドレスをアドレス帯に集約し，そのアドレス帯からのメールをFWで遮断することにした。

S君は，②迷惑メールの送信元のISPを調べて苦情を言ったが，迷惑メールの送信は止まらなかった。また，FWのログは，過去24時間分しか保存していないので，［　ク　］IPアドレスが頻繁に変わる迷惑メールを継続的に削減するためには，FWの遮断設定を毎日見直す必要があり，S君の作業負担が増大した。

そこで，S君は，過去1か月分保存している外部メールサーバのログを利用して，より長い期間にわたってメール数の多い送信元IPアドレスを抽出することによって，継続的に迷惑メールを削減できる遮断設定をFWに実施することにした。さらに，迷惑メールの削減数を増やすために，外部メールサーバでも遮断する方法を検討することにした。

S君は，まず，多くの迷惑メールの文章中に含まれているURL（または［　ケ　］ともいう）を利用して，外部メールサーバで遮断することを考えた。しかし，H社の外部メールサーバは，SMTP通信の［　a　］の情報では遮断できるが，［　b　］やヘッダなどのコンテンツの情報では遮断できない。

また，FWと外部メールサーバの仕様を確認したところ，フィルタリング可能な設定数が限られていることが分かり，できるだけ少ない設定数で多くの迷惑メールを削減する必要があった。そこで，S君は，次の手順で迷惑メールを削減することにした。

(1) FWの設定

- 外部メールサーバのログには，受信したメールごとにMAIL FROMで指定される［　コ　］メールアドレス，［　c　］で指定される受信者メールアドレス，及び送信元IPアドレスが記録されているので，送信元IPアドレスの情報を利用して，インターネットから受信したメールのログだけを抽出する。

• 抽出したログから，メール数の多い送信元IPアドレスを幾つか選定し，アドレス帯に集約してFWで遮断する。

(2) 外部メールサーバの設定

• 迷惑メールの削減数を増やすために，③抽出したログから一部のログを除外する。

• 除外後のログから，メール数の多い送信者メールアドレスを選定して，外部メールサーバで遮断する。外部メールサーバでの遮断時，SMTP通信の応答コードに，[ d ]なエラーを示す400番台ではなく，[ e ]なエラーを示す500番台を利用し，遮断した迷惑メールを再度受信することを抑止する。

〔外部メールサーバの分離〕

迷惑メールの削減対策を実施した後，商品紹介メールの送信遅延は発生しなくなったが，迷惑メールを完全に遮断することはできないので，大量の迷惑メールを受信する可能性は残っていた。

そこで，S君はインターネットへの送信用とインターネットからの受信用に，それぞれ外部メールサーバを分離し，送信用外部メールサーバへのインターネットからのSMTP通信を遮断するために，システム変更を行うことにした。

サーバを新規に購入するには数か月を要することから，現在は利用していない処理能力の低いサーバを，受信用外部メールサーバとして設置することにした。また，現在の外部メールサーバは，設定変更を行わずに送信用外部メールサーバとして利用することにした。

S君が考えたシステム変更手順は，次のとおりである。

(1) 受信用外部メールサーバをDMZに設置する。

(2) FWのフィルタリング設定に，④新たに許可すべき通信を追加する。

(3) ⑤DNSサーバの設定変更を実施する。

(4) DNSサーバの設定変更がインターネット上で⑥反映されるまで待つ。

(5) インターネットから送信用外部メールサーバへのSMTP通信を，FWで遮断する。

**設問1**　システム構成について

(1) 本文中の下線①について，インターネットからH社の社員宛てに送信されたメールに関して，H社のユーザがメールを受信するまでの経路を，利用するプロトコルも含めて述べよ。経由するすべての機器は図中の機器名で答えること。

(2) メールサーバを，外部メールサーバと内部メールサーバに分ける理由に関して，

①外部メールサーバをDMZに設置する必要性を答えよ。

②内部メールサーバを社内LANに設置する必要性を答えよ。

(3) DNSサーバの設定内容を，以下を参考に追記せよ。外部メールサーバホスト名とIPアドレスをmxと203.0.113.25，Webサーバをwwwと203.0.113.80とする。

```
$TTL 86400 ;1日
（前半省略）
         IN NS ns.example.com.
ns IN A 203.0.113.53
```

(4) 本文中の［　ア　］～［　コ　］に入れる適切な字句を答えよ。

**設問2**　本文中の［　a　］～［　e　］に入れる適切な字句を解答群の中から選び，記号で答えよ。

解答群

| | | |
|---|---|---|
| ア　MAIL TO | イ　RCPT TO | ウ　TO |
| エ　一時的 | オ　永久的 | カ　エンベロープ |
| キ　軽微 | ク　重大 | ケ　セグメント |
| コ　ペイロード | サ　ボディ | シ　メッセージ |

**設問3**　〔迷惑メールの受信と削減対策〕について，(1)，(2) に答えよ。

(1) 本文中の下線②について，S君がISP名や連絡先窓口を調べるために利用した，インターネットで利用できる仕組みを，10字以内で答えよ。

(2) 本文中の下線③について，除外すべきログとは何か。20字以内で述べよ。

**設問4**　〔外部メールサーバの分離〕について，(1) ～ (3) に答えよ。

(1) 本文中の下線④の許可すべき通信を二つ挙げ，システム変更手順 (5) の記述形式に従って，それぞれ35字以内で述べよ。

(2) 本文中の下線⑤の設定変更の内容について，"MXレコード"という字句を用いて，30字以内で述べよ。

(3) 本文中の下線⑥について，DNSサーバの設定変更がすぐに反映されない理由を，35字以内で述べよ。

## 解答例

<table>
<tr><th colspan="2">設問</th><th colspan="2">解答例・解答の要点</th></tr>
<tr><td rowspan="15">設問 1</td><td>(1)</td><td colspan="2">インターネットからのメールが，ルーター→ FW → L2-SW →外部メールサーバ→ L2-SW → FW → L3-SW →内部メールサーバの順に，SMTP プロトコルで送信される。PC は，PC → L2-SW → L3-SW →内部メールサーバの順で，POP3 プロトコル（IMAP4 でも可）で内部メールサーバのメールボックスにあるメールを受信する。<br>（※次ページの補足解説で示す図も参照のこと）</td></tr>
<tr><td rowspan="2">(2)</td><td>①</td><td>インターネットからの通信を受け付ける必要があるから</td></tr>
<tr><td>②</td><td>（機密情報が含まれる可能性がある）メールが保存されるメールボックスは，外部から通信できないセグメントに設置する必要があるから</td></tr>
<tr><td>(3)</td><td colspan="2">$TTL 86400 ;1日<br>（前半省略）<br>    IN NS ns.example.com.<br>    IN MX 10 mx.example.com.<br>ns  IN A 203.0.113.53<br>mx  IN A 203.0.113.25<br>www IN A 203.0.113.80</td></tr>
<tr><td rowspan="10">(4)</td><td>ア</td><td>ドメイン</td></tr>
<tr><td>イ</td><td>プロトコル</td></tr>
<tr><td>ウ</td><td>内部メール</td></tr>
<tr><td>エ</td><td>SMTP</td></tr>
<tr><td>オ</td><td>POP3</td></tr>
<tr><td>カ</td><td>IMAP4</td></tr>
<tr><td>キ</td><td>承諾</td></tr>
<tr><td>ク</td><td>送信元</td></tr>
<tr><td>ケ</td><td>URI</td></tr>
<tr><td>コ</td><td>送信者</td></tr>
<tr><td>設問 2</td><td colspan="3">a：カ　b：サ　c：イ　d：エ　e：オ</td></tr>
<tr><td rowspan="2">設問 3</td><td>(1)</td><td colspan="2">Whois（whois サービス）</td></tr>
<tr><td>(2)</td><td colspan="2">FW で遮断されるメールのログ</td></tr>
</table>

| 設問 4 | (1) | ① | インターネットから受信用外部メールサーバへの SMTP 通信 |
|---|---|---|---|
| | | ② | 受信用外部メールサーバから内部メールサーバへの SMTP 通信 |
| | (2) | MX レコードを受信用外部メールサーバに変更する。 | |
| | (3) | ・変更前の DNS サーバの設定情報がキャッシュされているから<br>・送信用外部メールサーバの IP アドレスがキャッシュされているから | |

## 補足解説

### ■設問1 (1)

H社のユーザがメールを受信するまでの経路を図中に示します。

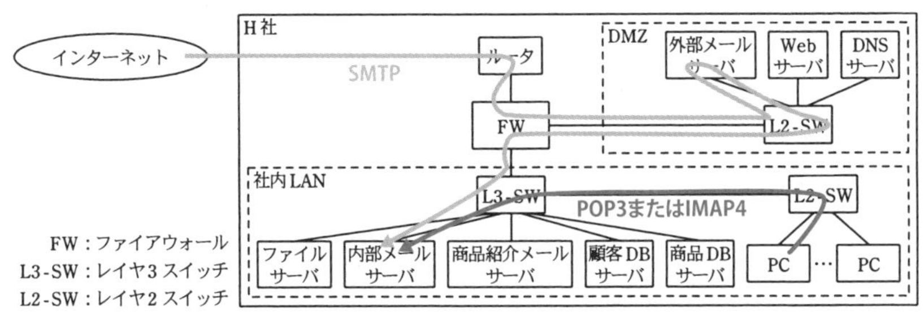


図　H 社のシステム構成

### ■設問1 (3)

MXレコードに，IPアドレスを直接書いてはダメですか？

ダメです。現実的には動くとは思いますが，RFCではFQDNで記載するルールです。

### ■設問2 d, e

SMTPのステータスコードは，HTTPのステータスコードとは別物です。ですが，内容は通じるものがあります。以下に，SMTPのステータスコードを整理します。

| コード | 意味 |
|---|---|
| 200 番台 | 成功 |
| 300 番台 | 成功し，続きのデータを要求 |
| 400 番台 | 一時的なエラー |
| 500 番台 | 永久的なエラー |

■設問3（2）

今回のS君の作業は，「過去1か月分保存している外部メールサーバのログを利用して，（中略）メール数の多い送信元IPアドレスを抽出」しています。外部メールサーバよりもFWのほうがインターネットに近い位置にあるため，FWで遮断したログは対象外として問題ありませんし，効率的なログ抽出が行えます。

FWで拒否しているのであれば，メールサーバにログは残らないのでは？

はい。対策後であれば，そうなります。しかし，注意してほしいのは問題文で示された対策（1），（2）は新たに対策しようと考えているものであり，この時点ではまだ実施していないということです。〔外部メールサーバの分離〕のセクションで，初めて対策の実施後の話が出てくることからも，そのことがわかります。

よって，対策前の時点の外部メールサーバの抽出ログには，「（1）の対策によりFWで遮断が期待できるメール」も含まれていることになります。対策後は，それらのメールはメールサーバには届きませんので，外部メールサーバのフィルタリングの設定としては除外しておくということです。

■設問4（1）

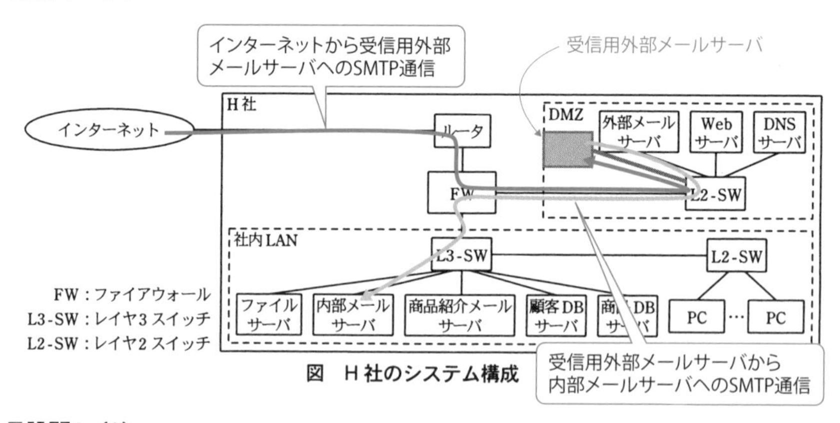


図　H社のシステム構成

■設問4（2）

前ページの解答例のとおりです。実際には，MXレコードと，それに対応するAレコードの修正が必要と考えられます。

```
$TTL 86400 ;1日
（前半省略）
    IN NS ns.example.com.
    IN MX 10 mx.example.com. → mx2.example.com.
                                   新しい受信用外部メールサーバのFQDN

ns  IN A 203.0.113.53
mx  IN A 203.0.113.25
mx2 IN A 203.0.113.26  →新しい受信用外部メールサーバのIPアドレスを指定
www IN A 203.0.113.80
```

### ■設問4（3）

前記（2）ではMXレコードとAレコードを変更しました。しかし，これらはゾーンファイルのTTLで指定した時間（上記の場合は86400秒＝1日）保持されます。

7

メール

Chapter 8 Network Specialist WORKBOOK

# ファイアウォール, IPS, WAF

この単元で学ぶこと

FW／FWの冗長化／UTM／IPS／WAF／
FWとIPSやWAFの仕組みと違い

理解を確認する

## 短答式問題にチャレンジ

## 問題

➡ 解答解説は161ページ

## 1. ファイアウォール

**Q.1**

アンチウイルス機能やURLフィルタリング機能などのセキュリティ機能を兼ね備えた，統合脅威管理機能を持つファイアウォールを何というか。

**Q.2**

ファイアウォールの基本的な機能は，特定のIPアドレスやポート番号の通信だけを許可する［　　　］機能である。

**Q.3**

ファイアウォールは，ネットワークをインターネット，［　ア　］，［　イ　］の3つの領域に分ける機能も持つ。

ア：

イ：

**Q.4** ✓✓✓

ファイアウォールでは，パケットのどの情報を用いてフィルタリングするのか。パケット構造を考えて答えよ。

**Q.5** ✓✓✓

DMZ上のコンピュータがインターネットからのpingに応答しないようにファイアウォールのセキュリティルールを定めるとき，“通過禁止”に設定するプロトコルは何か。

**Q.6** ✓✓✓

ファイアウォールには静的フィルタリングと動的フィルタリングがある。多くのファイアウォールでは，動的フィルタリングが有効で，戻りのパケットは自動で許可される。また，動的フィルタリングは，[　　　　]といわれることもある。

**Q.7** ✓✓✓

Q.6では，通過したパケットの状態を保持しておく必要がある。具体的に，どのような情報を保持するか。参考までに，この情報のことを，セッションまたはTCPコネクションなどと呼ぶ。

**Q.8** ✓✓✓

ファイアウォールは信頼性向上のために冗長化（つまり二重化）することがある。しかし，VRRPで冗長化することはせず，独自のプロトコルで行うことが一般的である。これはなぜか。

**Q.9** ✓✓✓

FWの間はフェールオーバリンクと呼ばれる専用の線で結ばれ，設定情報やセッション情報を同期する。仮にActiveの機器やインタフェースが故障したとしても，セッション情報を引き継ぐことで，PCからインターネットへの通信を維持できる。この機能は何と呼ばれるか。

# 2. IDSとIPS

**Q.1**

高度な攻撃を防ぐ仕組みにIDSとIPSがある。両者の違いは何か。

**Q.2**

ファイアウォールとIDS/IPSでは，パケットを検査する場所が具体的にどう違うか。

**Q.3**

IDS/IPSはファイアウォールの外側（インターネット側）に設置するか，内側（DMZ側）に設置するか。理由とともに述べよ。

**Q.4**

IPSとIDSの検知方法の違いから，ネットワークにおける設置構成はどのような違いができるか。

**Q.5**

IDSは，インライン（通信経路上）に設置する必要がないだけでなく，なるべくインラインに設置すべきではない。それはなぜか。

**Q.6** ☑☑☑

IDSやIPSをインラインに設置する場合，機器の故障に備え，どのような機能が求められるか。

**Q.7** ☑☑☑

IDS自体に不正パケットを防止する機能は持ち合わせていない。そこで，IDSは［　　　］パケットを送り，コネクションを切断することで防御することもできる。

**Q.8** ☑☑☑

上記の機能は通信がトランスポート層の［　ア　］のときだけに有効で，［　イ　］のときには機能しない。

ア：

イ：

**Q.9** ☑☑☑

IDSは，監視対象のネットワークにあるSWの［　ア　］ポートに接続し，IDS側のネットワークポートを［　イ　］モードにすることで，IDS以外を宛先とする通信も取り込むことができる。また，IDS側のネットワークポートに［　ウ　］アドレスを割り当てなければ，IDS自体がOSI基本参照モデルの第3層レベルの攻撃を受けることを回避できる。

ア：

イ：

ウ：

# 3. WAF（Web Application Firewall）

**Q.1**

WAFで主にブロックするアプリケーション層のプロトコルは何か。

**Q.2**

FWで防御できないが，WAFで防御できる攻撃の例として，何があるか。

**【以降はクラウドWAFに関する問題】**

**Q.3**

クラウドWAFを使う場合，Webサーバへの通信をクラウド事業者のWAF経由にするには，どのような設定をすればよいか。

**Q.4**

上記の設定において，AレコードではなくCNAMEレコードを使うことが多い。それはなぜか。

**Q.5**

X社のWebサーバがshop.asha.comで，WAFサービスのFQDNがwaf-asha.tsha.net（IPアドレスは203.0.113.12）の場合，WAFサービスを利用するためのX社のDNSレコードを記載せよ。

**Q.6**

HTTPSで動作するWebサーバの場合，Webサーバの証明書をどこに配置すべきか。

Q.7 ✓✓✓

DNSの設定で，X社のWebサーバへの通信をクラウドWAFに向けたとしても，WebサーバのIPアドレスを直接指定するなどして，WAFを経由せずに通信を試みる攻撃者も存在する。その通信を防ぐにはどうしたらいいか。

## 解答・解説

# 1. ファイアウォール

**A.1　UTM**（Unified Threat Management）

UTMは，統合された（Unified）脅威（Threat）管理（Management）という意味です。

**A.2　（パケット）フィルタリング**

**A.3　ア：DMZ　　イ：内部セグメント**

**A.4　（主に）IPアドレス，プロトコル，ポート番号**

■パケット構造

| 送信元 IPアドレス | 宛先 IPアドレス | プロトコル | 送信元 ポート番号 | 宛先 ポート番号 | データ |
|---|---|---|---|---|---|
| 203.0.113.1 | 203.0.113.2 | TCP | 20001 | 80 | |

**A.5　ICMP**

pingはICMPプロトコルだからということだと思うのですが，pingだけを拒否できないのですか？

通常のファイアウォールはあくまでもレイヤ4までの情報でフィルタリングします。ICMPプロトコルのpingだけを拒否しようとすると，レイヤ7の情報でフィルタリングする必要があります。

**A.6　ステートフルインスペクション**

たとえば，PCからWebサーバにアクセスする場合，PCからは「Yahoo!のサイトを見たい」という通信を送り（下図❶），WebサーバからはYahoo!の情報（テキストや画像）が送られてきます（❷）。このときの動的フィルタリングでは，❷の戻りのパケットが自動で許可されます。

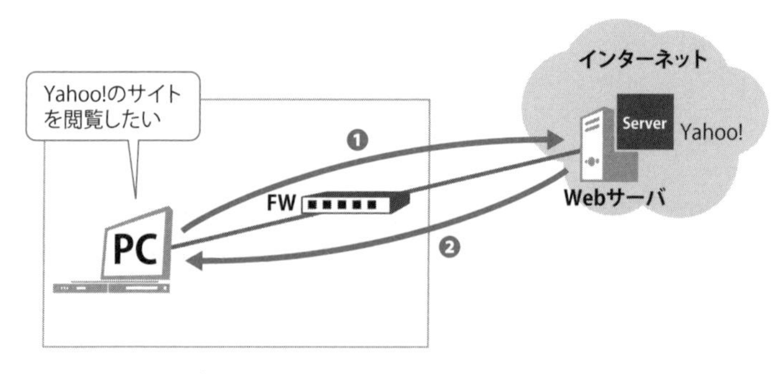


■動的フィルタリング（ステートフルインスペクション）

**A.7**　送信元IPアドレス，宛先IPアドレス，プロトコル，送信元ポート番号，宛先ポート番号などの組み合わせ

**A.8**　ステートフルインスペクションなどにより，動的にセッションを管理しており，そのセッションを維持するため。

**A.9**　ステートフルフェールオーバ

# 2. IDSとIPS

**A.1**　IDS（Intrusion Detection System）は，検知（Detection）だけであり，IPS（Intrusion Prevention System）は防御（Prevention）までが可能である。

**A.2**　**IDS/IPSは，データの中身もチェックすることができる。**

| 宛先<br>IPアドレス | 送信元<br>IPアドレス | プロトコル | 宛先<br>ポート番号 | 送信元<br>ポート番号 | データ |
|---|---|---|---|---|---|
| 203.0.113.2 | 203.1.113.1 | TCP | 80 | 20001 | |

ファイアウォールはヘッダ情報のみを確認する　　IDS/IPSはデータの中身も確認する

**A.3**　**FWの内側（DMZ側）に設置する。理由は，FWの外に設置するとFWで許可しないパケットも含めて検査をする必要があり，IDS/IPSに負荷がかかる。また，アラート，ログ，警告メールが大量になる。**

**A.4**　**IPSの場合，パケットを防御（Prevention）するために，通信経路上（インライン）に設置する。IDSもインラインに設置していいが，監視対象のネットワークにあるSWのミラーポートに接続することが多い。**

**A.5**　**通信経路上（インライン）に配置すると，仮にIDSが故障すると，サーバなどへの通信が行えなくなる。また，SWのミラーポートに接続するだけであれば，ネットワークの構成変更が少ないというメリットもある。**

**A.6**　**通信をそのまま通過させ，遮断しない機能**

装置が故障すると，自動的にケーブル接続と同じ状態になる機能です。ケーブルを単につなぐだけのコネクタに変わると考えてもいいでしょう。この機能は「バイパス」ともいいます。

**A.7**　**RST**

**A.8**　**ア：TCP**　　**イ：UDP**

UDPは3ウェイハンドシェイクをせず，コネクションという概念がありません。

**A.9**　**ア：ミラー**　　**イ：プロミスキャス**　　**ウ：IP**

**IPアドレスを割り当てなければ，ネットワーク管理者も通信できませんよね？**

もちろん，そうなります。そこで管理用のポートにはIPアドレスを割り当てます。

8 ファイアウォール、IPS、WAF

# 3. WAF(Web Application Firewall)

### A.1 HTTPとHTTPS

「Web」,「アプリケーション層のプロトコル」というヒントがあるので，そこから考えましょう。

### A.2 SQLインジェクション，クロスサイトスクリプティングなど

これらは，HTTP（またはHTTPS）の通信ですが，正常なパケットか攻撃パケットかどうかはデータの中身を見ないと判断ができません。

### A.3 DNSの設定で行う。具体的には，Webサーバに関するリソースレコードを，WAFに向けるように設定する。

※Chapter5「DNS」ステップ3の設問3（2）も参考にしてください。

### A.4 WAFサービス事業者がIPアドレスを変更したとしても，WAFサービスを利用している会社は，DNSの設定を変更しなくてよいから。

### A.5 shop IN CNAME waf-asha.tsha.net.

※shopのところは，shop.asha.com.としてもいい。

waf-asha.tsha.netのAレコードは，X社のDNSサーバでは設定できません。

### A.6 クラウドWAFにWebサーバのサーバ証明書を配置する。

なぜですか？

HTTPS通信では，サーバの証明書を配置して，SSL通信を復号する必要があります。SSLで暗号化された通信では，WAFによるセキュリティチェックができないからです。よって，まずはWAFにて通信を復号します。

### A.7 X社のFWのフィルタリングにて，Webサーバへの通信は，WAFのIPアドレスからだけに限定する。

※Chapter5「DNS」ステップ3の設問3（4）も参考にしてください。

# 手を動かして考える FWのポリシーを書いてみよう

ネットワークスペシャリストの試験ではFW（ファイアウォール）のルール（ポリシー）が一覧として問題文に提示されていることがよくあります。

しかも，ルールの量が多くて，嫌になります。

そうなんです。たとえば，令和元年度 NW試験 午後Ⅱ問2では，20行のFWルールが記載されています。短い試験時間において，大量のFWルールを理解するのはかなりの労力を使います。

ですが，FWのルールなんて，ネットワーク構成図を見れば，自分で書くことができます。もちろん企業の考え方によってルールは異なることもありますが，ネスペ試験でのファイアウォールルールの考え方は，ある程度決まっています。ネットワーク構成図も基本的な構成が決まっていますから，ポリシーに関しても，よくよく見てみると根底にあるものは同じです。つまり，事前に対策ができるのです。なおかつ，実際に自分でポリシーを書けるレベルになっておけば，本番でポリシーの一覧が出ても，それほど労力をかけずに内容を理解することができます。

では，実際にポリシーを書いてみましょう。

# Q. インターネットとDMZ間のFWのポリシーを書いてみよう

以下のように，FWを中心に，ネットワークが①インターネット，②DMZ，③内部LAN，の3つに分けられている。今回はインターネットとDMZ間のFWのポリシーについて考える。

- 公開サーバは，Web，メール，DNSサーバの3つ
- DNSはプライマリDNSサーバで，セカンダリDNSサーバは，クラウド上のサービスを利用している。

この条件で，インターネットとDMZ間のFWのポリシーを答えよ。どんな項目があるかも自分で考えよ。

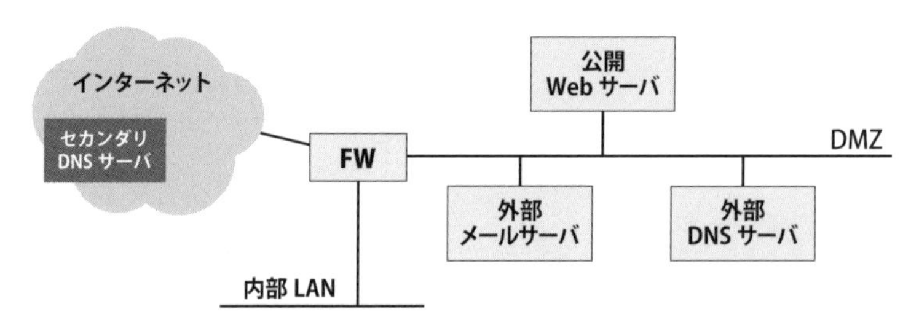


| | | | | | | | |
|---|---|---|---|---|---|---|---|
| | | | | | | | |
| | | | | | | | |
| | | | | | | | |
| | | | | | | | |
| | | | | | | | |

 解答例は以下のとおりです。

| 項番 | アクセス経路 | 送信元 | 宛先 | プロトコル | 送信元ポート番号 | 宛先ポート番号 | アクション |
|---|---|---|---|---|---|---|---|
| 1 | インターネット→DMZ | any | 公開Webサーバ | TCP | ANY | 80, 443 | 許可 |
| 2 | | any | 外部メールサーバ | TCP | ANY | 25 | 許可 |
| 3 | | any | 外部DNSサーバ | UDP | ANY | 53 | 許可 |
| 4 | | セカンダリDNSサーバ | 外部DNSサーバ | TCP | ANY | 53 | 許可 |
| 5 | DMZ→インターネット | 外部メールサーバ | any | TCP | ANY | 25 | 許可 |

※試験と同様に，FWはステートフルインスペクションの機能を持つとします。

あくまでも部分的に限定しているので，それ以外の通信も発生する可能性があります。一つの注意点は，セカンダリDNSサーバからのゾーン転送がTCPを使うことです。

4行目はゾーン転送ですよね？
方向は逆ではないでしょうか。

ゾーン転送は，セカンダリDNSサーバからプライマリDNSサーバに要求を送るところからスタートするので，これが正解です。

また，外部DNSサーバはキャッシュ機能を持たせていないことがセキュリティ的に望まれます。ですから，外部DNSサーバからインターネット上のDNSサーバへのDNS通信は許可していません。

この図では記載していませんが，別途，社内のキャッシュDNSサーバからの通信が発生することになるでしょう。

ステップ 3

# 実戦問題を解く

# 過去問をベースにした演習問題にチャレンジ

## 問題

ファイアウォールに関する次の記述を読んで，設問に答えよ。

（H26年度 NW試験 午後Ⅰ問2改題）

Z社の現在のネットワーク構成を，以下に示す。

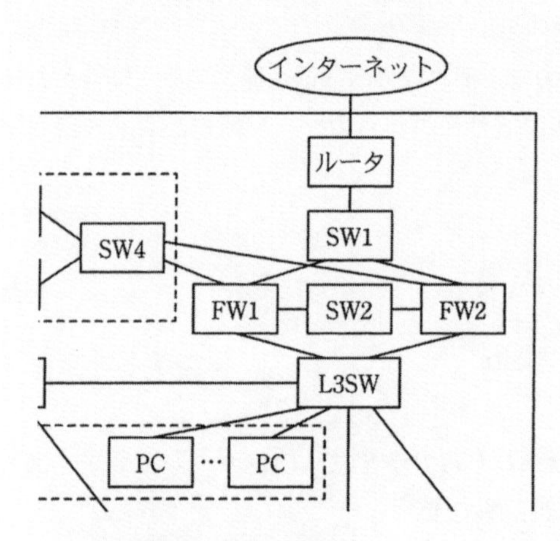


〔FWの構成と交換作業〕

Z社では，FW1を主系に設定し，FW2を副系に設定したActive-Standby冗長構成を採用し，運用を行っている。通常時，FWは，必ず主系がActive動作になり，副系がStandby動作になる仕様である。主系・副系とはどちらのFWを優先的に利用するかという設定のことで，Active-Standbyとは動作状態のことである。通常はFW1が主系でActive，FW2が副系でStandbyとして動作する。FW1が故障すると，FW2が副系でありながらActive状態になる。

FWでは，［ア］と呼ばれる機能によって，ネットワークアドレス及びポート番号の変換を行っている。また，主系から副系にフェールオーバした後も通信を継続させるために，FWが通信の中継のために管理している情報（以下，管理情報という）を自動的に引き継ぐ［　イ　］フェールオーバ機能を動作させている。FWがフェールオーバした後に，多くのアプリケーションでデータの保全性が保たれて平常どおり通信できるのは，トランスポート層のプロトコルである［　ウ　］の［　エ　］機能によるところが大きい。

FW1とFW2の間にはフェールオーバリンクと呼ばれる専用接続があり，設定情報の同期，［　オ　］の複製，及び［　カ　］のFWの動作状態の識別に使用されている。フェールオーバリンクには，ケーブル直結にする構成とSWを挟む構成があるが，Z社では，障害切分けのためにSW2を挟む構成を採用している。SW2を挟むことで，一方のFWがポート故障をしたとしても，対向ポートのリンク断を防ぎ，［　キ　］の特定が容易になる。

FWの冗長構成及びフェールオーバに関する動作は，次のとおりである。

- FWの冗長化機能は，仮想アドレスを使用する方式ではなく，主系のIPアドレス及びMACアドレスを副系が引き継ぐ方式である。
- 新たにActive動作になったFWは，切り替わったことを通知するフレームをFWの各ポートから送信する。FWに接続しているスイッチは，このフレームを受信することで，レイヤ2機能で用いる［　ク　］テーブルを適切に更新することができる。
- Active動作のFWを副系から主系に切り戻すためには，手動操作が必要である。
- FWは，起動時にフェールオーバリンクによって，他のActive動作中のFWを認識すると，主系又は副系であるかにかかわらずStandby動作に入る。このとき，FWは自己の設定情報を無視して，［　ケ　］動作中のFWから設定情報を同期する。

Z社では，数日前にFW1が故障して，FW2にフェールオーバした。U君は，通信に影響を与えずに交換できると考え，代替機を入手次第，交換作業を行うことにした。

作業当日，U君は，FW1を工場出荷時の設定のままの代替機と交換し，配線後に電源を投入した。少したってからSW2を見ると，FW1接続ポートで，OSI基本参照モデルの［　コ　］層での正常接続を表すリンクLEDが消灯していた。そこで，UTPのコネクタを強く押し込んだところ点灯した。

**設問** 本文中の［ア］～［コ］に入れる適切な字句を答えよ。

## 解答例

| 設問 | | 解答 |
|---|---|---|
| 設問 | ア | NAPT |
| | イ | ステートフル |
| | ウ | TCP |
| | エ | 再送 |
| | オ | 管理情報 |
| | カ | 対向 |
| | キ | どちらのFWの障害か |
| | ク | MACアドレス |
| | ケ | Active |
| | コ | 物理（第1） |

## 補足解説

### ■設問 ウ

トランスポート層のプロトコルは，TCPとUDPのどちらかです。

### ■設問 オ

設定情報と管理情報の違いがよくわかりません。

設定情報は，Configと考えてください。一方の管理情報は，実際の通信のTCPコネクション情報です。具体的には，送信元IPアドレス，宛先IPアドレス，プロトコル，送信元ポート番号，宛先ポート番号などの組み合わせです。このTCPコネクション情報があれば，ステートフルインスペクションを実現できます。

### ■設問 キ

故障していないポートはリンクダウンをしないので，どちらのFWの障害かを，SNMPなどの監視によって判断することができます。

SW2がないと，故障した機器の対向の（故障していない）ポートまでもリンクダウンしてしまうので，このような監視が行えません。

## ■設問 ク

この試験において，代表的なテーブルといえば，ARPテーブルかMACアドレステーブルです。ARPテーブルは，L3スイッチやPCなどで管理され，IPアドレスとMACアドレスの対応を持ちます。一方のMACアドレステーブルは，主にL2SWにてMACアドレスとスイッチポートの対応を持ちます。以下に，両テーブルのサンプルを紹介します。

■ARPテーブルの例

| IP アドレス | MAC アドレス |
|---|---|
| 192.168.1.11 | 00-11-22-33-44-55 |
| 192.168.1.12 | 00-11-22-zz-yy-xx |

■MACアドレステーブルの例

| MAC アドレス | ポート |
|---|---|
| 00-11-22-33-44-55 | 1 |
| 00-11-22-zz-yy-xx | 2 |

さて，問題文には「レイヤ2情報のテーブル名」とあります。レイヤ3のIPアドレスを持つARPテーブルは該当しません。正解はMACアドレステーブルです。

具体的には，ポートの値を書き換えるのですか？

少し丁寧に説明します。主系（FW1）のMACアドレスをmac_fwとします。L2SWのMACアドレステーブルには，mac_fwに対する接続ポートとして「1」が記憶されています。FW2に切り替わる場合，mac_fwは引き継ぐので，L2SWのMACアドレステーブルのポートを「2」に書き換える必要があります。

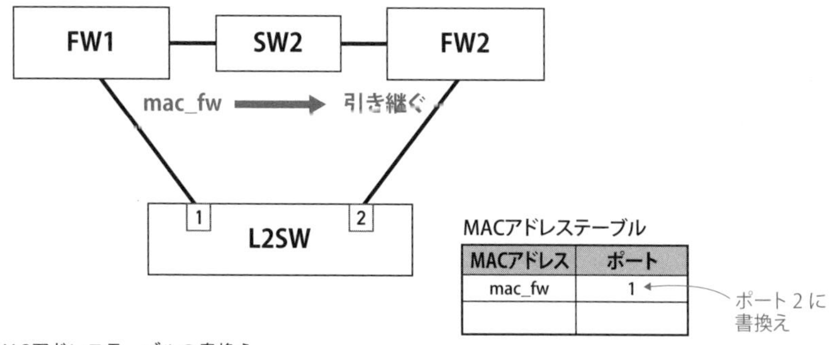


■MACアドレステーブルの書換え

## ■設問 コ

電気的な信号が送られていない状態なので，レイヤ1です。

Chapter 9

Network Specialist WORKBOOK

# 無線LAN

この単元で学ぶこと

無線LANの基礎(チャネルなどの基本用語,無線LANの規格)
高速化技術／無線LANのセキュリティ

## ステップ1 理解を確認する 短答式問題にチャレンジ

### 問題

➡ 解答解説は180ページ

## 1. 無線LANの基礎

**Q.1**

無線LANが利用できる周波数帯は，[ ア ]と[ イ ]があり，前者はIndustry（産業），Science（科学），Medical（医療）の分野で許可なく自由に使える帯域なので，ISMバンドと呼ばれる。

ア：

イ：

**Q.2**

AP（アクセスポイント）からクライアントに対して自分の存在を通知する信号のことを何というか。

**Q.3**

周波数帯の2.4GHzを使うIEEE 802.11gの場合，1から13までの[ ア ]がある。たとえば，[ ア ]が1の場合は2.412GHzを中心に20MHz（0.02GHz）の周波数の幅を持つ。

**Q.4** ☑☑☑

同様に，2chは2.417GHzを中心，3chは2.422GHzを中心……と決められている。1，6，11の3つのチャネルを使えば電波が互いに［　　　］することは少ない。

**Q.5** ☑☑☑

複数の電波が飛び交う無線の空間で，無線LANを識別するためのID（文字列）を何というか。

**Q.6** ☑☑☑

イーサネットではアクセス制御にCSMA/CDを利用するが，無線LANでは［　　　］という方式を採用する。

**Q.7** ☑☑☑

無線LANが大規模になるにつれて，設定の一元管理などを目的として，［　　　］を導入することが増える。

**Q.8** ☑☑☑

上記Q.7の機能には，たとえば何があるか。

**Q.9**

Q.7を導入した場合，無線APの役割は何か。

**Q.10**

WLC（無線LANコントローラ）の動作モードに関して，以下の2つがある。左側（モードA）の利点は何か。

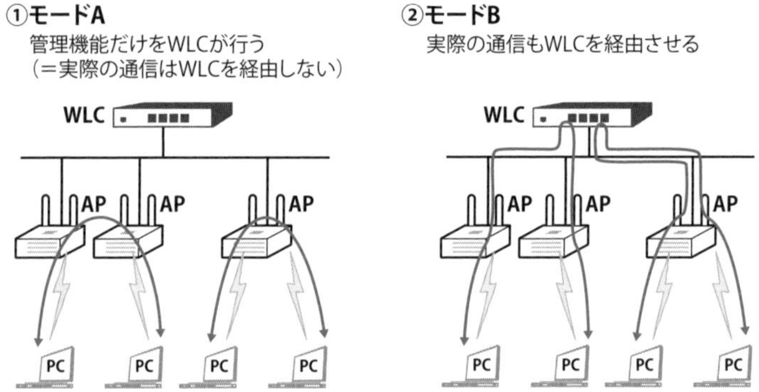

■WLCの動作モード

**Q.11**

モバイルWi-Fiルータには，通信事業者が契約者を識別する情報が記録されている[　　　]が挿入されている。

**Q.12**

モバイルWi-Fiルータには，利用者IDやパスワードといった認証情報に加えて，LTE回線からインターネットへのゲートウェイの指定を意味する，[　　　]の情報を設定する。

**Q.13** ☑☑☑

無線LANの規格は，[　　　　]という電気電子学会が定めた規格である。

**Q.14** ☑☑☑

電波の干渉を防ぐにはどうしたらいいか。

**Q.15** ☑☑☑

以下の図中の円弧は，APがカバーするエリアである。電波干渉が発生しないように，5GHz帯の34，38，42，46chを割り当てるとすると，どのようになるか。具体的にチャネルを割り当てよ。

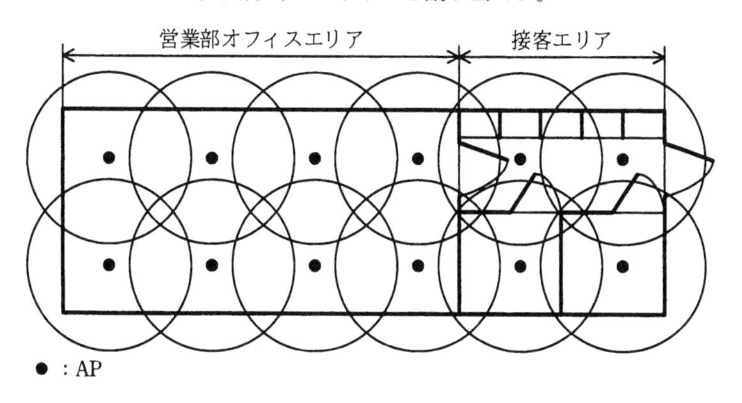


**Q.16** ☑☑☑

無線LANの規格の以下の表において，空欄を埋めよ。

| 規格 | 周波数帯 | 帯域幅 | 最大速度 |
|---|---|---|---|
| 11b | 2.4GHz | 20MHz | 11Mbps |
| [ア] | | | 54Mbps |
| [イ] | 5GHz | | |
| [ウ] | 2.4GHz/5GHz | 20/40MHz | 600Mbps |
| [エ]（Wi-Fi5） | 5GHz | 20/40/80/160MHz | 6.93Gbps |
| [オ]（Wi-Fi6） | 2.4GHz/5GHz | 20/40/80/160MHz | 9.6Gbps |

9 無線LAN

■無線LANの規格

| | |
|---|---|
| ア： | イ： |
| ウ： | エ： |
| オ： | |

**Q.17** ✓✓✓

異なる周波数帯の規格（たとえば，11aと11g）での互換性はあるか。

**Q.18** ✓✓✓

IEEE 802.11nやIEEE 802.11acなどで利用されている無線LANの高速化技術を2つ述べよ。

①：

②：

**Q.19** ✓✓✓

2.4GHz帯の周波数を使用する無線通信技術の一つで，近距離で低速な通信に限定されるが，消費電力が小さく，ワイヤレスのマウスやキーボード等に利用される技術は何か。

**Q.20** ✓✓✓

無線LANにおいて，PoE（Power over Ethernet）の技術はなぜ有用か。

**Q.21** ✓✓✓

PoEで無線APに電源を供給する機器および接続構成を示せ。

**Q.22** ☑☑☑

PoEの2つの規格に関して，空欄を埋めよ。

| 規格 | 消費電力 | 別名 |
|---|---|---|
| IEEE 802.3af | 15.4W | PoE |
| IEEE 802.3at | ア | イ |

ア：　　　　　　イ：

ごめんなさい。無線LANは覚えるべき用語がたくさんあるので，もう少し続けます。

## 2. 無線LANのセキュリティ

**Q.1** ☑☑☑

なぜ無線LANは有線LANに比べてセキュリティ対策が必要になるのか。

**Q.2** ☑☑☑

無線LANのAPの設定で，［ア］接続拒否というのがある。これは，SSIDが空白または［ア］での接続要求を拒否する機能である。

**Q.3** ☑☑☑

APで定期的に送信するビーコン信号を停止する機能のことを，SSIDの何機能というか。

9 無線LAN

**Q.4** ☐☐☐

無線LANの認証として，SSIDやMACアドレスを使うのは安全とはいえない。その理由はなにか。

| |
|---|
| |

**Q.5** ☐☐☐

代表的な無線LANのセキュリティの方式には，WEP，WPA，WPA2があり，暗号化アルゴリズムには，WPAでは［ ア ］，WPA2では［ ア ］より強固な［ イ ］を利用している。

ア：

イ：

**Q.6** ☐☐☐

WPA3は2018年6月に発表された規格である。WPA2ではPSKを使ったが，WPA3では事前共有鍵をより安全にやりとりする［　　］という技術に改良されている。

| |
|---|
| |

**Q.7** ☐☐☐

TKIPでは，フェーズ1で，一時鍵，IVおよび無線LAN端末の［　　］の3つを混合してキーストリーム1を生成する。フェーズ2で，キーストリーム1にIVの拡張された部分を混合して，暗号鍵であるキーストリーム2を生成する。

| |
|---|
| |

**Q.8** ☐☐☐

WPA（WPA2）では，パーソナルモードで利用される［ ア ］による認証と，エンタープライズモードで利用される［ イ ］認証がある。

ア：

イ：

**Q.9** ✓✓✓

IEEE 802.1X認証には，ユーザID/パスワードによる認証である［ア］と，クライアント証明書を使った［イ］がある。

ア：

イ：

**Q.10** ✓✓✓

来訪者にはパーソナルモードで無線LANを設定してもらうことにした。来訪者に教える情報を2つ述べよ。

①：

②：

**Q.11** ✓✓✓

無線LANの暗号化通信で使われる鍵は，第三者に盗聴されるリスクがあるため，乱数を組み合わせるなどして毎回変更する。そのもとになる鍵を何というか。

**Q.12** ✓✓✓

無線LAN端末を移動しながら利用すると，接続するAPが変わる。このとき，接続するAPに改めてPMK（Pairwise Master Key）の作成などの認証処理が発生するため，少しの間，通信ができなくなる。この切替わりの時間（ハンドオーバ時間）を短縮するために，WPA2で追加されている機能を2つ述べよ。

①：

②：

## 解答・解説

# 1. 無線LANの基礎

**A.1** ア：**2.4GHz**　　イ：**5GHz**

**A.2** ビーコン（**beacon**）

**A.3** チャネル（またはチャンネル）

**A.4** 干渉

**A.5** **SSID**（Service Set Identifier）

情報処理技術者試験では，SSIDではなくESSIDという記載をよく見ますが……。

SSIDとESSID（Extended SSID）は，厳密な意味は異なるのですが，両者は同じものと思って問題ありません。

**A.6** **CSMA/CA**（Carrier Sense Multiple Access with Collision Avoidance：搬送波感知多重アクセス/衝突回避）

無線LANでは送信電波が弱い場合もあり，確実な検知ができません。そこで，衝突を検知するのではなく，衝突（Collision）を回避（Avoidance）するという別の仕組みを採用しています。

**A.7** **無線LANコントローラ（WLC）**

**A.8**
- **APの構成と設定を管理する（複数APに対する設定変更，ファームウェアのアップデートなどの一括処理）**
- **APのステータス（リンクダウン，接続端末数など）を監視する**
- **AP同士の電波干渉を検知する**
- **APの負荷分散制御，PMKの保持などによるハンドオーバ制御機能**（※詳しくは後述）
- **利用者認証，認証VLANなどのセキュリティ対策機能**

**A.9　多くの場合，通信を（ただ）転送すること。**

認証機能などはすべてWLCに任せるので，無線LAN用のスイッチングハブみたいな役割だけになります。

**A.10**
- **WLCに通信の負荷が集中するのを抑制することができる。**
- **認証後にWLCに障害が発生しても，その無線LAN端末の通信は継続できる。**

**A.11　SIM**（Subscriber Identity Module）

「SIMフリー」などの言葉で使うSIMですよね？

はい，そうです。

**A.12　APN**（Access Point Name：アクセスポイント名）

**A.13　IEEE**

**A.14**
- **周波数帯を変える**
- **チャネルを変える（チャネルを離す）**
- **（APなどの）距離を離す**

**A.15　たとえば，以下のように割り当てる。**

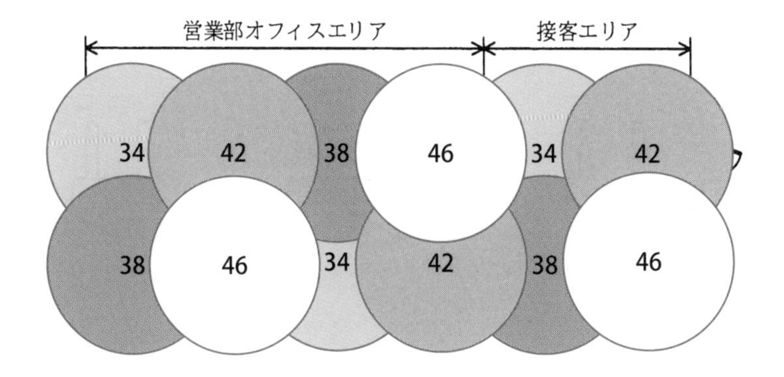


信号が弱くなったとしても，電波は遠くまで届きます。よって，干渉をさけるために，なるべく同じチャネルは離すべきです。たとえば，34chを見てください。

34chが隣り合わないように配置しています。他のチャネルも同様です。

**A.16** ア：11g　イ：11a　ウ：11n　エ：11ac　オ：11ax

**A.17** ない

ということは，異なる周波数帯の規格では相互通信はできないということですか？

そうなります。一方，同じ周波数帯の2.4GHzを使う11bと11gであれば，互換性はあります。

**A.18** **①MIMO**（Multiple Input Multiple Output）

MIMOは，複数（Multiple）のアンテナを束ねて，同時に通信することで高速化する技術です。

**②チャネルボンディング**

帯域幅を束ねる技術です。チャネル（帯域幅）を結びつける（bonding）ことで，通信を高速化します。たとえば通常は20MHzの帯域幅で通信する場合に，チャネルをボンディングして倍の40MHzの幅で送信すると，速度も約2倍になります。

これらの高速化技術を図にまとめると，以下のようになります。

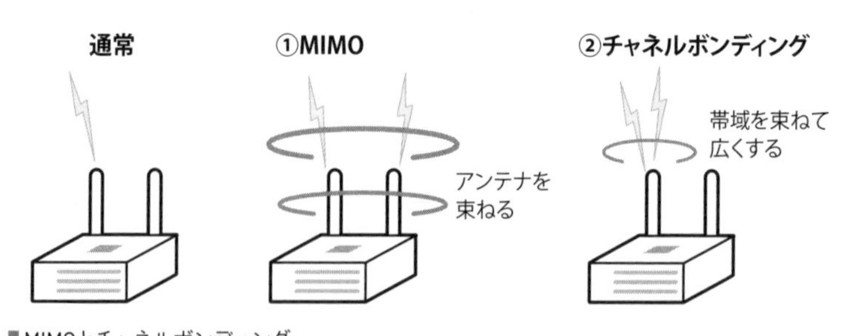


■MIMOとチャネルボンディング

**A.19** Bluetooth

**A.20** 無線のAPは，天井などの電源コンセントがない場所に設置することもある。LANケーブルを使って電源も供給すれば，延長コードなどを天井裏にまで通す必要がない。

**A.21** 多くの場合，PoEに対応したスイッチングハブと無線APをLANケーブルで接続して，電源を供給する。

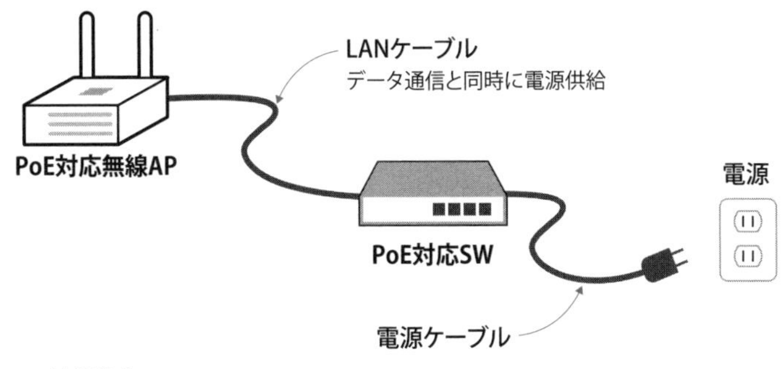


▌PoEの接続構成

**A.22** ア：30W　イ：PoE＋

# 2. 無線LANのセキュリティ

**A.1** 無線LANは，ケーブルを物理的に接続する必要がなく，電波の届く範囲なら壁を越えてどこでも通信が可能だから。（つまり，第三者が盗聴などの不正行為をしやすい環境にある）

**A.2** any

**A.3** ステルス機能

**A.4** SSIDやMACアドレスは暗号化できないので，傍受されるから。

たしかに，SSIDやMACアドレスを暗号化したら，
誰と通信していいか判断できませんね。

**A.5** ア：RC4　イ：AES

**A.6** SAE（Simultaneous Authentication of Equals）
よって，WPA3-SAEと表現されます。

**A.7** MACアドレス

**A.8** ア：**PSK**（Pre Shared Key：事前共有鍵）
イ：**IEEE 802.1X**

**A.9** ア：**PEAP**　　イ：**EAP-TLS**

**A.10** **①ネットワーク名（＝SSID）**
**②セキュリティキー（＝PSK）**

**A.11** **PMK**（Pairwise Master Key）

**A.12** **①事前認証**
APが切り替わるタイミングで認証するのではなく，同じネットワークに接続されている他のAPとは，接続しているAP経由で事前に認証を終えておきます。
**②認証キーの保持**（Pairwise Master Keyキャッシュ）
一度認証した認証キーをAPが保持しておきます。

ステップ 2

# 手を動かして考える
# 無線LANの認証方式を理解しよう

## Q.1 無線LANの認証方式のパターンの構成図を描いてみよう

無線LANの認証方式として，パーソナルモードとエンタープライズモードがある。それぞれのパターンの構成図を描け。また，両者の違いを説明せよ。

## A.1

### ①パーソナルモード

パーソナルモードの認証方式は，WPA-PSK（WPA2-PSK，WPA3-SAE）です。事前に端末とAPにPSK（事前共有鍵）を設定し，PSKが一致すれば認証が成功です。

カフェやホテルなどで利用する
公衆無線LANもこの方式ですよね？

9 無線LAN

そうです。ホテルなどから指定されたPSKを入れると，WiFiに接続できたことでしょう。

### ②エンタープライズモード

エンタープライズモードの認証方式は，**認証サーバを使ったIEEE 802.1X認証**です。認証サーバでは，利用者が入力するID/パスワード（またはクライアント証明書）が正しいかを確認し，正しければ認証が成功です。

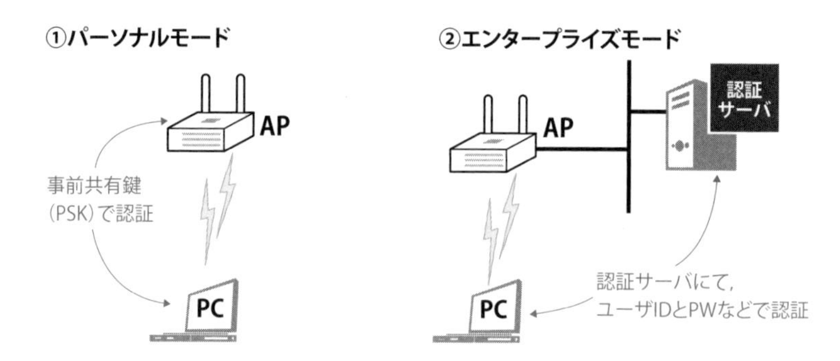


■パーソナルモードとエンタープライズモードの仕組み

以下に，両者の違いを整理します。

■パーソナルモードとエンタープライズモードの違い

| モード | 認証方式 | 認証方法 | 認証サーバ |
|---|---|---|---|
| パーソナルモード | WPA-PSK（WPA2-PSK，WPA3-SAE） | PSK（事前共有鍵） | 不要 |
| エンタープライズモード | IEEE 802.1X 認証 | ・ユーザ ID/ パスワード（PEAP）<br>・クライアント証明書（EAP-TLS） | 必要 |

エンタープライズモードとしては，クライアント証明書を使うEAP-TLSを覚えておきましょう。

## Q.2 無線LANのセキュリティ設定を確認しよう

PCの設定で，パーソナルモードとエンタープライズモードでの無線LANのセキュリティ設定をそれぞれ確認せよ。

**A.1** Windows10での設定を紹介します。

スタートアップメニューから［設定］→［ネットワークとインターネット］→［アダプターのオプションを変更する］→［Wi-Fi］を指定し，［ワイヤレスのプロパティ］をクリックします。

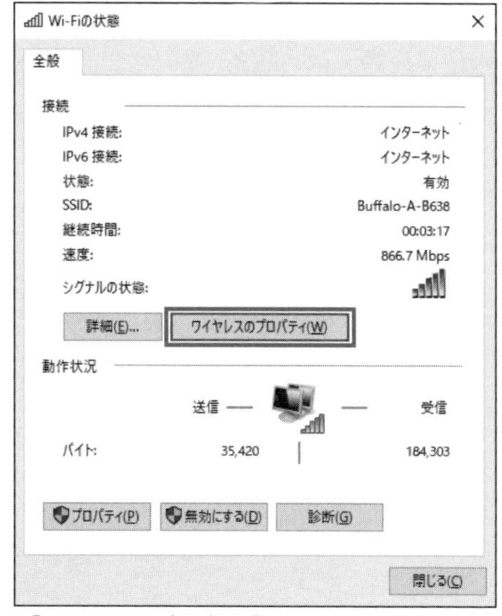


■［ワイヤレスのプロパティ］をクリック

［セキュリティ］タブを開き，［セキュリティの種類］を「WPA2-パーソナル」と「WPA2-エンタープライズ」で切り替えましょう。

「WPA2-パーソナル」の設定画面を右に示します。

［暗号化の種類］は「AES」になっており，「ネットワークセキュリティキー」にはPSKを入力します。

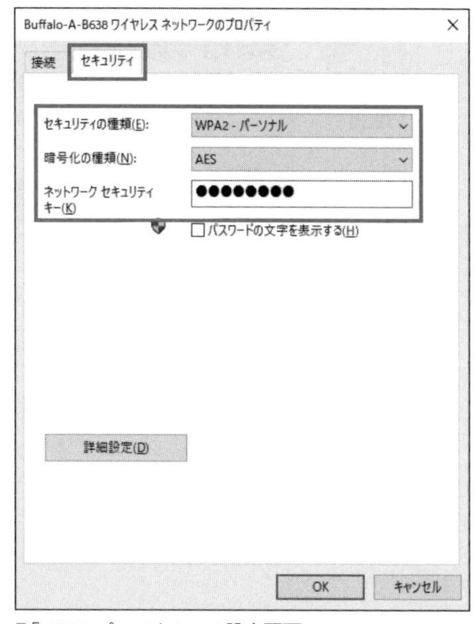


■「WPA2-パーソナル」の設定画面

9 無線LAN

一方,「WPA2-エンタープライズ」の設定画面は右のとおりです。[暗号化の種類]は「AES」で同じですが,[ネットワークセキュリティキー]の欄がありません。代わりに,IEEE 802.1X認証の設定として,PEAPなどを選べます。

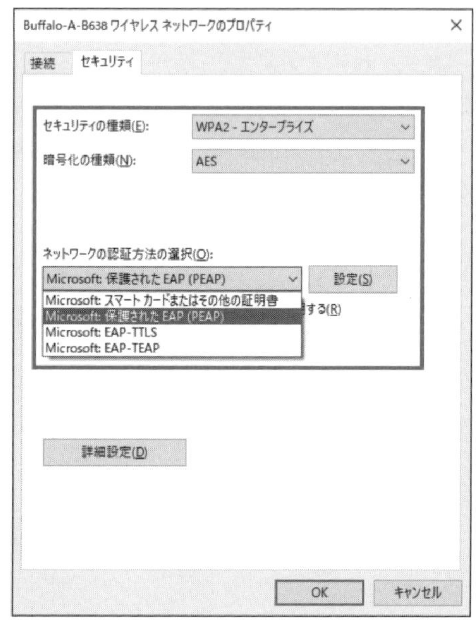


■「WPA2-エンタープライズ」の設定画面

**EAP-TLSを利用するには,「ネットワークの認証方法の選択」において,どれを選択すればいいですか?**

一番上の「Microsoft:スマートカードまたはその他の証明書」です。Windowsでの設定方法を覚える必要はないので,参考程度に考えてください。

# ステップ3 実戦問題を解く

# 過去問をベースにした演習問題にチャレンジ

## 問題

無線LANの導入に関する次の記述を読んで，設問1～4に答えよ。

（H31年度春期 AP試験 午後問5改題）

E社は，社員数が150名のコンピュータ関連製品の販売会社であり，オフィスビルの2フロアを使用している。社員は，オフィス内でノートPC（以下，NPCという）を有線LANに接続して，業務システムの利用，Web閲覧などを行っている。現在のE社LANの構成を図1に示す。

E社の各部署にはVLANが設定されており，NPCからは，所属部署のサーバ（以下，部署サーバという）及び共用サーバが利用できる。DHCPサーバからIPアドレスなどのネットワーク情報をNPCに設定するために，レイヤ3スイッチ（以下，L3SWという）でDHCP［ a ］を稼働させている。

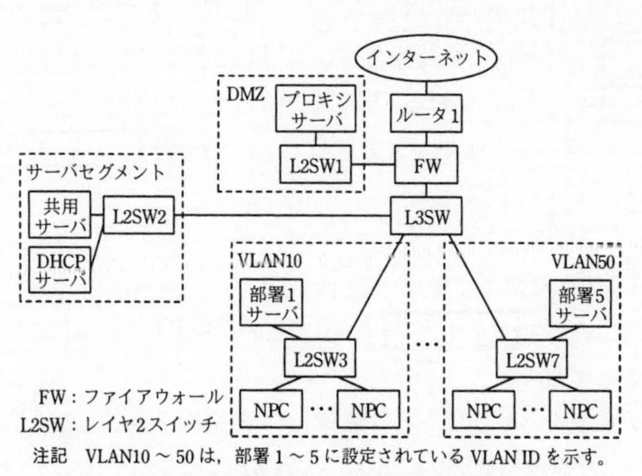


注記　VLAN10～50は，部署1～5に設定されているVLAN IDを示す。

図1　現在のE社LANの構成（抜粋）

総務，経理，情報システムなどの部署が属する管理部門のフロアには，オフィスエリアのほかに，社外の人が出入りできる応接室，会議室などの来訪エリアがある。E社を訪問する取引先の営業員（以下，来訪者という）

の多くは，NPCを携帯している。多くの来訪者から，来訪エリアでインターネットを利用できる環境を提供してほしいとの要望が挙がっていた。また，社員からは，来訪エリアでもE社LANを利用できるようにしてほしいとの要望があった。そこで，E社では，来訪エリアへの無線LANの導入を決めた。

〔無線LANの構成の検討〕

情報システム課のGさんは，来訪者が無線LAN経由でインターネットを利用でき，社員が無線LAN経由でE社LANに接続して有線LANと同様の業務を行うことができる，来訪エリアの無線LANの構成を検討した。

無線LANで使用する周波数帯は，最高で6.93Gbpsの高速通信が可能なIEEE 802.［ b ］と600Mbpsの通信が可能なIEEE 802.［ c ］の両方で使用できる［ d ］GHz帯を採用する。高速化を可能にした技術として，隣り合う帯域幅20MHzのチャネルを二つ束ねることによって，送信データ量を2倍以上に増やす［ e ］という技術がある。また，アンテナを複数に束ねて高速化する［ f ］という技術もある。

データ暗号化方式には，［ g ］鍵暗号方式のAES（Advanced Encryption Standard）が利用可能なWPA2を採用する。来訪者による社員へのなりすまし対策には，IEEE［ h ］を採用し，クライアント証明書を使った認証を行う。この認証はエンタープライズモードと呼ばれ，［ i ］サーバを導入する。このモードでは，認証サーバが［ j ］と呼ばれるKeyを作成し，それをPCやAPに共有する。この［ j ］をもとに，PCとAPの間で暗号鍵が生成される。一方，来訪者の認証は，パーソナルモードと呼ばれる，簡便な［ k ］を使った方式で行う。

無線LANアクセスポイント（以下，APという）は，来訪エリアの天井に設置する。APは［ l ］対応の製品を選定して，APのための電源工事を不要にする。

これらの検討を基に，Gさんは無線LANの構成を設計した。来訪エリアへのAPの設置構成案を図2に示す。<u>①各APのセルは，少しずつ重ね合わせるように設計した</u>。また，E社LANへの無線LANの接続構成案を図3に示す。

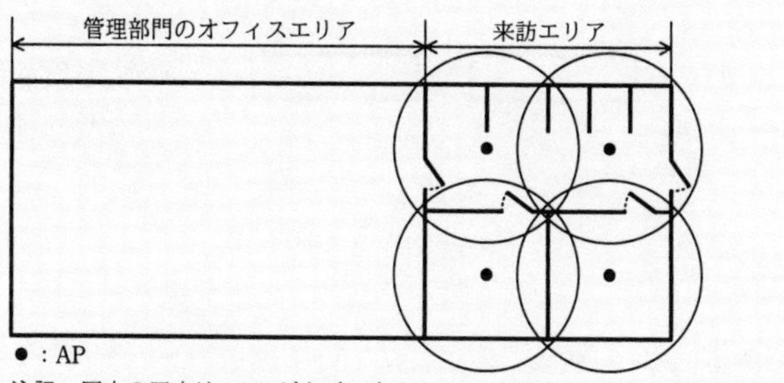

注記　図中の円内は，APがカバーするエリア（以下，セルという）を示す。

図2　来訪エリアへのAPの設置構成案

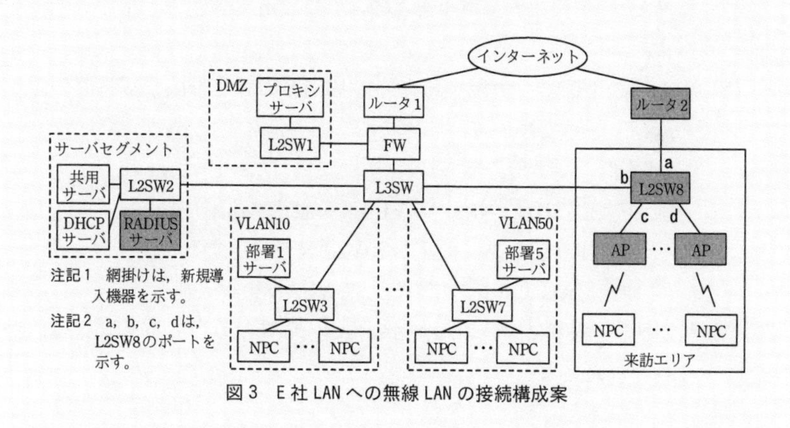

図3　E社LANへの無線LANの接続構成案

図2中の4台のAPには，図3中の新規導入機器のL2SW8から［　l　］で電力供給する。APには，社員向けと来訪者向けの2種類の［　m　］を設定する。図3中の来訪エリアにおいて，APに接続した来訪者のNPCと社員のNPCは，それぞれ異なる［　n　］に所属させ，利用できるネットワークを分離する。

社員のNPCは，APに接続すると［　o　］サーバでクライアント認証が行われ，認証後にVLAN情報が［　o　］サーバからAPに送信される。APに実装されたダイナミックVLAN機能によって，当該NPCの通信パケットに対して，APでVLAN10～50の部署向けのVLANが付与される。一方，来訪者のNPCは，APに接続するとPSK認証が行われる。②認証後に，NPCの通信パケットに対して，APで来訪者向けのVLAN100が付与される。

社員と来訪者が利用できるネットワークを分離するために，図3中の③L2SW8のポートに，VLAN10～50又はVLAN100を設定する。ルータ2では，DHCPサーバ機能を稼働させる。

**設問1**　本文中の［ a ］～［ o ］に入れる最も適切な字句を答えよ。

**設問2**　下線①について，その理由を2つ述べよ。

**設問3**　〔無線LANの構成の検討〕について，(1)～(3)に答えよ。

(1) 図2中のセルの状態で，来訪エリア内で電波干渉を発生させないために，APの周波数チャネルをどのように設定すべきか。30字以内で述べよ。

(2) 本文中の下線②を実現するためのVLANの設定方法を解答群の中から選び，記号で答えよ。

解答群

ア　ESSIDに対応してVLANを設定する。

イ　IPアドレスに対応してVLANを設定する。

ウ　MACアドレスに対応してVLANを設定する。

(3) 本文中の下線③について，a～dの各ポートに割り当てるVLANは何か，それぞれ答えよ。

**設問4**　社員及び来訪者のNPCに設定されるデフォルトゲートウェイの機器を，それぞれ図3中の名称で答えよ。

## 解答例

| 設問 | | 解答例・解答の要点 |
|---|---|---|
| 設問 1 | | a：リレーエージェント　b：11ac　c：11n　d：5<br>e：チャネルボンディング　f：MIMO　g：共通　h：802.1X<br>i：RADIUS（または認証）　j：PMK<br>k：PSK（Pre-Shared Key）または事前共有鍵<br>l：PoE　m：ESSID（または SSID）<br>n：VLAN　o：RADIUS（または認証） |
| 設問 2 | | ・ハンドオーバをスムーズに行わせるため<br>・AP の負荷分散を行わせるため |
| 設問 3 | (1) | 4 台の AP に，それぞれ異なる周波数チャネルを設定する。 |
| | (2) | ア |
| | (3) | a：VLAN100　b：VLAN10 ～ 50<br>c：VLAN10 ～ 50，100　d：VLAN10 ～ 50，100 |
| 設問 4 | | 社員の NPC　：L3SW<br>来訪者の NPC：ルータ 2 |

## 補足解説

### ■設問2

解答の1つめですが，PCを移動する際に，たとえば，ハンドオーバによってAP1からAP2に切り替わるとします。その際，AP1と通信が切れた際に，AP2を新たに探していては通信の切替えが遅くなります。重なり合う部分があれば，事前にAP2を認識することができ，AP1からAP2への切替えがスムーズになります。

解答の2つめは，「APの負荷分散を行わせるため」です。

どうやって実現しますか？

たとえば，あるAPの配下にPCが密集していると，そのAPにたくさんのPCが接続してしまいます。セルが重なっている範囲があれば，いくつかのPCは別のAPに接続させるというAPの負荷を分散が可能になります。具体的には，WLCで制御したり，APで同時接続数の設定をします。

### ■設問3（2）

ESSIDおよびVLANはセグメント単位で割り当てます。今回の場合，192.168.0.0/24のネットワークが利用されているとすると，ESSIDおよびVLANの割当て例は以下のとおりです。

■ESSIDおよびVLANの割当て例

| セグメント | VLAN | ESSID |
|---|---|---|
| 192.168.10.0/24 | 10 | ESSID10 |
| 192.168.20.0/24 | 20 | ESSID20 |
| 192.168.30.0/24 | 30 | ESSID30 |
| ・・・ | | |

### ■設問3（3）

問題文には「社員のNPCは，（中略）APでVLAN10～50の部署向けのVLANが付与される。一方，来訪者のNPCは，（中略）APで来訪者向けのVLAN100が付与される」とあります。

よって，社員が利用するネットワークであるポートbはVLAN10～50，来訪者がインターネット利用などで使うポートaは，VLAN100です。ポートcとdは，社員と来訪者の両方が使うので，VLAN10～50，100です。

### ■設問4

デフォルトゲートウェイになりうる装置は，レイヤ3デバイスなので，FWかL3SWか，ルータです。APやL2SWはレイヤ2デバイスであり，ルーティング機能を（原則的に）持ちません。

NPCはE社LANには接続せず，ルータ2を経由して直接インターネットに通信します。

Chapter 10 Network Specialist WORKBOOK

# 音声とVoIP

この単元で学ぶこと

VoIPの仕組み／SIPプロトコル／RTP

ステップ1 理解を確認する

## 短答式問題にチャレンジ

### 問題

➡ 解答解説は200ページ

## VoIPおよび音声

**Q.1**

音声通話において，1回の通話を「呼」という。また，単位時間当たりの呼の量のことを［ ア ］といい，単位に［ イ ］を用いる。

ア：　　　　イ：

**Q.2**

VoIP（Voice over Internet Protocol）とは，言葉のとおり，音声（Voice）をパケット化して［　　］上（over Internet Protocol）で通信する技術である。

**Q.3**

上記Q.2の技術では，一般的にアナログ信号の音声が［　　］信号に変換される。

**Q.4** ☑☑☑

アナログ電話機の音声をVoIP化するときに利用される機器は何か。

**Q.5** ☑☑☑

VoIP化する前は，以下のように，アナログの電話機がアナログ電話線を伝ってNTTなどの電話会社につながっているとする。これを，Q.4の機器を使ってVoIP化する構成を示せ。

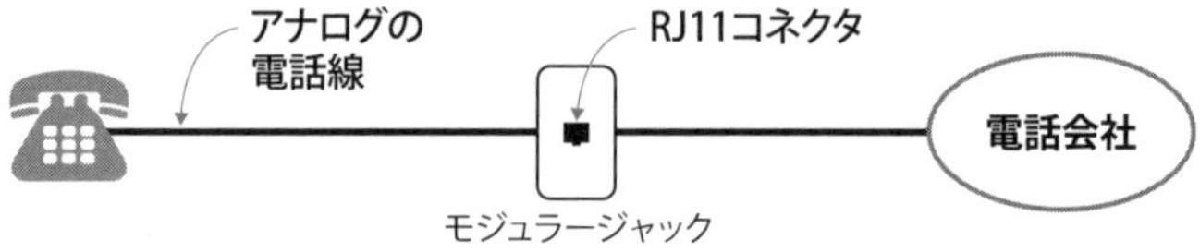

**Q.6** ☑☑☑

普通のアナログ電話機とIP電話機の違いは何か，物理的なケーブルやプロトコルの観点で述べよ。

**Q.7** ☑☑☑

電話の通信には，「もしもし」「こんにちは」などの話す音声データ以外に，電話をかけたり相手を呼び出したり切断したりする制御があるが，これを何制御というか。

**Q.8** ☑☑☑

Q.7を行う代表的なプロトコルは何か。

**Q.9** ☑☑☑

Q.7の制御を行う代表的な機器は何か。

**Q.10** ☑☑☑

内線100の電話機1(UA:User Agent)から内線200の電話機2に，SIPサーバを経由して電話をかける場合を考える。まず，電話機1は，SIPサーバに対して「内線200の電話機と通信したい」という通話要求( ア メッセージ)を送る。SIPサーバでは，電話情報のデータベースから，該当する イ を検索する。その結果を踏まえ，SIPサーバは，通話要求を内線200の電話機2に転送する。

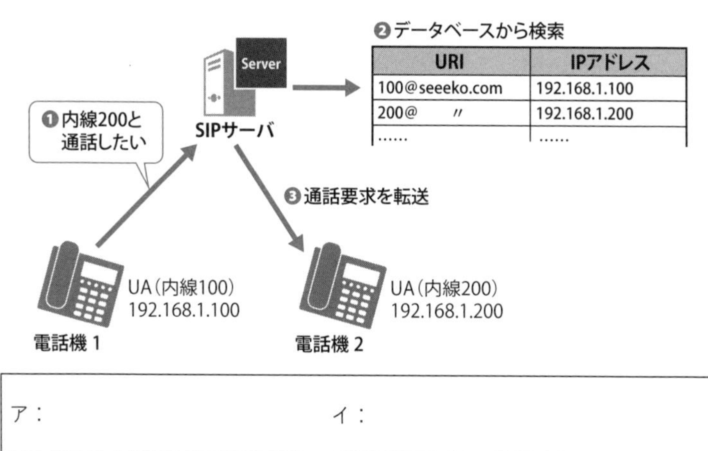


| URI | IPアドレス |
|---|---|
| 100@seeeko.com | 192.168.1.100 |
| 200@ 〃 | 192.168.1.200 |
| …… | …… |

ア：　　　　イ：

**Q.11** ☑☑☑

呼制御のプロトコルはSIPだが，音声通話で使われるプロトコルは何か。

**Q.12** ☑☑☑

上記Q.11のプロトコルは ア 層のプロトコルで，トランスポート層（4層）には イ を使う。

ア：　　　　イ：

10 音声とVoIP

**Q.13**

（多くの場合）UA間の通信において，SIPとRTPでは通信の流れが異なる。どう異なるか。

| |
|---|
| |

**Q.14**

以下は，SIPのメッセージの例としてINVITEリクエストが記載されている。SIPヘッダには通話元や通話先の情報などが記載される。では，ボディ部の記述ルールは，何というプロトコルに従っているか。

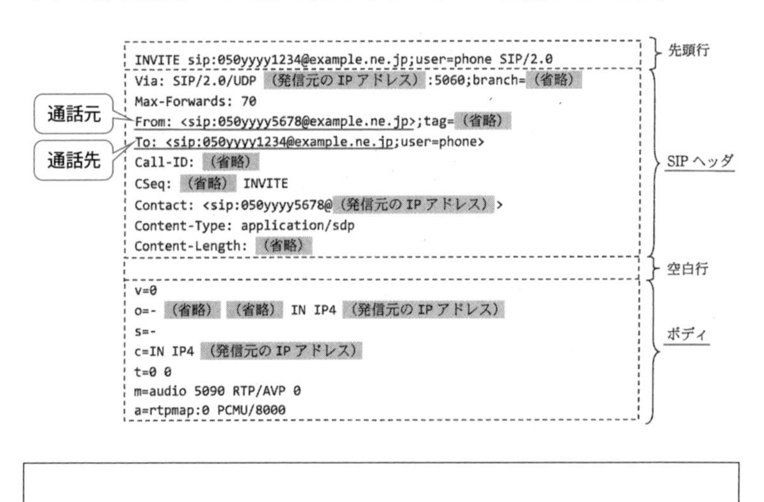


| |
|---|
| |

**Q.15**

以下は音声通話のシーケンスである。前半部分が「プルルル……」と相手を呼び出したりする呼制御データで，後半部分が，「もしもし」「元気？」などと会話をする音声データである。［ ① ］～［ ② ］に当てはまる字句を答えよ。

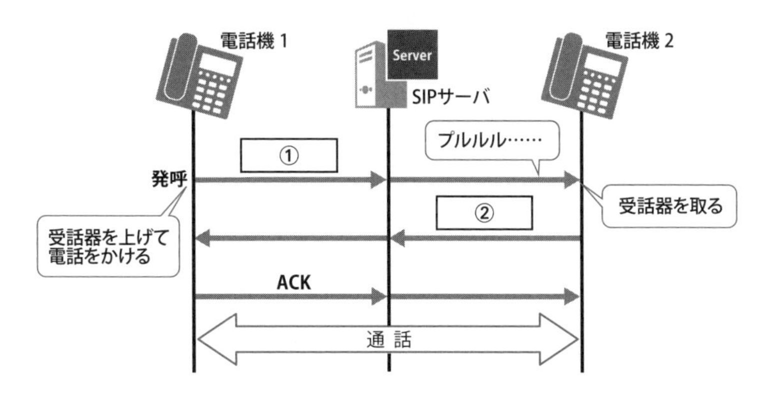


| ①： | ②： |
|---|---|

**Q.16** ✓✓✓

音声の符号化方式のPCMのビットレートは64kbpsであるが，CS-ACELPのビットレートはいくつか。

**Q.17** ✓✓✓

以下のように，異なるSIPネットワーク間の境界に配置され，両者の仲介役を担うものを何というか。参考までに，具体的な装置としては，VoIPゲートウェイが該当する。

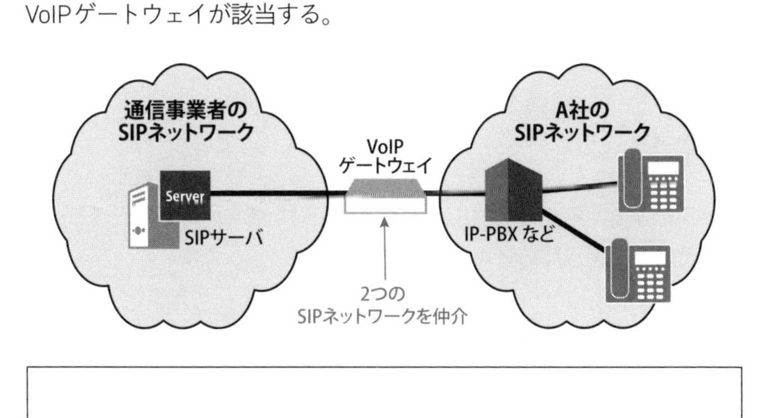

## 解答・解説

# VoIPおよび音声

**A.1**　ア：呼量　　　イ：アーラン

**A.2**　IP

**A.3**　デジタル

**A.4**　VoIPゲートウェイ

**A.5**　アナログの電話線にVoIPゲートウェイを接続し，アナログの音声をデジタルの音声に変換する。ルータなどを経由してWAN回線を通じて音声データを運ぶ。

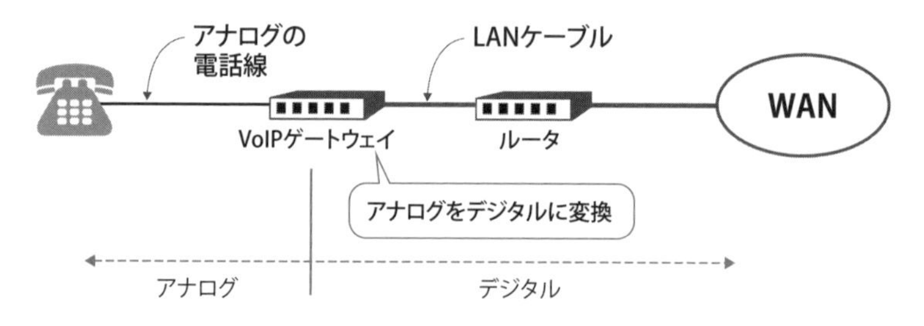


■VoIP化する構成

接続先の電話はどうなるのですか？

当然ながら，接続先でも，上記と同じような構成で電話を受ける必要があります。これにより，拠点間の音声通話を無料にできたりします。

**A.6**　アナログ電話機は，（RJ11コネクタから）電話線に接続し，アナログ電話用の通信プロトコルを使う。IP電話機は，RJ45のコネクタからLANケーブルと接続し，IP（インターネットプロトコル）を使って通信をする。

**A.7**　呼制御

**A.8**　SIP（Session Initiation Protocol）

**A.9** SIPサーバ，IP-PBX

**A.10** ア：INVITE　　　イ：IPアドレス

**A.11** RTP

**A.12** ア：アプリケーション　　　イ：UDP

**A.13** SIP通信はSIPサーバを経由するが，RTPはUA間で直接行われる。

**A.14** SDP（Session Description Protocol：セッション記述プロトコル）

「プロトコル」というより，単なる書き方のルールのような感じがします。

「プロトコル」は規約やルールという意味です。単なる書き方であってもプロトコルといえます。

**A.15** ①：INVITE　　　②：200　OK

**A.16** 8kbps

**A.17** B2BUA（Back to Back User Agent）

# ステップ2 手を動かして考える 電話機やPBXをIP化した図を描いてみよう

## Q. 電話機やPBXをIP化した図を描いてみよう

以下のように，従来からのアナログ電話機と古い（IP化されていない）PBXがある。これをIP化する。

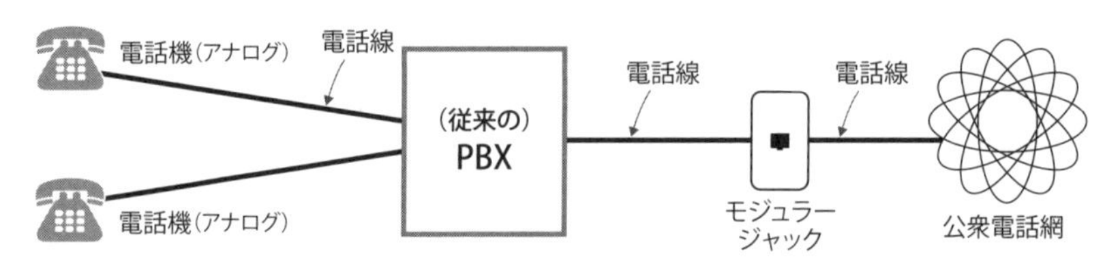


以下の2パターンをそれぞれ考え，図に描け。

**①WANのIP化**

アナログ電話機やPBXはそのまま残し，拠点間の内線通話をIP化する。拠点間は広域イーサネットで接続する。

**②IP-PBXの導入**

IP-PBXを導入し，アナログ電話をIP電話機に置き換える。また，公衆電話網で他社と，広域イーサネット経由で拠点間の通話ができるようにする。

構成はいくつかあるので，あくまでも一例として考えてください。

### ①WANのIP化

アナログ電話機やPBXはそのまま残しますが，広域イーサネットでは，IP化したパケットでやりとりします。

**アナログの電話線とLANケーブルを変換する装置が必要ですね。**

そうです。アナログの音声信号をIP化するVoIPゲートウェイが必要です。IP化された音声データは，ルータ経由で広域イーサネットを通り，別の拠点に届けられます。

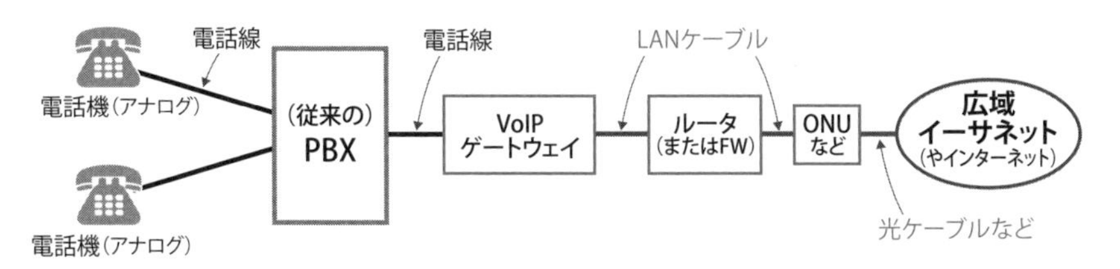


### ②IP-PBXの導入

IP-PBXを導入し，IP電話機を使います。多くのIP-PBXでは，公衆電話網に接続するための電話線のインタフェースと，LANのインタフェースの両方を持ちます。そこで，以下の図のように，公衆電話網へは電話線で接続し，広域イーサネットへはルータ（やFWなど）を介してLANケーブルで接続します。

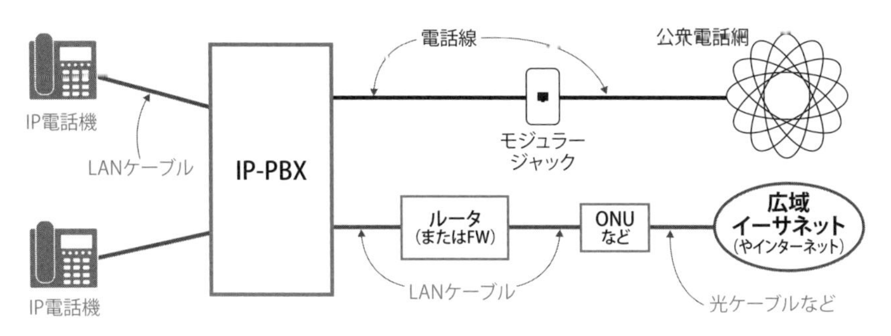

# ステップ 3 実戦問題を解く

# 過去問をベースにした演習問題にチャレンジ

## 問題

コールセンタシステムの設計に関する次の記述を読んで，設問1，2に答えよ。
（H17年度 NW試験 午後Ⅰ問3を改題）

情報機器の製造販売会社であるK社は，顧客サポートの強化を図るため，商品及びサービスの問合せ受付を行うコールセンタシステムを構築することになった。

オペレータ拠点としては，人材及びオフィスの確保が容易なことから，既に確保されている2か所の拠点を使用したい。また，サーバ類は，オペレータ拠点とは離れた場所になるが，設備や運用体制などが整っている既設データセンタに設置したい。

K社では，これらの要件にこたえられるコールセンタシステムの検討を開始した。

〔呼制御プロトコルに関する検討〕

IPネットワーク上で電話の呼制御を実現するプロトコルとして，［ ① ］がある。図1は，電話端末Xが電話端末Yに発呼してから電話端末Xが呼を切断するまでの，［ ① ］による呼制御シーケンスを示したものである。

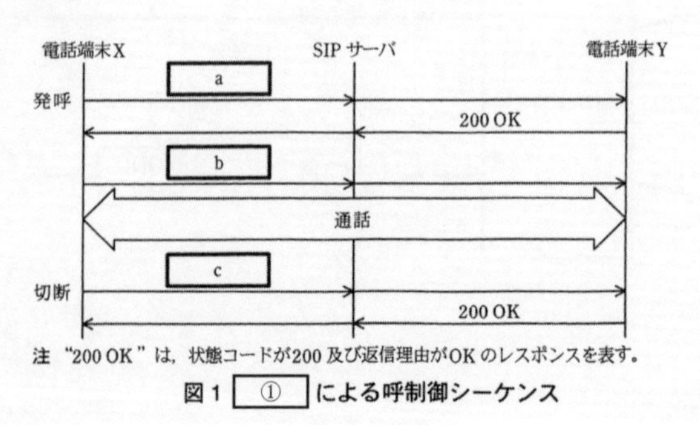


注 “200 OK” は，状態コードが200 及び返信理由がOK のレスポンスを表す。

図1 ［ ① ］による呼制御シーケンス

電話端末がVoIPによる通信を行うためには，通信相手の電話番号から電話端末の[ ② ]を知る必要がある。このアドレス解決手段を提供するのが，[ ③ ]である。

アドレス解決が完了し，通話が開始された状態では，音声ストリームの経路は[ ア ]ので，電話端末とSIPサーバ間は広い帯域を必要としない。したがって，SIPサーバの設置場所に関しては自由度が高い。

また，SIPは単に通話機能を実現するセションだけでなく，テレビ電話やパソコン（以下，PCという）画面の共有などの機能を実現するセションと組み合わせて利用できるなど，拡張性をもったプロトコルとなっている。この拡張性は，SIPが通信相手とのセション確立開始時に，[ a ]リクエストの[ ④ ]記述で，セションで使用したいメディア機能やプロトコルを通知することによって実現している。

以上のような特長から，今回のコールセンタシステムの呼制御プロトコルとしては，将来のサービス拡張を考え，SIPを採用した。

〔コールセンタシステムの構成に関する検討〕

図2は，構築しようとしているコールセンタシステムの構成である。

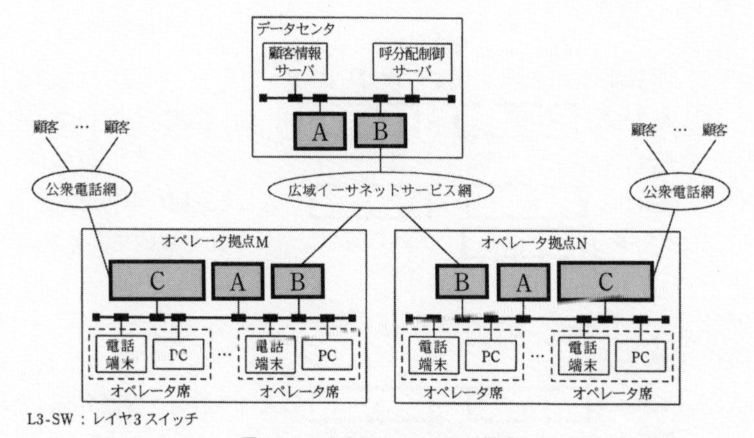


**図2 コールセンタシステムの構成**

データセンタとオペレータ拠点M及びNは互いに離れた場所になるので，コールセンタシステムの構成はVoIPの特長を生かした分散型とする。各オペレータ席には，電話端末とPCが用意される。着信待ち，通話中，通話結果入力中，離席などのオペレータの状態に関する情報は，オペレータ席の

PCから呼分配制御サーバに常に通知される。また，オペレータは，顧客の応対に必要な情報を得るために，オペレータ席のPCから顧客情報サーバにアクセスする。

データセンタに設置するSIPサーバは，オペレータ拠点M及びNの両方の呼を制御する。このSIPサーバは，音声（VoIP）ゲートウェイから電話の着信通知を受けると，オペレータの状態を管理している呼分配制御サーバに問合せを行って，着信待ち時間の最も長いオペレータの電話端末に電話を着信させる。

このように，オペレータの状態に基づく呼の分配には，SIPサーバと呼分配制御サーバの連携が必要である。さらに，かかってきた電話を，単純に空いている電話端末へ着信させるように設定した，連携のないSIPサーバをオペレータ拠点にも追加設置することで，障害時でも極力電話が受けられるようにすることを考えている。使用する電話端末や音声ゲートウェイ（以下，電話端末等という）には，データセンタに設置するSIPサーバをプライマリとし，オペレータ拠点のSIPサーバをセカンダリとして，二つのSIPサーバを登録する。プライマリのSIPサーバとの接続ができなくなった電話端末等は，セカンダリとして登録したSIPサーバに自動的に接続を切り替える。

**設問1**〔呼制御プロトコルに関する検討〕について，(1)～(3)に答えよ。

(1) 本文中の［①］～［④］に入れる適切な字句を，それぞれ答えよ。

(2) 図1中の［a］～［c］に入れる適切な字句を答えよ。

(3) 本文中の［ア］に入れる適切な字句を20字以内で答えよ。

**設問2**〔コールセンタシステムの構成に関する検討〕について，(1)～(4)に答えよ。

(1) 図2中の［A］～［C］に入れる適切な機器名を，それぞれ答えよ。

(2) 1台の呼分配制御サーバで，オペレータ拠点M及びNの呼の振り分けを制御できる利点は何か。25字以内で述べよ。

(3) オペレータ拠点にSIPサーバを設置し，セカンダリとすることで，本文中の下線の対応が可能な障害を二つ挙げ，それぞれ25字以内で述べよ。

(4) 音声ゲートウェイをデータセンタではなく，オペレータ拠点側に設置した場合の，音質面の改善以外の利点を二つ挙げ，それぞれ30字以内で述べよ。

## 解答例

| 設問 | | 解答例・解答の要点 |
|---|---|---|
| 設問 1 | (1) | ①：SIP（Session Initiation Protocol）　②：IP アドレス<br>③：SIP サーバ　④：セション |
| | (2) | a：INVITE　b：ACK　c：BYE |
| | (3) | ・SIP サーバを経由しない<br>・電話端末間で直接送受信される |
| 設問 2 | (1) | A：SIP サーバ　B：L3SW（またはルータ）<br>C：音声（VoIP）ゲートウェイ |
| | (2) | オペレータ拠点 M 及び N の負荷の平準化ができる。 |
| | (3) | ・データセンタとオペレータ拠点間の通信障害<br>・データセンタ内の SIP サーバ障害 |
| | (4) | ・データセンタとオペレータ拠点間の必要帯域を縮小できる。<br>・データセンタ側の障害時も電話接続が確保できる。 |

## 補足解説

### ■設問1（1）④

以下は，過去問（H26年度 NW試験 午後午後Ⅱ問2）でのINVITEリクエストの例です。SDPの中で，メディア情報やプロトコルが通知されています。

■ INVITEリクエストの内容例

■設問2（1）

A：問題文には「データセンタに設置するSIPサーバ」とあります。

B：広域イーサネットサービス網に接続する機器なので，L3SWやルータが該当します。

L2SWでも接続できますよね？

　できますが，そうするとこのネットワークにL3装置がなくなってしまいます。各拠点はセグメントを分けるのが一般的なので，正解にはしていません。

C：公衆網とLANの信号を変換するために，問題文に記載がある「音声（VoIP）ゲートウェイ」が必要です。

■設問2（3）

　データセンタのSIPサーバが使えない場合を考えれば，正解にたどりつきます。一つは，SIPサーバそのものが障害の場合，もう一つは，SIPサーバに通信できない場合（通信障害）です。

■設問2（4）

　SIPサーバは呼制御だけですが，音声ゲートウェイは，通話も含めたすべての通信が経由します。よって，音声ゲートウェイがデータセンタにあると，帯域を圧迫します。

　もう一つは，設問2(3)がヒントになりました。データセンタ側に設置すると，データセンタ側の回線やL3SWなどが故障した場合，通話ができなくなります。

Chapter 11 Network Specialist WORKBOOK

# ルーティング

この単元で学ぶこと

ルーティング／RIP／OSPF／BGP

## ステップ1 理解を確認する 短答式問題にチャレンジ

### 問題

➡解答解説は215ページ

## 1. ルーティング

**Q.1** ☐☐☐

ルーティングには，ルーティング情報をルータに「手動」で記載する［ ア ］ルーティングと，ルータ同士で経路情報を交換する［ イ ］ルーティングがある。

| ア： |
|---|
| イ： |

**Q.2** ☐☐☐

後者のルーティングのメリットを，前者と比較して答えよ（2つほど）。

| |
|---|
| |

**Q.3** ☐☐☐

192.168.0.0/24，192.168.1.0/24の2つの経路を集約した場合の経路を書け。

| |
|---|
| |

**Q.4** ☑☑☑

クラスA～Cといった区分にとらわれずに，ネットワークアドレス部とホストアドレス部を任意の場所で区切ることを何というか。

**Q.5** ☑☑☑

以下の経路情報がある場合，192.168.3.11宛向けのパケットはどのルータに転送されるか。

| 宛先ネットワーク | 転送先ルータ |
|---|---|
| 192.168.0.0/16 | ルータ 1 |
| 192.168.3.0/24 | ルータ 2 |

**Q.6** ☑☑☑

上記になる理由は，経路情報に合致しているネットワーク部の長さが長いほうが優先されるからである。この仕組みを何というか。

**Q.7** ☑☑☑

ルーティング情報を受信はするが，送信はしないインタフェースを何というか。

**Q.8** ☑☑☑

上記Q.7の設定をする目的は何か。

# 2. RIPとOSPF

**Q.1** ☑☑☑

RIPは距離ベクトル型アルゴリズムを用いたルーティングプロトコルで，距離は通過するルータの数である［　　　］で表す。

**Q.2** ☑☑☑

RIPの問題点を2つ述べよ。

①：

②：

**Q.3** ☑☑☑

OSPF (Open Shortest Path First) は［　　　］型のアルゴリズムである。

**Q.4** ☑☑☑

OSPFでは，経路選択において，回線速度を考慮するために，［　　　］という概念を導入している。

**Q.5** ☑☑☑

OSPFでは，ネットワークをエリアと呼ぶ単位に分割するが，その目的は何か。

**Q.6** ☑☑☑

必ず存在しなければいけないエリア番号はいくつか。また，そのエリアは何と呼ばれるか。

**Q.7** ☑☑☑

上記Q.6のエリアと，その他のエリアを相互接続するルータを何というか。

**Q.8** ☑☑☑

上記Q.7のルータでは，エリア内の経路情報を［　　　］して，他のエリアに送る。

**Q.9**

なぜ経路の集約をするか。

**Q.10**

大規模なネットワークになるにつれて，1つのセグメントに複数のルータが存在する。しかし，すべてのルータが経路交換をするのは無駄である。そのセグメント内で，経路情報の交換をするルータを決める。それが［ア］と［イ］である。

ア：

イ：

**Q.11**

上記Q.10の選出方法を述べよ。

**Q.12**

ルータを上記Q.11のDRやBDRに選出されないようにするにはどうするか。

**Q.13**

RIPとOSPFの違いに関して，ルーティング情報の更新方法に使うフレームの種類をそれぞれ述べよ。

RIP：

OSPF：

**Q.14**

OSPFルータは，隣接するルータ同士で［　　　］と呼ばれる情報を交換することによってネットワーク内のリンク情報を集め，ネットワークトポロジのデータベースLSDB（Link State DataBase）を構築する。

**Q.15** ☑☑☑

Type1のLSAは，OSPFエリア内のルータに関する情報であるが，何というLSAか。

**Q.16** ☑☑☑

OSPFエリア内の各ルータは，集められたLSAの情報を基にして，［　　　］アルゴリズムを用いた最短経路計算を行って，ルーティングテーブルを動的に作成する。

# 3. BGP

**Q.1** ☑☑☑

BGPにおいて，単一のルーティングポリシによって管理されるネットワークを何というか。

**Q.2** ☑☑☑

RIPは距離ベクトル型アルゴリズムであるが，BGP（Border Gateway Protocol）のアルゴリズムは何か。

**Q.3** ☑☑☑

上記Q.2は，主に何の情報によって経路情報を決定するか。

**Q.4** ☑☑☑

BGPのように，複数のASを結ぶ間で利用するルーティングプロトコルを［　ア　］といい，RIPやOSPFのように，ASの内部で利用されるルーティングプロトコルを［　イ　］という。

ア：

イ：

**Q.5**

BGP接続を行う2台のルータ間では，TCPのポート179番を使用して経路情報の交換を行う。このコネクションのことを何と呼ぶか。

**Q.6**

異なるルーティングプロトコルでは，経路交換ができない。そこで，OSPFで学習した経路情報をBGPが動作するネットワークに通知するために［　　　］という方法を使う。

**Q.7**

1つのルータが，複数の経路情報を受け取る場合がある。たとえば，BGPとOSPFの両方からの経路を受け取る場合である。このとき，どちらを優先するかは事前に決められていて，［　　　］が小さいほうが優先される。

**Q.8**

RIP，BGP，OSPFからの複数の経路を受け取った場合，どの経路を優先するか。

**Q.9**

BGPで設定する優先度にはMEDとLOCAL_PREFの2つがある。eBGP（つまり外部）に通知するのはどちらか。

**Q.10**

最適経路選択をする際，ASパス（AS_PATH）の長さが最も［　ア　］経路が優先され，同じ場合，MEDの値が［　イ　］経路が優先される。

ア：

イ：

**Q.11** BGPにおいて，同じコストの経路が複数ある場合に，複数の経路で負荷分散させる技術を何というか。

**Q.12** BGPでは，[　　　]メッセージを定期的に送信する。専用線の障害時には，ルータが[　　　]メッセージを受信しなくなることによって，ピアリングが切断され，AS内の各機器の経路情報が更新される。

## 解答・解説

# 1. ルーティング

**A.1** ア：スタティック（静的）　イ：ダイナミック（動的）

**A.2**
- 自動で最適なルート選択が可能
- 障害時に自動で経路変更が可能
- 設定が簡単になる

設定が簡単になりますか？

特に大規模かつ複雑なネットワークの場合，静的に設定すると，膨大な量になることがあります。それと比べると簡単になることでしょう。

**A.3** 192.168.0.0/23

**A.4** CIDR（Classless Inter Domain Routing）

**A.5** ルータ2

**A.6** 最長一致法（longest-match：ロンゲストマッチ）

**A.7** パッシブインタフェース

### A.8　無駄なトラフィックを流さないようにするため

具体的にどんな場合にパッシブインタフェースを設定しますか？

以下の図を見てください。ルータ1とルータ2ではRIPが動作して（下図❶），経路情報を交換しています（❷）。一方，PCではもちろんRIPは動いていません。PCのルーティング設定としては，デフォルトゲートウェイを設定しているだけです。ですから，PCに経路情報を流す必要はありません（❸）。そこで，ルータ2のP2はパッシブインタフェースに設定して（❹），RIPによる無駄なトラフィックを流さないようにします。

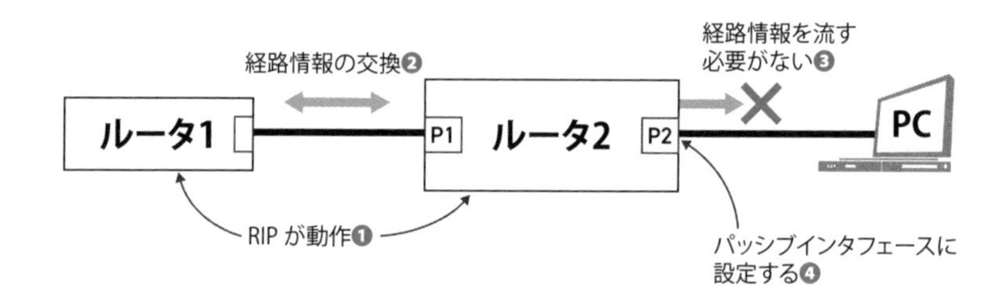


■パッシブインタフェースを設定する場合

# 2. RIPとOSPF

**A.1**　ホップ数

**A.2**　①経路変更に時間がかかる。

RIPは，経路収束に3分ほど時間がかかります。

②ネットワークの回線速度を考慮できない。

RIPはホップ数だけで判断するので，経路が64kbpsのISDN回線なのか，100Mの専用線なのかの判断はつきません。つまり，最適な経路を選択できないのです。

**A.3**　リンクステート

**A.4**　コスト

**A.5　ルータの負荷を軽減するため**

ネットワークの規模が大規模になると，経路情報が複雑で大容量になります。そこで，詳細な経路情報はエリア内のみで共有するようにします。

**A.6　エリア番号0，バックボーンエリア**

**A.7　エリア境界ルータ**（ABR：Area Border Router）

**A.8　集約**

過去問（H26年度NW試験 午後Ⅰ問1）の構成で解説します。以下のように，エリア1にある業務系セグメント（10.1.1.0/24）と動画系セグメント（10.1.2.0/24）との経路情報を，ABRでたとえば10.1.0.0/16で集約します。

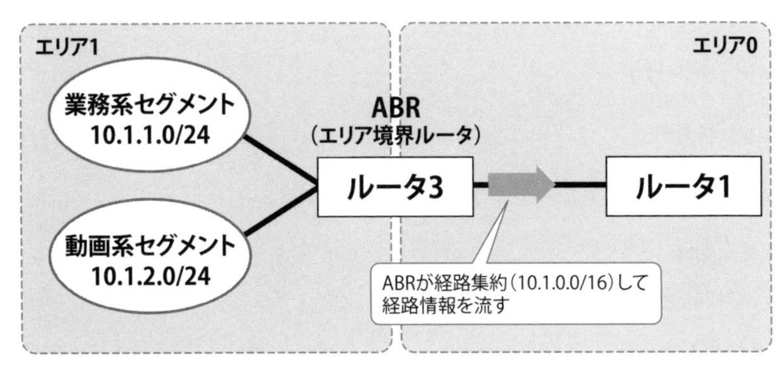


■OSPFのエリア境界ルータによる経路集約

**A.9　ルータの負荷を軽減させるため**

その結果，障害時やトポロジ（＝ネットワークの構成）の変更時における収束時間（＝経路が切り替わる時間）を短縮できます。

**A.10　ア：DR**（Designated Router：代表ルータ）
**イ：BDR**（Backup DR：バックアップ代表ルータ）

**A.11　OSPFのPriority（優先度）が高い（＝値が大きい）ルータから順に，DR，BDRになる。**

**A.12　OSPFのプライオリティを0に設定する。**

**A.13**　RIP：**ブロードキャスト**　　OSPF（とRIPv2）：**マルチキャスト**

**A.14　リンクステートアドバタイズメント（LSA）**

**A.15** ルータLSA

**A.16** ダイクストラ

# 3. BGP

**A.1** AS（Autonomous System：自律システム）

**A.2** パスベクトル型アルゴリズム

**A.3** ASパス（AS_PATH）

他には，MEDやLOCAL_PREFなどもあります。

**A.4** ア：EGP　　　イ：IGP

**A.5** BGPピア

**A.6** 再配布

**A.7** アドミニストレーティブディスタンス値

**A.8** BGP

Q.7に関連して，アドミニストレーティブディスタンス値が低いほうが優先です。

具体的な値は知っておく必要がありますか？

メーカーによって値および優先順が多少異なります。なので，知っておく必要はありませんが，一度見ておくといいでしょう。以下はCiscoルータの場合の値です。スタティックルートが最優先で，信頼性を重視するBGPの値が低い（＝優先度が高い）ことがわかります。

■Ciscoルータの場合のアドミニストレーティブディスタンス値

| ルーティングプロトコル | アドミニストレーティブディスタンス値 |
|---|---|
| 直接接続 | 0 |
| スタティックルート | 1 |
| BGP | 20 |
| OSPF | 110 |
| RIP | 120 |

**A.9　MED**

一方のLOCAL_PREFは，LOCALと付いているように，iBGP（つまり内部）に通知するものです。

**A.10　ア：短い　　　イ：小さい**

**A.11　BGPマルチパス**

**A.12　キープアライブ**

# ステップ 2 手を動かして考える ルーティングテーブルを書いてみよう

ルーティング機能がある装置をルータと呼ぶとすると，PCもルータの一つです。

経路情報を設定できましたっけ？

もちろんです。実際，皆さんのPCでも設定しています。それは,「デフォルトゲートウェイ」です。皆さんがIPアドレスを設定するときに,デフォルトゲートウェイを設定しましたよね？ これも経路情報です。

右の例の場合，すべてのパケットを，デフォルトゲートウェイである192.168.1.1へ転送するという経路です。

インターネット プロトコル バージョン 4 (TCP/IPv4)のプロパティ ×

全般

ネットワークでこの機能がサポートされている場合は、IP 設定を自動的に取得することができます。サポートされていない場合は、ネットワーク管理者に適切な IP 設定を問い合わせてください。

○ IP アドレスを自動的に取得する(O)

◉ 次の IP アドレスを使う(S):

IP アドレス(I): 192 . 168 . 1 . 125

サブネット マスク(U): 255 . 255 . 255 . 0

デフォルト ゲートウェイ(D): 192 . 168 . 1 . 1

○ DNS サーバーのアドレスを自動的に取得する(B)

◉ 次の DNS サーバーのアドレスを使う(E):

優先 DNS サーバー(P): . . .

代替 DNS サーバー(A): . . .

☐ 終了時に設定を検証する(L) 詳細設定(V)...

OK キャンセル

■デフォルトゲートウェイの設定

## Q.1 PCのルーティングテーブルを見てみよう

PCのルーティングテーブルを確認せよ。

# A.1 Windows10の場合，コマンドプロンプトを起動し，**route print**と入力します。

▌PCのルーティングテーブルの例

```
c:¥>route print
（略）

IPv4 ルート テーブル
===========================================================================
アクティブ ルート:
ネットワーク宛先        ネットマスク          ゲートウェイ       インターフェイス  メトリック
          0.0.0.0          0.0.0.0      192.168.1.1    192.168.1.125    281
        127.0.0.0        255.0.0.0          リンク上         127.0.0.1    331
        127.0.0.1  255.255.255.255          リンク上         127.0.0.1    331
  127.255.255.255  255.255.255.255          リンク上         127.0.0.1    331
      192.168.1.0    255.255.255.0          リンク上     192.168.1.125    281
（後半略）
```

1行目の「ネットワークの宛先」が「0.0.0.0」の箇所を見てください。デフォルトゲートウェイとして192.168.1.1が設定されています。

# Q.2 スタティックルートを書いてみよう

以下の構成において，PCのデフォルトゲートウェイは，ルータ1（192.168.1.1）に設定されている。名古屋支店と通信する場合には，ルータ2(192.168.1.2)にパケットを転送したい。PCが名古屋支店と（スムーズに）通信ができるように，PCにスタティックルートを記載せよ。※実際にPCにコマンドを入力すること。

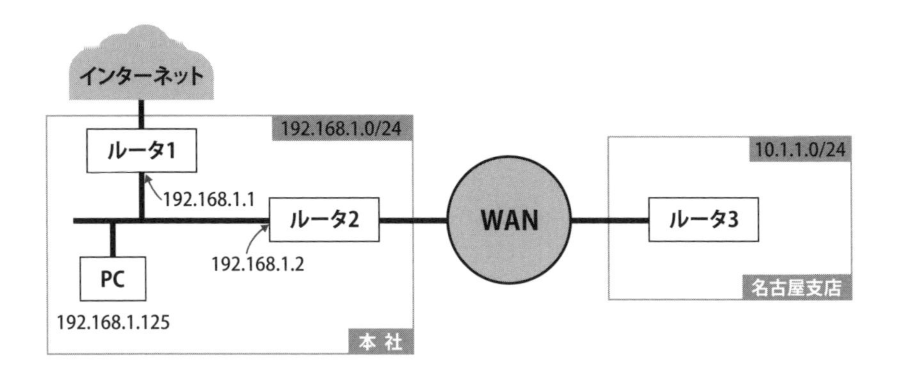

# A.2

**このような構成ってよくあると思いますが，PCにルーティングを設定するしか方法はないのですか？**

いいえ，ルータ1とルータ2が経路交換をすればいいので，一般的には不要です。
今回は，あくまでも知識を深めるための演習と考えてください。
正解は，以下のとおりです。

■スタティックルートの追加

```
C:¥>route add 10.1.1.0 mask 255.255.255.0 192.168.1.2
 OK!
```

ここで，構文を確認しておきましょう。

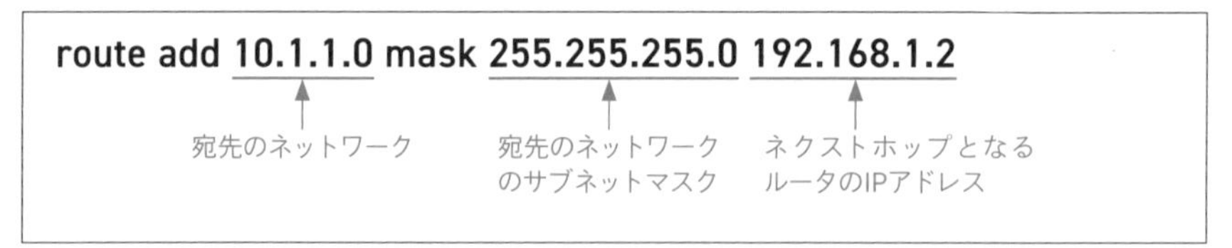


ルーティングテーブルを見て確認してみましょう。

■スタティックルートを追加したあとのルーティングテーブル

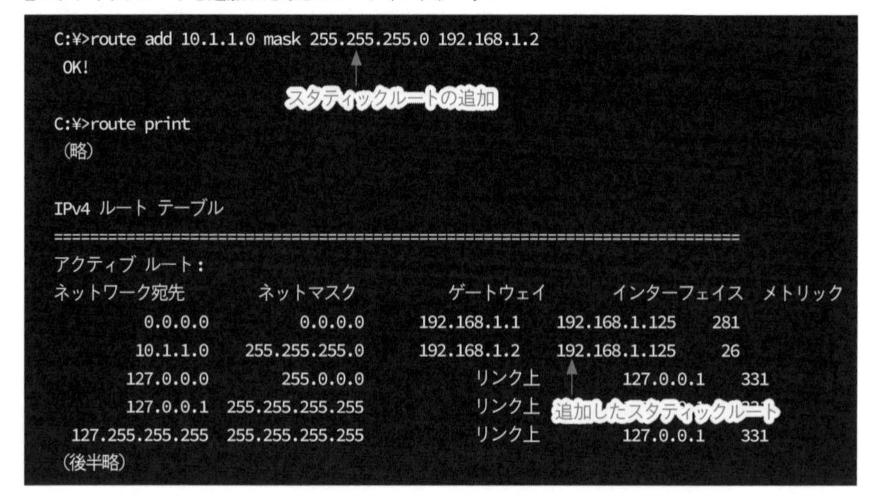

```
C:¥>route add 10.1.1.0 mask 255.255.255.0 192.168.1.2
 OK!
                         スタティックルートの追加

C:¥>route print
 (略)

IPv4 ルート テーブル
===========================================================================
アクティブ ルート:
ネットワーク宛先        ネットマスク          ゲートウェイ       インターフェイス  メトリック
          0.0.0.0          0.0.0.0      192.168.1.1    192.168.1.125    281
         10.1.1.0    255.255.255.0      192.168.1.2    192.168.1.125     26
        127.0.0.0        255.0.0.0            リンク上         127.0.0.1    331
        127.0.0.1  255.255.255.255            リンク上   追加したスタティックルート
  127.255.255.255  255.255.255.255            リンク上         127.0.0.1    331
 (後半略)
```

このときに大事なのは，設定をただ見て入力するのではなく，どういう設定が必要なのかを考えながら入力することです。今回の場合，宛先ネットワークに加えて，ネクストホップのIPアドレスを設定していることがわかります。

また，前図には「メトリック」という情報があります。メトリックとは何で，どんな情報だったのか，思い出してください。

この経路情報は，PCを再起動すれば消えます。または，以下のコマンドでも消すことができます。

```
c:¥>route delete 10.1.1.0 mask 255.255.255.0
```

ステップ3

# 実戦問題を解く
# 過去問をベースにした演習問題にチャレンジ

## 問題

ネットワーク間の接続に関する次の記述を読んで，設問1～4に答えよ。

（H17年度 NW試験 午後Ⅰ問4を改題）

A社とB社は，C県内で通信サービスを提供する通信事業者であり，A社はインターネット接続サービス用ネットワークISP-Aを，B社はISP-Bを運用している。ISP-1～ISP-3は全国規模のインターネット接続サービス用ネットワークであり，ISP-AはISP-1と接続し，ISP-BはISP-2と接続している。また，ISP-1とISP-2は，ともにISP-3と接続している。

このたび，A社とB社のISP事業の統合が決まり，ISP-AとISP-Bを接続して運用することになった。ISP-AとISP-Bを接続した後は，経費削減のために，ISP-BとISP-2間の接続を廃止する。ただし，接続作業のための移行期間を設け，移行期間中は，ISP-BとISP-2を今までどおり接続しておく予定である。図に，移行期間中のネットワークの構成を示す。

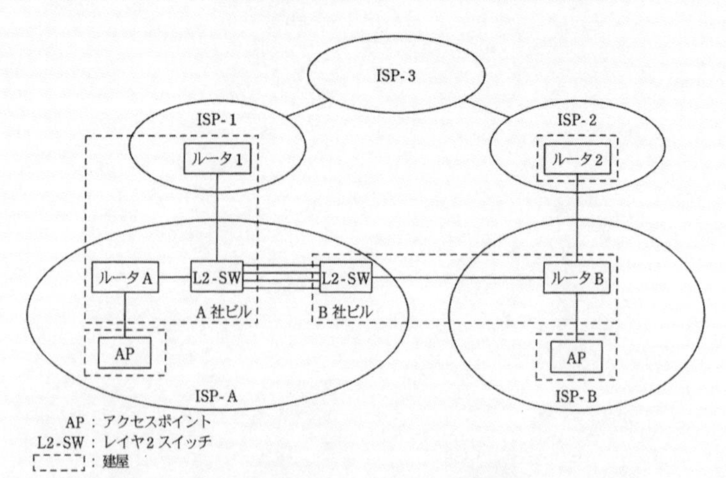


図　移行期間中のネットワークの構成

〔ISP間の接続〕

ISP-AとISP-Bの接続のために，通信事業者から光ファイバを借用し，A社ビルとB社ビル間に光伝送路を開通させる。借用する光ファイバは，高速かつ長距離の伝送に適した2芯の［ア］モードファイバである。この光ファイバは，［イ］と呼ばれる中心部の直径が10μm以下と細く，光が伝わる経路（モード）が一つなので，高速かつ長距離の伝送が可能である。（なお，光の通り道が複数の［ウ］モードファイバもあり，こちらは［ア］に比べて安価なことが多く，建屋内でよく利用される。）

借用した光ファイバは［a］本なので，L2-SW間は，四つのGEポートで接続し，合計4Gビット／秒の通信容量を確保したい。①そのため，当該GEポートをグループ化して，負荷分散の機能を有効にする設定を行う。負荷分散は，送信フレーム内の二つのフィールドをキーにして，キーの異なるフレームを異なるGEポートから送信させる機能である。L2-SW間の通信容量を，できるだけ4Gビット／秒に近付けるためには，グループ化された各GEポートから均等にフレームが送信されるように，キーにするフィールドを選択する必要がある。L2-SWのデフォルトのキー設定では，②送信元MACアドレスと宛先MACアドレスのフィールドがキーに選択されるが，ここでは，送信元IPアドレスと宛先IPアドレスがキーに選択されるように設定して，負荷分散がより適切に行われるようにする。

〔ISP間の経路制御〕

ISP-AとISP-Bの割当てを受けているアドレス空間は，プレフィックス長で表すと，それぞれ③17ビットと18ビットである。

ISP-AとISP-Bは，経路制御プロトコルにRIPv2を使用しており，ISP-AとISP-Bの接続においてもRIPv2を使用することにした。RIPv2はRIPv1の拡張版で，経路選択のメトリックに，宛先ネットワークに到達するまでに通過するルータの数である［エ］を使用することや，ルータ間で，各ルータの保持する経路情報を，デフォルトで［b］秒ごとに送信することは共通である。改良点として，経路交換にはOSPFと同様に［オ］のフレームを使うことやサブネットマスクへの対応がある。

RIPv2には経路集約の機能があり，経路集約するプレフィックス長はルータで設定できる。仮に，ルータAとルータBの経路制御において，24ビットのプレフィックス長で経路集約を行うように設定すると，ルータA

とルータBから対向のルータに送信される経路情報のエントリ数の合計は［　c　］になる。また，経路集約するプレフィックス長を，ルータAでは17ビットに，ルータBでは18ビットに設定すると，それぞれのルータから対向のルータに送信される経路情報のエントリ数は［　d　］になる。

〔ISP-B～ISP-3間の通信経路の調整〕

A社ビルとB社ビルにおける，ISP-AとISP-Bの接続作業が終了して，図のネットワーク構成で運用が開始された。接続作業の前後にISP-Bの運用管理者が，ISP-3内の公開サーバからISP-B内のパソコンにファイル転送を行い，通信の確認をしたところ，接続作業前より転送速度が遅くなっていることに気付いた。ISP-3の加入者である社員の協力を得て，［　カ　］プロトコルの［　キ　］コマンドを使って通信経路を調査したところ，接続作業前のISP-BからISP-3への通信経路は，往路がISP-B→ISP-2→ISP-3であり，復路はその逆順であった。接続作業後は，往路は同一であるが，復路がISP-3→ISP-1→ISP-A→ISP-Bに変わったので，ISP-3とISP-1間の回線の混雑が影響したと考えられる。復路が変わったのは，ISP-1がISP-Bのネットワークの経路情報を，ISP-3に送信し始めたことが関係する。ISP-Bの制御では，復路を接続作業前の状態に戻すことはできない（＝ISP-Bの設定ではこの経路を変更することが不可能）ので，B社はISP-1の通信事業者に対応を申し入れた。

ISP-1～ISP-3のISP間の経路制御プロトコルには，［　ク　］型アルゴリズムのBGPが使用されている。運用上，最も優先される経路選択のメトリックは，宛先ネットワークに到達するまでに通過した［　ケ　］の個数である。この個数が最も少ない通信経路が，最適な通信経路として選択される。BGPでは，レイヤ4のプロトコルである［　コ　］のポート179番を使って経路情報の交換を行う。ISP-1～ISP-3は，各ISPがそれぞれ一つのASである。ISP-1は，ISP-AとISP-Bの経路情報をルータ1で静的に設定し，ISP-1のASに属する経路情報としてISP-3へ送信している。ISP-2は，ISP-Bの経路情報をルータ2で静的に設定し，同様にISP-3へ送信している。

ISP-1の通信事業者は，<u>④ISP-3へ送信する経路情報のメトリック値の変更</u>を行い，B社の希望する通信経路になった。

**設問1** 本文中の ア ～ コ に入れる適切な字句を答えよ。

**設問2** 〔ISP間の接続〕について，(1) ～ (3) に答えよ。

(1) 下線①に関して，この設定を何というか。

(2) 本文中の下線②でのデフォルトのキー設定では，負荷分散が適切に行われない理由を，30字以内で述べよ。

(3) 下線③に関して，サブネットマスクで表すとどうなるか。

**設問3** 〔ISP間の経路制御〕について，(1)，(2) に答えよ。

(1) 本文中の a ～ d に入れる適切な数値を答えよ。

(2) 通信経路数が増加したときに，経路集約を行わないことによる問題点を二つ挙げ，それぞれ20字以内で述べよ。

**設問4** 〔ISP-B～ISP-3間の通信経路の調整〕の本文中の下線④について，経路情報の変更対象となる宛先ネットワークを答えよ。また，メトリック値の変更の内容について，ASという字句を用いて25字以内で述べよ。

## 解答例

| 設問 | | 解答例・解答の要点 | |
|---|---|---|---|
| 設問1 | | ア：シングル　イ：コア　ウ：マルチ　エ：ホップ数<br>オ：マルチキャスト　カ：ICMP　キ：traceroute　ク：パスベクトル<br>ケ：AS　コ：TCP | |
| 設問2 | (1) | リンクアグリゲーション | |
| | (2) | ルータのMACアドレスが使われ，キー値が同じ値になるから | |
| | (3) | 255.255.128.0 | |
| 設問3 | (1) | a：8　b：30　c：192　d：1 | |
| | (2) | ・経路情報の増加によるトラフィックの増加<br>・経路情報の増加によるルータ負荷の増加 | |
| 設問4 | | 経路情報の変更対象となる宛先ネットワーク | ISP-B |
| | | メトリック値の変更の内容 | 通過するASの個数を増やす変更を行った。 |

## 補足解説

### ■設問2（2）

たとえば，A社ビルのL2SWから，B社ビルのL2SW向けのフレームを考えます。宛先MACアドレスは，何になりますか？

ルータBしかありません。

そうです，すべてルータBです。であれば，常にキーは同じになるので，同じGEポートからしか送信されません。

### ■設問3（1）

**a**：光ファイバは2本で1組です。今回は4つのGEポート，つまり4組必要なため，4×2＝8本です。

**c**：ルータAはプレフィックスが17なので，24ビットのネットワークを128個集約できます。24－17＝7，2の7乗＝128という計算です。ルータBは同様に64個。合計192個です。

経路情報のエントリの例を以下に示します。ISP-Aのアドレス空間を192.168.0.0/17とします。このネットワークを，192.168.0.0/24，192.168.1.0/24などの24ビットのネットワークにした様子が上です。ISP-Bのアドレス空間を10.0.0.0/18とします。10.0.0.0/24，10.0.1.0/24などの24ビットのネットワークにした様子が下です。

■経路情報のエントリ例

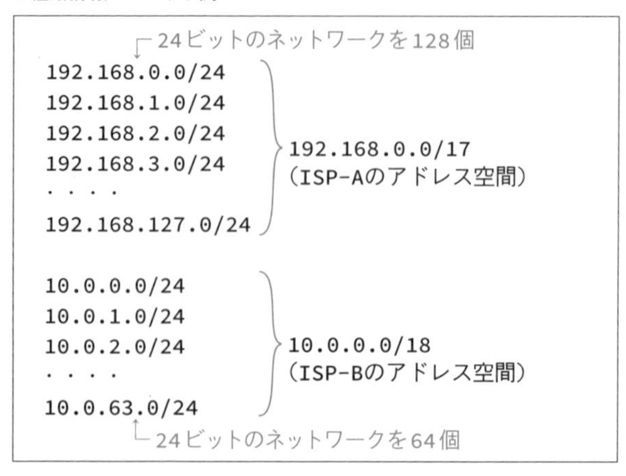

**d**：ISP-Aのアドレス空間はプレフィックス長が17ビットです。17ビットで経路集約すると，上記のように192.168.0.0/17と，1つのエントリで表現されます。ISP-Bのアドレス空間も同様です。

**■設問4**

希望する通信経路と，実際の通信経路は以下のとおりです。

希望：ISP-3→ISP-2→ISP-B（AS_PATHで見ると，ISP-3→ISP-2）
実際：ISP-3→ISP-1→ISP-A→ISP-B（AS_PATHで見ると，ISP-3→ISP-1）

AS_PATHには通過するASのAS番号が記載されていますが，どちらも長さは2です。そこで，意図的に自分のAS番号を複数記載します。

どうやるのですか？

ルータのConfigで設定します。覚える必要はありませんが，AS_PATHプリペンドという設定です。

その結果，AS番号が増えれば，ISP-3→IPS-1→ISP-A→ISP-Bという経路を選択しないようになります。

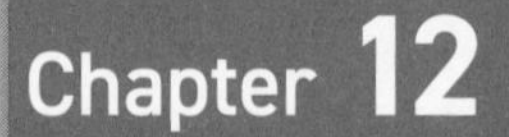


Network Specialist WORKBOOK

# VRRP

この単元で学ぶこと

VRRP／VRRPの設計／VRRPの冗長化

# 1 理解を確認する 短答式問題にチャレンジ

## 問題

➡ 解答解説は232ページ

## VRRP

**Q.1**

VRRP（Virtual Router Redundancy Protocol）の場合，VRRPを構成したルータ（やL3スイッチ）は，仮想IPアドレスと仮想MACアドレスのどちらを持つか，または両方を持つか。

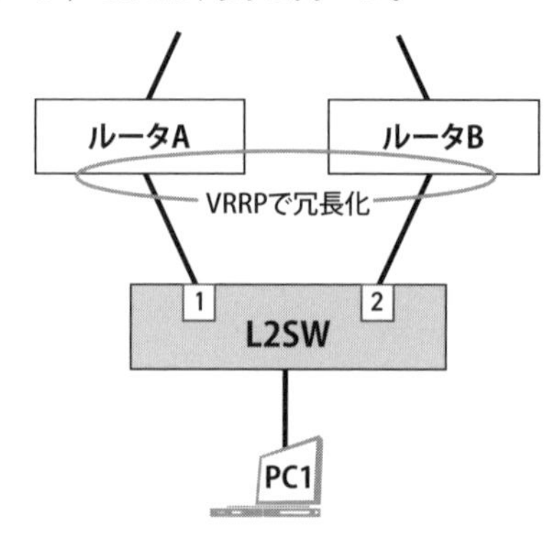

**Q.2**

2台のルータでVRRPを機能させるには，どの機器にどのような設定を入れる必要があるか。

**Q.3**

ルータには仮想IPアドレスと実IPアドレスを設定するが，両者は同じIPアドレスを設定できるか。

**Q.4**

3台でVRRPを構成することはできるか。

**Q.5**

VRRPにおいて，優先度が高いルータを［　　　］ルータといい，優先度が低いルータをバックアップルータという。

**Q.6**

PCと同一セグメントにVRRPが設定された2つのルータが存在しているとする。PCがVRRPの冗長化の仕組みを使ってルータと通信をするために，PCに必要な設定を述べよ。

**Q.7**

マスタルータが故障したとする。バックアップルータは，どうやってこの事実を知るのか。ただし，マスタルータは完全に故障して，通知等ができないとする。

**Q.8** 仮想MACアドレスを持つのは，マスタルータだけか？

**Q.9** Q.1の構成において，PCから送られた仮想MACアドレス宛てのフレームは，マスタルータとバックアップルータの両方に届くか？

**Q.10** Q.7の理由により，バックアップルータがマスタルータになるときに，どの機器の何テーブルを書き換える必要があるか。

## 解答・解説

**A.1** **仮想IPアドレスと仮想MACアドレスの両方を持つ。**

**A.2** **2台の機器それぞれに，実IPアドレスの他，仮想IPアドレス（下図❷），VRRPグループ（❶），優先度（❸）の設定をする。**

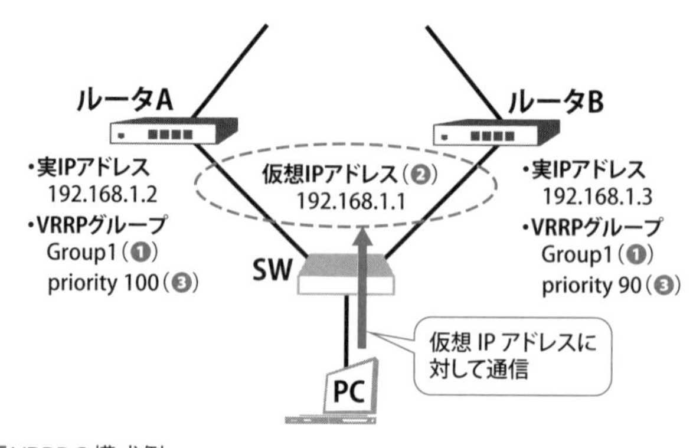


■VRRPの構成例

はい，自動的に付与されるので，明示的な設定は不要です。

**A.3　同じIPアドレスを設定できる。別のIPアドレスを設定することも可能。**

※余談ですが，CiscoのHSRPという仕組みの場合，仮想IPアドレスは実IPアドレスとは変える必要があります。

**A.4　できる。**

3台を同じVRRPグループに所属させるだけで，設定は2台と基本的に同じです。

**A.5　マスタ**

**A.6　PCのデフォルトゲートウェイにVRRPの仮想IPアドレスを設定する。**

**A.7　マスタルータはバックアップルータに対して定期的にVRRP広告（VRRP advertisement）を送る（下図❶）。マスタルータからこのメッセージが届かなかった場合，マスタルータがダウンしたと判断し，マスタルータに昇格する（❷）。**

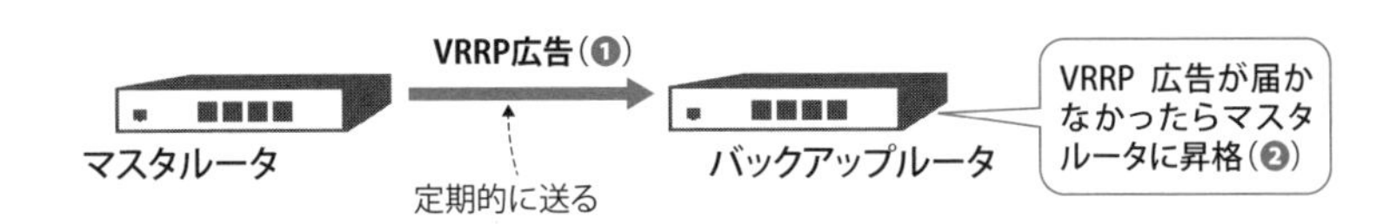


■VRRP広告

**A.8　マスタルータだけが持つとも考えられるし，バックアップルータを含めた両方が持つとも考えられる。**

単なる「言葉」の問題かもしれません。仮想MACアドレス宛てのフレームが届いた場合，マスタルータは処理しますがバックアップルータは無視します。なので，バックアップルータは仮想MACアドレスを持っていないという見方もできますし，持っているが無視するという見方もできます。

**A.9　L2SWのスイッチング機能により，マスタルータにのみフレームを転送する。L2SWがシェアードハブであれば，両方に届く。**

### A.10 L2SWのMACアドレステーブル

Q.1の図の場合，VRRPの仮想MACアドレスに対応するポートを，ポート1からポート2に変更します。

■L2SWのMACアドレステーブルの書換え

| MAC アドレス | ポート |
|---|---|
| 00-00-5E-00-01-XX（仮想 MAC） | 2 |

具体的にはどうやって書き換えますか？

バックアップルータが，GARPなどのなんらかのフレームを送信します。送信元MACアドレスと受け取ったポートの対応が，記憶したものと違うので，MACアドレステーブルを書き換えます。

# ステップ 2 手を動かして考える
# VRRPを設計してみよう



## Q. VRRPを設計してみよう

右の図を見よ。PCからサーバへの通信において，ルータを冗長化したい。つまり，一方のルータが故障しても，もう1台のルータで通信できるように，ルータを2台(ルータAとルータBで,ルータAを優先)設置する。

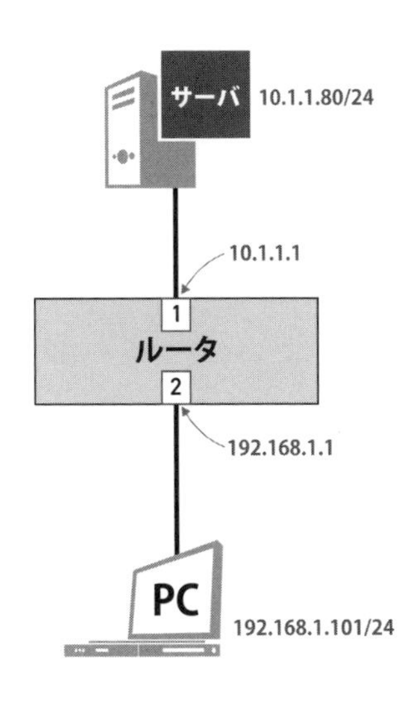


ルータAとルータB，PCとサーバに，どのような設定をするかを，構成図とともに具体的に書け。特に，ルータのVRRPの設定は詳しく書き，また，PCとサーバの設定は，PCのネットワーク設定を意識して，通信ができるように具体的な設定を書くこと。

**A.** ルータのVRRPの設定内容と，ネットワーク構成図は以下のとおりです。

| | ルータ A | ルータ B |
|---|---|---|
| ポート 1 側 | ・IP アドレス：10.1.1.2<br>・仮想 IP アドレス：10.1.1.1<br>・グループ：10<br>・優先度：100 | ・IP アドレス：10.1.1.3<br>・仮想 IP アドレス：10.1.1.1<br>・グループ：10<br>・優先度：90 |
| ポート 2 側 | ・IP アドレス：192.168.1.2<br>・仮想 IP アドレス：192.168.1.1<br>・グループ：20<br>・優先度：100 | ・IP アドレス：192.168.1.3<br>・仮想 IP アドレス：192.168.1.1<br>・グループ：20<br>・優先度：90 |

■ルータのVRRPの設定内容

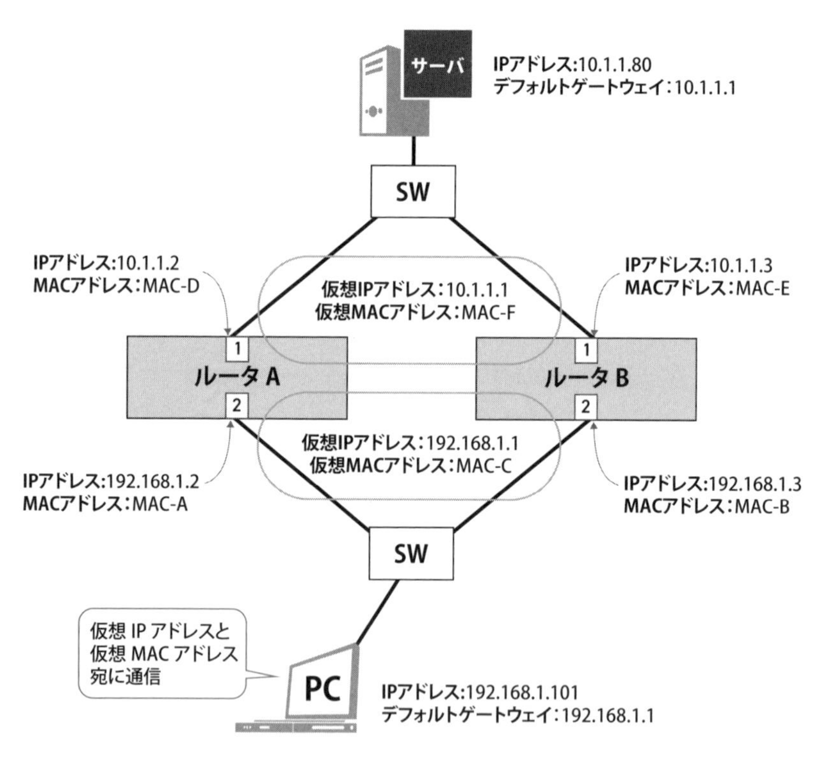


■ネットワークの構成図と設定内容

何点か補足します。

- 構成ですが, PCのインタフェースは通常1つしかないので, ルータとの間にスイッチを設置します。
- ルータの設定では, ポート1とポート2のそれぞれで, VRRPのグループ番号はルータAとルータBで同一にします。
- ルータAの優先度を高くします。
- VRRPの設定は，ルータのポート1とポート2のそれぞれで設定する必要があります。



では，ルータAの設定例を，部分的に紹介します。前ページの設定内容と照らし合わせて確認してください。

```
RouterA(config)#interface GigabitEthernet1
RouterA(config-if)# ip address 10.1.1.2 255.255.255.0
RouterA(config-if)# vrrp 10 ip 10.1.1.1
RouterA(config-if)# vrrp 10 priority 100
RouterA(config)#interface GigabitEthernet2
RouterA(config-if)# ip address 192.168.1.2 255.255.255.0
RouterA(config-if)# vrrp 20 ip 192.168.1.1
RouterA(config-if)# vrrp 20 priority 100
```

■ルータAの設定例

ステップ3

実戦問題を解く

# 過去問をベースにした演習問題にチャレンジ

## 問題

レイヤ3スイッチの故障対策に関する次の記述を読んで，設問1～3に答えよ。（H29年度春期 AP試験 問5を改題）

R社は，社員50名の電子機器販売会社であり，本社で各種のサーバを運用している。本社のLAN構成とL3SW1の設定内容を図1に示す。

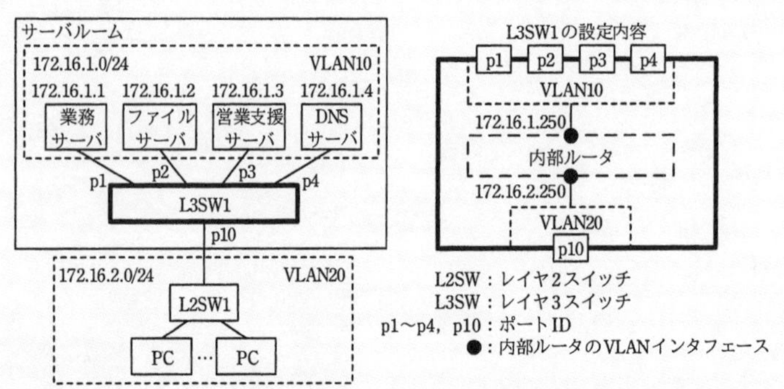


注記　172.16.1.250，172.16.2.250は，L3SW1の内部ルータのVLANインタフェースに設定されたIPアドレスである。

図1　本社のLAN構成とL3SW1の設定内容（抜粋）

〔J君が考えた改善策〕

ある日，L3SW1の故障により，業務が大混乱した。そこで，J君は，L3SW故障時もサーバの利用を中断させない改善策を検討した。J君が考えた，L3SWの冗長構成を図2に示す。

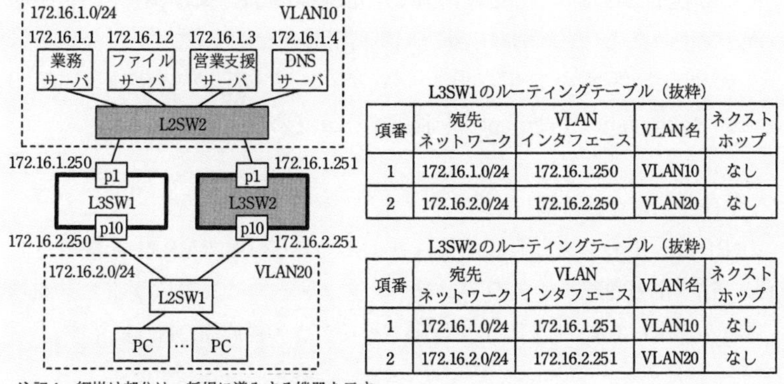


L3SW1のルーティングテーブル（抜粋）

| 項番 | 宛先ネットワーク | VLANインタフェース | VLAN名 | ネクストホップ |
|---|---|---|---|---|
| 1 | 172.16.1.0/24 | 172.16.1.250 | VLAN10 | なし |
| 2 | 172.16.2.0/24 | 172.16.2.250 | VLAN20 | なし |

L3SW2のルーティングテーブル（抜粋）

| 項番 | 宛先ネットワーク | VLANインタフェース | VLAN名 | ネクストホップ |
|---|---|---|---|---|
| 1 | 172.16.1.0/24 | 172.16.1.251 | VLAN10 | なし |
| 2 | 172.16.2.0/24 | 172.16.2.251 | VLAN20 | なし |

注記 1　網掛け部分は，新規に導入する機器を示す。
注記 2　172.16.1.250，172.16.1.251，172.16.2.250 及び 172.16.2.251 は，L3SW の内部ルータの VLAN インタフェースに設定する IP アドレスである。

**図 2　J 君が考えた L3SW の冗長構成**

図2では，L3SWを冗長化するためのL3SW2と，サーバを接続するためのL2SW2を新規に導入する。L3SW1とL3SW2に必要な設定を行い，L3SW1とL3SW2の間でOSPFによる[　ア　]経路制御を稼働させる。PCとサーバに設定されたデフォルトゲートウェイなどのネットワーク情報は，図1の状態から変更しない。

J君は，図2に示した冗長構成案を上司のN主任に説明したところ，サーバが利用できなくなる問題は解消されないとの指摘を受けた。N主任の指摘内容を次に示す。

PCのデフォルトゲートウェイには，L3SW1の内部ルータのVLANインタフェースアドレス[　イ　]が設定されており，PCによるサーバアクセスは，L3SW1のp10経由で行われる。L3SW1のp1故障時には，①図2中のL3SW1のルーティングテーブルが更新され，ネクストホップにIPアドレス[　ウ　]がセットされる。その結果，PCから送信されたサーバ宛てのパケットがL3SW1の内部ルータに届くと，L3SW1は当該PC宛てに，経路の変更を指示する[　エ　]パケットを送信する。PCは[　エ　]パケットの情報によって，サーバに到達可能な別経路のゲートウェイのIPアドレスを知り，サーバ宛てのパケットを[　ウ　]に送信し直すことによって，パケットはサーバに到達する。しかし，サーバからの応答パケットは，サーバのデフォルトゲートウェイのIPアドレスが[　オ　]であり，L3SW1のp1のインタフェースがダウンしていることが原因でL3SW1の内部ルータのVLANインタフェースに届かないので，サーバは利用できない。L3SW1のp10の故障の場合，又はp10への経路に障害が発生した場合も，同様にサーバが利用できなくなる。

このような問題を発生させないために，N主任は，VRRP（Virtual Router Redundancy Protocol）を利用する改善策を示した。

〔N主任が示した改善策〕

VRRPは，ルータを冗長化する技術である。L3SWでVRRPを稼働させると，L3SWの内部ルータのVLANインタフェースに仮想IPアドレスが設定される。本社LANでVRRPを稼働させるときの構成を，図3に示す。

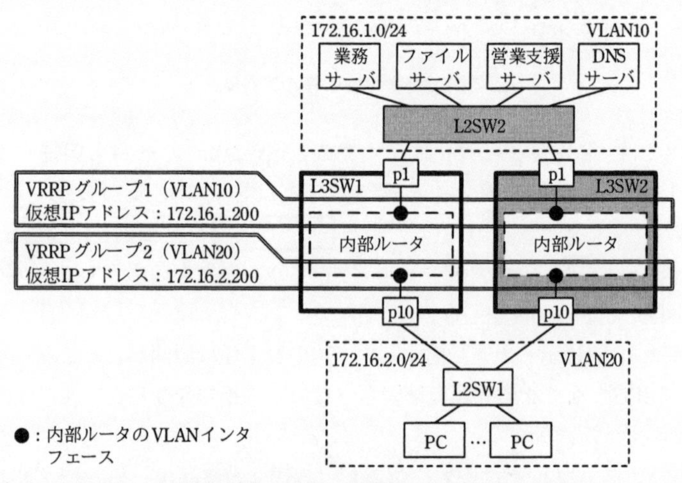


**図3　本社LANでVRRPを稼働させるときの構成**

図3に示したように，L3SW1とL3SW2の間で二つのVRRPグループを設定する。VRRPグループ1，2とも，L3SW1の内部ルータの優先度をL3SW2の内部ルータよりも高くして，L3SW1の内部ルータのVLANインタフェースに仮想IPアドレスを設定する。また，［　カ　］アドレスはルータによって自動で設定される。この構成の場合，L3SW1が［　キ　］ルータになり，L3SW2が［　ク　］ルータとして動作する。［　キ　］ルータからは，定期的に［　ケ　］が送出され，これによって［　キ　］ルータの障害を検知する。［　キ　］ルータであるL3SW1の故障の場合，又はL3SW1への経路に障害が発生した場合は，VRRPの機能によって，L3SW2の内部ルータのVLANインタフェースに仮想IPアドレスが設定される。PC及びサーバは，パケットを仮想IPアドレ

スに向けて送信することによって，L3SW1経由の経路に障害が発生してもL3SW2経由で通信できるので，PCによるサーバの利用は中断しない。

図3の構成にするときは，②PCとサーバに設定されているネットワーク情報の一つを，図1の状態から変更することになる。

また，その他のスイッチの冗長化の方式としては，2つのL3SWを一つのL3SWとして動作できるようにする技術である［　コ　］接続がある。

J君は，N主任から示された改善策を基に，本社LANのL3SWの故障対策案をまとめ，N主任と共同で情報システム課長に提案することにした。

**設問1**　本文中の［　ア　］～［　コ　］に入れる適切な字句を答えよ。

**設問2**　本文中の下線①について，更新が発生する図2中のL3SW1のルーティングテーブルの項番を答えよ。また，VLANインタフェースとVLAN名の更新後の内容を，それぞれ答えよ。

**設問3**　本文中の下線②について，変更することになる情報を答えよ。また，サーバにおける変更後の内容を答えよ。

## 解答例

| 設問 | 解答例・解答の要点 | |
|---|---|---|
| 設問1 | ア：動的　イ：172.16.2.250　ウ：172.16.2.251<br>エ：ICMPリダイレクト　オ：172.16.1.250　カ：仮想MAC<br>キ：マスタ　ク：バックアップ<br>ケ：VRRP広告（VRRPアドバタイズメント）　コ：スタック | |
| 設問2 | ルーティングテーブルの項番 | 1 |
| | VLANインタフェースの更新後の内容 | 172.16.2.250 |
| | VLAN名の更新後の内容 | VLAN20 |
| 設問3 | 変更することになる情報 | デフォルトゲートウェイアドレス |
| | サーバにおける変更後の内容 | 172.16.1.200 |

## 補足解説

### ■設問1

**エ**：ICMPリダイレクトは，ルーティングにおいて，より適切なルータがある場合にそれを伝えるICMP（Type5）のメッセージです。このICMPパケットの中で，Gateway Addressという情報があり，より適切なGateway（ルータ）情報を送ります。

### ■設問2

p1が故障するということは，p1を使った経路は使えません。172.16.1.0/24のセグメントに通信するには，p10（172.16.2.250）のインタフェースを経由させる必要があります。このp10は，VLAN20です。

また，1点補足です。問題文に，「L3SW1のp1故障時には，①図2中のL3SW1のルーティングテーブルが更新され，ネクストホップにIPアドレス ウ：172.16.2.251 がセットされる」とあります。更新後のルーティングテーブルは，以下のとおりです。

| 項番 | 宛先ネットワーク | VLAN インタフェース | VLAN 名 | ネクストホップ |
|---|---|---|---|---|
| 1 | 172.16.1.0/24 | 172.16.2.250 | VLAN20 | 172.16.2.251 |
| 2 | 172.16.2.0/24 | 172.16.2.250 | VLAN20 | なし |

なぜネクストホップにIPアドレス ウ：172.16.2.251 がセットされるのですか？　他はすべて「なし」になっています。

項番2においては，宛先ネットワークとパケットを送出するVLANインタフェースが同一セグメントであるため，ネクストホップは不要です。一方，項番1の場合，宛先ネットワークとパケットを送出するVLANインタフェースが異なるセグメントであるため，どこにパケットを届けるかを明示する必要があります。そのため，ネクストホップがOSPFによって指定されます。

### ■設問3

「ネットワーク情報」というのがヒントです。

PCでのネットワークの設定を考えると，IPアドレスやサブネットマスク，経路情報などが該当しますね。

そうです。今回は，PCやサーバのデフォルトゲートウェイを変更します。これまで，サーバのデフォルトゲートウェイは172.16.1.250（L3SW1）に設定していたものを，172.16.1.200（VRRPの仮想IPアドレス）に変更します。

Chapter 13　Network Specialist WORKBOOK

# WAN

この単元で学ぶこと

LAN／VLAN／スイッチ(L2スイッチ)／MACアドレス
IPアドレス／フレーム／パケットキャプチャ

ステップ1　理解を確認する

## 短答式問題にチャレンジ

## 問題

➡ 解答解説は246ページ

## 1. WAN

**Q.1**

WANのサービスには，主に，レイヤ1レベルのサービスである専用線，レイヤ2レベルのサービスである［　ア　］，レイヤ3レベルのサービスである［　イ　］がある。

ア：

イ：

**Q.2**

専用線を敷設する場合，企業（利用者拠点）側に，アナログ回線の場合は［　ア　］という装置を設置し，光回線の場合は［　イ　］という装置を設置する。

ア：

イ：

**Q.3**

IP-VPN網では，RFC3031で規定された［　　　］と呼ばれるスイッチング方式を用いる。

**Q.4**

上記Q.3では，パケットに［　　　］と呼ばれる短い固定長のタグ情報を付与し，この情報をもとにルーティングを行う。

**Q.5**

IP-VPN網内で付与するラベルには2種類ある。1つは利用者を［　ア　］するラベル，もう1つはIP-VPN網内での［　イ　］情報のための転送ラベルである。

ア：

イ：

**Q.6**

利用者の拠点とIP-VPN網との接続点において，利用者が設置するルータをCE（Customer Edge）ルータ，通信事業者側の利用者に近いところのルータを［　　　］ルータという。

**Q.7**

インターネット接続において，複数のプロバイダと契約した回線を冗長化する仕組みを何というか。

**Q.8**

WAN高速化装置（WAS：WAN Acceleration System）は，データを圧縮する以外に，どのような方法で通信を高速化するか。2つ述べよ。

①：

②：

**Q.9**

SD-WANルータは，SDN（Software-Defined Network）によって制御されるIPsecルータである。SDNは，利用者の通信トラフィックを転送する［ ア ］プレーンと，通信装置を集中制御する［ イ ］プレーンから構成されている。

ア：

イ：

**Q.10**

ブロードバンドルータなどからインターネットに接続するときに活用される技術で，シリアル回線で使用するデータリンクのコネクション確立やデータ転送を，LAN上で実現するプロトコルは何か。

# 2. クラウド

**Q.1**

クラウドの主な提供形態には，SaaS（Software as a Service）以外に何があるか。代表的なものを2つ答えよ。

①：

②：

**Q.2**

AWSなどのクラウドサービスにおいて，利用者ごとに独立した仮想ネットワークを何というか。

**Q.3**

ハウジングやホスティングと，クラウドはどう違うのか。

## 解答・解説

# 1. WAN

**A.1** ア：広域イーサネット　イ：IP-VPN

**A.2** ア：DSU（Digital Service Unit）　イ：ONU（Optical Network Unit）

**A.3** MPLS（Multi Protocol Label Switching）

**A.4** ラベル

**A.5** ア：識別　イ：経路

**A.6** PE（Provider Edge）

**A.7** マルチホーミング

**A.8** ①キャッシュ蓄積（次ページ図❶）

通信したデータをWAS（WAN高速化装置）にキャッシュとして保存することで，2回目以降の通信を高速化します。

プロキシサーバみたいなものですね。

そうですね。プロキシサーバでもキャッシュ機能によって応答を速くしています。

②代理応答（次ページ図❷）

TCPの通信は信頼性を確保するため，確認応答であるACKのパケットをサーバとPC間で送受信します。WANを越えると，そのやりとりに時間がかかるので，対向機器に代わってWASが代行します。こうすることで，ACKの遅延の影響を削減します。

データ圧縮（次ページ図❸）を含めた3つのWASの仕組みのイメージ図を次ページに示します。

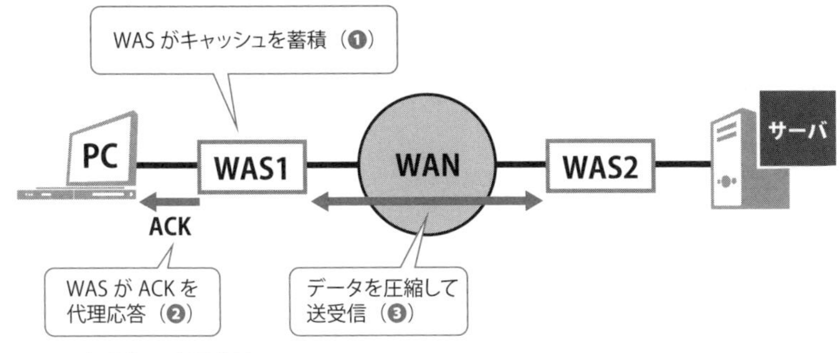

■WAN高速化の実現方法

**A.9** ア：データ　イ：コントロール

**A.10** **PPPoE**

イーサネット（Ethernet）上のPPPだからPPPoE（PPP over Ethernet）です。

# 2. クラウド

**A.1** ①**IaaS**（Infrastructure as a Service）　②**PaaS**（Platform as a Service）

**A.2** **VPC**（Virtual Private Cloud）

**A.3** **ハウジング（housing）は，家（house）となるラックやスペースを借りる（下図❶）。ホスティング（hosting）はホスト（host）となるコンピュータ，つまりサーバを借りる（レンタルサーバとほぼ同義）（❷）。クラウドでは，利用者は物理的なサーバを意識せずに，仮想基盤上の仮想OSやサービス環境を借りる（❸）。**

■ハウジング，ホスティング，クラウドの違い

クラウドの場合，1つのサーバの中に仮想の空間（VPC）が作成されると思っていいですか？

そういう場合もありますが，複数のサーバにまたがって，1つのVPCを作成する場合もあります。

# 手を動かして考える
# WANのサービス・構成を整理しよう



## Q.1 WANサービスの内容を整理しよう

WANサービスをレイヤごとに整理せよ。具体的にはレイヤ1，レイヤ2，レイヤ3のWANサービスを記載し，簡単な特徴を述べよ。

| レイヤ | 具体的なサービスの例 | 特徴や技術 |
|---|---|---|
| レイヤ1 | | |
| レイヤ2 | | |
| レイヤ3 | | |

## Q.2 WANの構成を整理しよう

本社と3拠点のWANの構成を,「①レイヤ1の専用線」と「②レイヤ3のWANサービス」を使った2つのパターンで，具体的な機器とともに記載せよ。また，それぞれのメリットとデメリットを述べよ。

| ①レイヤ1の専用線 | ②レイヤ3のWANサービス |
|---|---|
| | |

## A.1 解答例は以下のとおりです。

| レイヤ | 具体的なサービスの例 | 特徴や技術 |
|---|---|---|
| レイヤ1 | 専用線 | 専用線は光回線が一般的で，専用線と接続するためにONUを設置する。 |
| レイヤ2 | **広域イーサネット**<br>サービス例として，NTT東西のビジネスイーサワイドなどがある。 | **キーワードはVLAN**<br>タグVLANにより，異なる利用者を論理的にグループ分けする。 |
| レイヤ3 | **IP-VPN**<br>サービス例として，NTTコミュニケーションズのIP-VPNサービスなどがある。 | **キーワードはMPLS**<br>MPLS技術により，高速な通信と，グループ分けを実現する。 |

**インターネットVPNもレイヤ3のネットワークを構築できますよね？**

はい。ただ，インターネットVPNは，サービスではなく，自分たちでIPsec対応のルータを設定するのでここでは除外しました。

レイヤに関しては，上図のようにきれいに整理できるものではありません。あくまでも頭の整理と理解のために分けていると考えてください。

## A.2 解答例を次ページに示します。

### ①レイヤ1の専用線

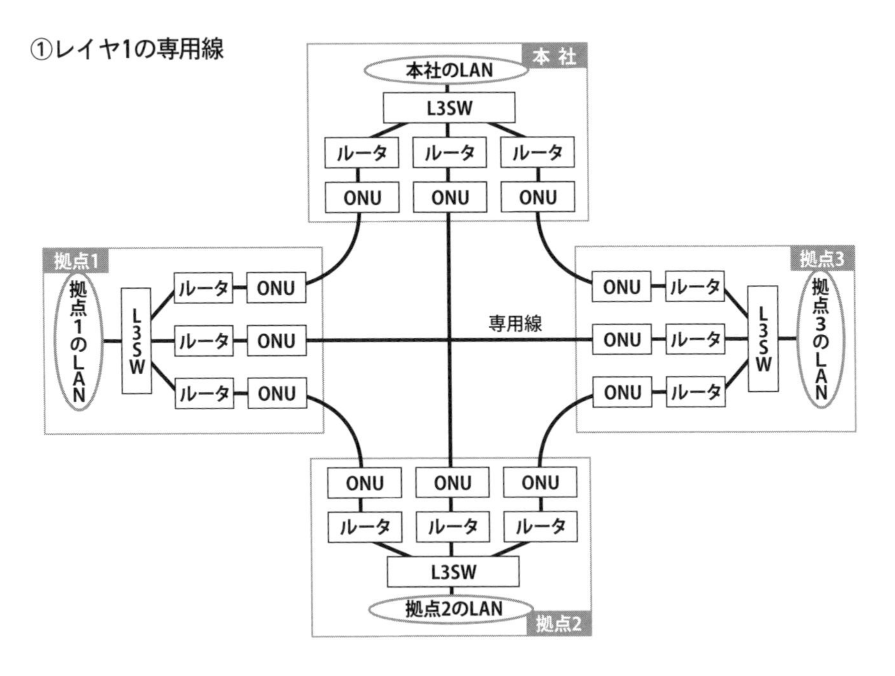


専用線の場合は，ONUとルータを設置し，それぞれの拠点と1本ずつ専用線を構築します。今回のように4拠点（本社＋3拠点）で，仮に全拠点と接続する場合には，上記のように6本の専用線の契約が必要です。

### ②レイヤ3のWANサービス

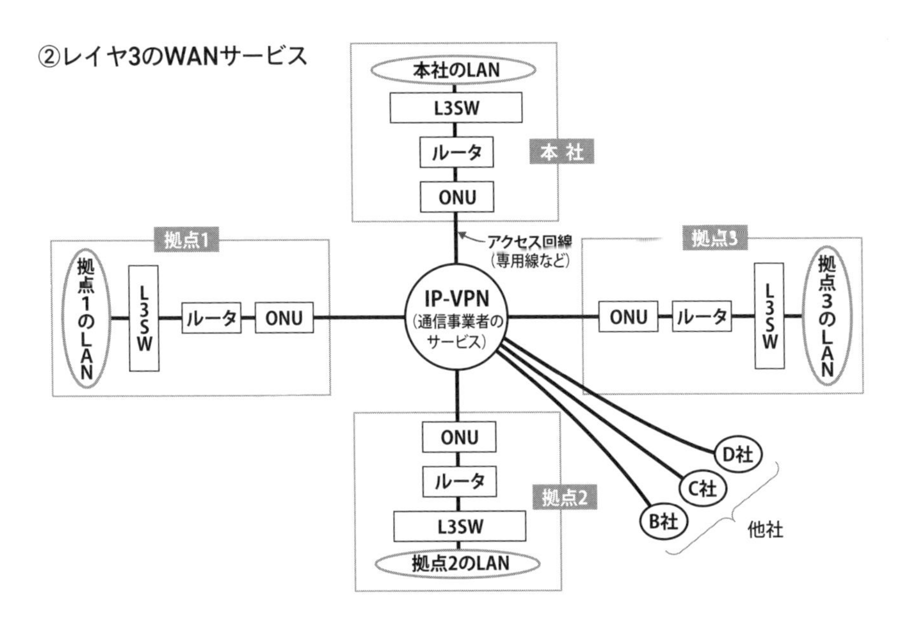

IP-VPNを使う場合も，ONUとルータを設置し，IP-VPNサービスにアクセス回線（専用線など）で接続します。図にあるように，複数拠点であっても，契約するアクセス回線は1つでよく，構成がシンプルです。

■メリットとデメリット

| レイヤ | メリット | デメリット |
|---|---|---|
| ①レイヤ1の専用線 | ・自社専用のWANを構築できる。 | ・費用が高額<br>・拠点数が増えると回線が増え，構成が複雑になる。 |
| ②レイヤ3のWANサービス（IP-VPN） | ・専用線に比べて安価<br>・専用線に比べて構成がシンプルになる。<br>・回線帯域などを柔軟に設定，変更できる。 | ・IP-VPNの通信事業者内では，他社と設備が共用利用される。 |

IP-VPNは「他社と設備が共用利用」とありますが，具体的にどんなデメリットがあるのでしょうか。

他社と共同利用といっても，論理的に分けられていて，セキュリティ面で問題が発生するほどではありません。また，帯域面でも，契約した速度は保証されます。現実的には，共同利用によるデメリットを感じる企業は少ないと思います。

ステップ3 実戦問題を解く

# 過去問をベースにした演習問題にチャレンジ



## 問題

ネットワークの設計に関する次の記述を読んで，設問1，2に答えよ。

（H27年度秋期 AP試験 午後問5を改題）

W社は，首都圏で事務所向け家具販売を手掛ける，社員数約150人の中堅企業である。

〔現状ネットワークの調査〕

Xさんは，現状ネットワークの利用状況を調査し，次のとおり整理した。

- PCは社員に一人1台ずつ配布されており，LANに接続されている。PCには，①192.168.0.0/24のセグメントのIPアドレスを割り当てる。
- 事務所1及びデータセンタから広域イーサネット網へは，それぞれ広域イーサネット回線（30Mビット／秒）で接続している。
- インターネットには，事務所1及びデータセンタからそれぞれ光回線（100Mビット／秒）で接続している。
- ルータは，インターネットVPN機能をもっている。インターネットVPNを実現するために用いられる認証や暗号の技術を［ア］といい，プロトコルとして，［イ］やAH（Authentication Header）などがある。また，この技術はOSI基本参照モデルの［ウ］層で動作する。

W社の現状ネットワークの構成を図1に示す。

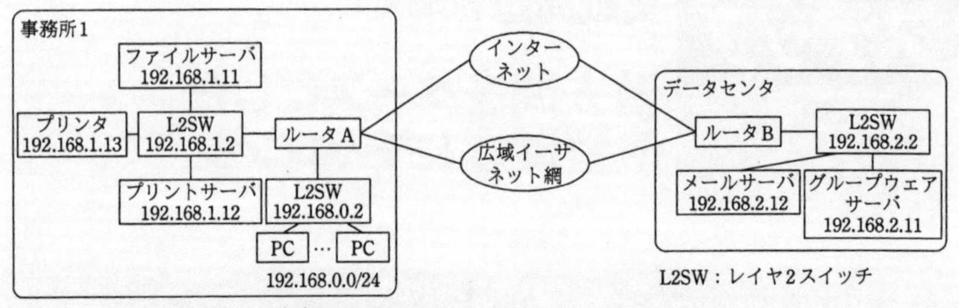


注記1　ルータのIPアドレスは省略している。
注記2　L2SWには，管理用に各ネットワークセグメントでx.x.x.2のIPアドレスを設定している。

図1　W社の現状ネットワークの構成

また，グループウェアサーバとの通信では，遅延なく良好なレスポンスを確保する必要がある。

〔WANのサービスに関して〕

ここで，WANのサービスについて再度整理する。旧来は，拠点を接続する場合は，専用線を用いていた。しかし，3拠点の全てを直接接続するには3本の専用線，4拠点は6本，n拠点すべてと直接接続するには，合計［　エ　］本の専用線を契約する必要がある。そこで，2000年頃に登場したOSI参照モデルの［　オ　］層のサービスである広域イーサネットの方が現在は普及している。

たとえば，図1のように2拠点であれば，契約回線は2本である。n拠点の場合でも［　カ　］本で済む。利用する技術として，広域イーサネットサービスは，複数の顧客のデータが混在しないように［　キ　］で分離する。

また，OSI参照モデルの第3層のサービスとして，通信事業者が運営する閉域IPネットワークを利用者のトラフィック交換に提供する［　ク　］サービスもある。このサービスでは，事業者間域IP網内で複数の利用者のトラフィックを中継するのに，RFC 3031で規定されたパケット転送技術である［　ケ　］が利用される。また，利用者が設置するCE（Customer Edge）ルータから送られたパケットは，通信事業者の［　コ　］ルータで［　サ　］と呼ばれる短い固定長の②タグ情報が付与される。

〔冗長化構成の検討〕

Y部長は，次の点を考慮の上，考えられる冗長化の方式を検討するようにXさんに指示した。

- 事務所の広域イーサネット回線が不通となった場合に備えて，事務所とデータセンタの間をインターネットVPNで接続して，事務所からデータセンタにアクセス可能となるようにしてほしい。
- インターネットVPNの構成には，ある拠点をハブ，他の拠点をスポークとするハブアンドスポーク構成もあるが，今回は安定した帯域を確保するために［　シ　］構成とした。
- ③事務所の光回線が不通となった場合に備えて，広域イーサネット網の帯域の一部を使って，データセンタ経由でインターネットにアクセス可能となるようにしてほしい。

Xさんは Y部長の指示に従い，各ルータにおいて④隣接するルータとの回線のリンク状態を管理して経路制御を行うルーティングプロトコルを用いた設計を開始した。

**設問1**

（1）本文中の下線①に関して，このネットワークのホスト部がすべて「0」のアドレスと，ホスト部がすべて「1」のアドレスは，それぞれ何といわれるか。

（2）本文中の［　ア　］～［　シ　］に入れる適切な字句を答えよ。

（3）図1で，事務所1のPCに割り当てられるIPアドレスの最大数を答えよ。

（4）本文中の下線②に関して，このタグ情報の目的は何か，経路情報以外の観点で，25字以内で述べよ。

**設問2**　〔冗長化構成の検討〕について，（1）～（3）に答えよ。

（1）広域イーサネット網とインターネットVPNのどちらを主経路として冗長化構成をすべきか。グループウェアサーバの通信に着目して，主経路とその理由を25字以内で述べよ。

（2）本文中の下線③で，事務所の光回線とデータセンタの光回線が同時に利用不可となる場合を少なくするために，光回線の提供事業者を選定する際に考慮すべき対策を30字以内で述べよ。

（3）本文中の下線④について，該当する適切なプロトコル名を答えよ。

## 解答例

| 設問 | | 解答例・解答の要点 | |
|---|---|---|---|
| 設問 1 | (1) | すべて 0 | ネットワークアドレス |
| | | すべて 1 | ブロードキャストアドレス |
| | (2) | ア：IPsec　イ：ESP（Encapsulating Security Payload）<br>ウ：ネットワーク（または第 3）　エ：n(n－1)／2<br>オ：データリンク（または第 2）　カ：n　キ：VLAN<br>ク：IP-VPN　ケ：MPLS　コ：PE（Provider Edge）<br>サ：ラベル　シ：フルメッシュ | |
| | (3) | 252 | |
| | (4) | 利用者ごとのトラフィックを区別するため | |
| 設問 2 | (1) | 主経路 | 広域イーサネット網 |
| | | 理由 | 遅延が少ないから |
| | (2) | 事務所とデータセンタでは異なる回線事業者と契約する。 | |
| | (3) | OSPF | |

## 補足解説

### ■設問1（3）

IPアドレスの範囲は，192.168.0.0～192.168.0.255です。このなかで，両端は利用できないのと，ルータAとL2SW（192.168.0.2）で2つIPアドレスを使用しているので，256－2－2＝252です。

### ■設問2（2）

たとえば地震などによって，光回線事業者の設備がビルごと障害になるリスクが存在します。それを回避するために，異なる回線事業者と契約します。

そこまで心配する必要がありますかね？

企業ごとの考え方次第なのですが，絶対に止められないシステムを提供している場合には，回線事業者を分けることはよくあります。

Chapter 14 Network Specialist WORKBOOK

# 負荷分散装置

この単元で学ぶこと

負荷分散装置／負荷分散装置の仕組み

## 理解を確認する

## 短答式問題にチャレンジ

### 問題

➡ 解答解説は259ページ

## 負荷分散装置

**Q.1**

負荷分散装置（LB）を導入することで，どんな効果が期待できるか。2つ述べよ。

①：

②：

**Q.2**

LBではいくつかの振分け方法（負荷分散アルゴリズム）を持つが，単純に，順番に振り分ける方法を何というか。

**Q.3**

以下の図のように，3台のサーバをLBによって負荷分散をする。LBにはどんな設定が必要か。

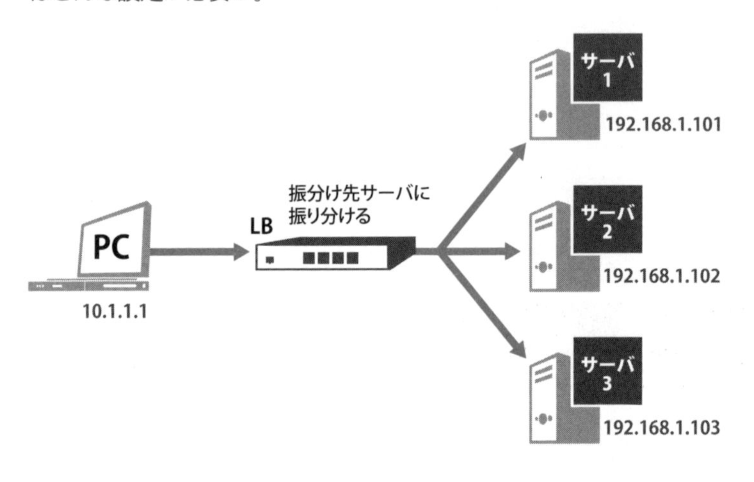


**Q.4**

LBでは，振分け機能以外に，同じアクセス元の2回目以降の通信が1回目と違うサーバに振り分けられては困るので，[　　　　]機能を持つ。

**Q.5**

上記の方法には，リクエスト元のIPアドレスに基づいて行うレイヤ[　ア　]方式や，Webページにアクセスしたユーザに関する情報を保持するCookieに埋め込まれた，[　イ　]IDに基づいて行うレイヤ7方式などがある。

ア：

イ：

## 解答・解説

**A.1　①処理能力の向上**

1台のサーバでは処理できなかったものを，複数のサーバで処理することで，システム全体としての処理能力を高めます。

**②可用性の向上**

複数のサーバとLBを導入することで，仮に1台のサーバに障害が起こっても，システム全体の停止にはならないようにします。

**A.2　ラウンドロビン**

**A.3　LBに仮想IPアドレスを設定し，以下のように，振分け先サーバを設定する。**

| 仮想 IP アドレス | 振分け先のサーバ |
|---|---|
| 10.1.1.254 | 192.168.1.101 |
| | 192.168.1.102 |
| | 192.168.1.103 |

LBの設定ってこれだけですか？

いえ，もう少しあります。たとえば，振分け方式であったり，ポート番号を指定するなどです。ただ，単に振り分けるだけであれば，設定項目はそれほど多くありません。振分け方式に関しては，ラウンドロビンで順番に振り分ける方式や，最もコネクション数が少ないサーバに振り分ける方式などを選べます。

**A.4　セッション維持**

**A.5　ア：3　　イ：セッション**

## ステップ 2 手を動かして考える
# 冗長化の仕組みを整理しよう

さて，これまでの章でも，いくつかの冗長化の仕組みを紹介してきました。ここでは，それらを整理しましょう。

## Q.1 冗長化の仕組みや技術を整理しよう

ネットワークの冗長化の仕組みや技術を，レイヤごとに列挙せよ。

| | レイヤ | 冗長化の仕組みや技術 |
|---|---|---|
| 1 | レイヤ1<br>(物理層) | |
| 2 | レイヤ2<br>(データリンク層) | |
| 3 | レイヤ3<br>(ネットワーク層) | |
| 4 | 上位レイヤ | |

## Q.2 スループット向上に寄与する技術は何か

上記Q.1で整理した技術の中で，冗長化だけでなく，帯域増大などのスループット向上にも寄与するものは何か。

# A.1 以下が代表的な仕組みです。この分類で覚えることが大事ではなく，それぞれの言葉を理解した上で，自分の中で整理することが大事です。こうすることで，バラバラに覚えていた知識が体系立ててわかるようになります。

■冗長化の仕組みや技術

| | レイヤ | 冗長化の仕組みや技術 |
|---|---|---|
| 1 | レイヤ1<br>（物理層） | ・スタック<br>※ RAIDやミラーリング，電源やファンの冗長化は，ネットワークの冗長化の仕組みとはいえないので，ここでは触れていません。 |
| 2 | レイヤ2<br>（データリンク層） | ・STP<br>・リンクアグリゲーション<br>・チーミング |
| 3 | レイヤ3<br>（ネットワーク層） | ・VRRP<br>・ルーティングによる冗長化（OSPF，BGPなど） |
| 4 | レイヤ4以上 | ・負荷分散装置<br>・DNSラウンドロビン<br>※ これ以外にも，FWの独自機能による冗長化などがあります。 |

# A.2 スループットが向上するかは，仕組みではなく設計によるとこもあります。

どういう意味ですか？

たとえば，チーミングはAcive-ActiveもActive-Stanbyもどちらも設定できます。Active-Stanbyの場合はスループットの向上には寄与しません。

考え方としては，2台の機器がActive-Stanbyでないものは，スループット向上に寄与するとします。すると，以下が該当します。

- リンクアグリゲーション
- チーミング（Acive-Activeの場合）
- ルーティングによる冗長化（OSPFでコストを同じにしてロードバランスした場合など）

• 負荷分散装置
• DNSラウンドロビン

スタック接続は，リンクアグリゲーションを併用した場合には，スループット向上に寄与します。

VRRPは，通信を複数のルータ（L3SW）に分散すれば，スループット向上が期待できます。たとえば，以下のように，所属するVLANごとにマスタルータを分ける場合です。ただし，こういう設計をするかは企業の考え方次第です。

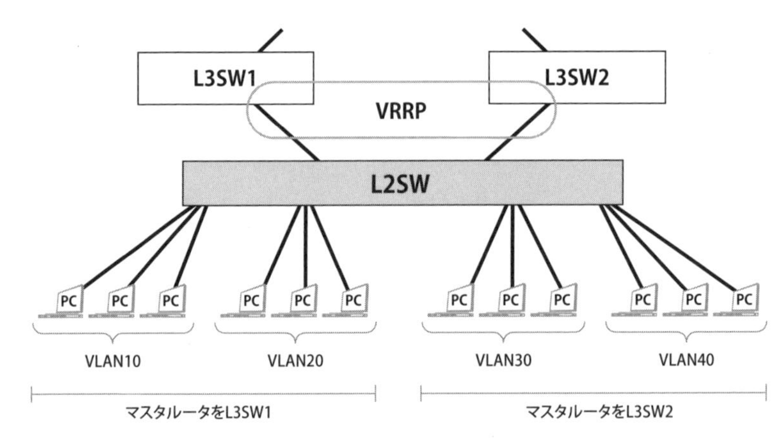


■通信を複数のルータ（L3SW）に分散

# ステップ3 実戦問題を解く
# 過去問をベースにした演習問題にチャレンジ

## 問題

ロードバランサを用いた負荷分散に関する次の記述を読んで，設問1～5に答えよ。
（H24年度秋期 AP試験 午後問5を改題）

C社は企業の健康保険組合向け旅行予約サイトを運営している。利用者は，旅行予約サイトの会員企業にある自席のPC（以下，クライアントという）から所属企業のプロキシサーバ経由でC社の旅行予約サイトにアクセスする。

旅行予約サイトには，アクセス数の増大やシステム障害の発生によってWebページが表示できなくなる時間を，可能な限り短くすることが求められる。C社では，レスポンスタイムの改善と信頼性の向上を目的として，システムを再構築することにした。C社情報システム部門のD君が，システムの再構築を担当することになった。

〔再構築後のネットワーク構成〕

再構築後のシステムでは，レスポンスタイムの改善と信頼性の向上のために，DNSサーバ及びWebサーバの二重化を行う。図1に再構築後のネットワーク構成を示す。

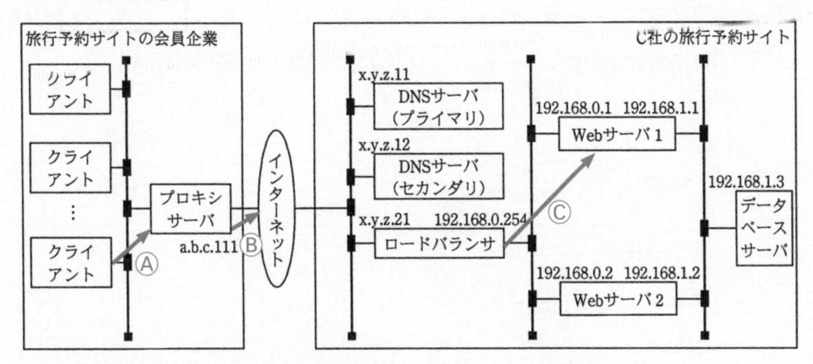


注記 a.b.c.111，x.y.z.11，x.y.z.12，x.y.z.21はグローバルIPアドレスを示す。

**図1 再構築後のネットワーク構成（抜粋）**

クライアントからC社の旅行予約サイトにアクセスできるようにするために，図1中のネットワーク機器及びサーバに次の設定を行う。ロードバランサに振分け先のIPアドレスとして［ a ］と［ b ］を登録し，DNSサーバ（プライマリ）にC社の旅行予約サイトのURLに対応するIPアドレス［ c ］をゾーン情報（DNSサーバに登録されたIPアドレスやホスト名などの情報）の一つとして登録する。また，<u>①クライアントがどちらのDNSサーバにIPアドレスを問い合わせても同一の結果を返せるよう</u>な設定を，［ ア ］DNSサーバに行う。

ロードバランサは一般的に，処理の振分け機能，［ イ ］維持機能，ヘルスチェック機能をもっている。

〔ロードバランサを用いた負荷分散〕

ロードバランサを用いてWebサーバの負荷分散を行う場合，クライアントからの初回のHTTP通信と2回目以降のHTTP通信を同一のWebサーバへ振り分ける必要がある。ロードバランサにはOSI参照モデルのレイヤ3スイッチとして動作するものと，レイヤ［ ウ ］スイッチとして動作するものと，レイヤ［ エ ］スイッチとして動作するものがあり，HTTP通信の振分け方が異なる。D君はこれらの違いについて調査した。

（1）L4スイッチとして動作するロードバランサ

L4スイッチとして動作するロードバランサは，送信されてきたIPパケット内の送信元IPアドレスとポート番号を使って，振分け先のWebサーバを決定する。振分け先の決まったIPパケットは，［ オ ］によるIPアドレス変換が行われ，対象のWebサーバに転送される。プロキシサーバを経由したクライアントとWebサーバの間の通信について，［ カ ］コネクション開始時におけるロードバランサの振る舞いを図2に示す。

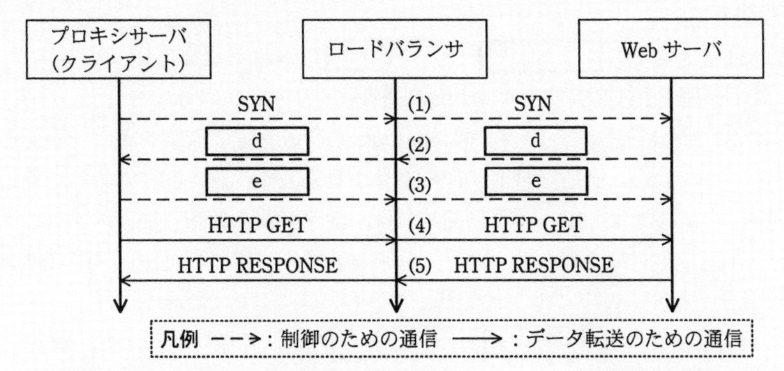


**図2　L4スイッチとして動作するロードバランサの振る舞い（抜粋）**



クライアントからプロキシサーバ経由でC社の旅行予約サイトにアクセスする場合，ロードバランサは，初回のHTTP通信についてはラウンドロビンでWebサーバを決定し，2回目以降のHTTP通信については初回と同じWebサーバに振り分ける。ロードバランサからWebサーバ1に送信されるIPパケットは，送信元IPアドレスがa.b.c.111，宛先IPアドレスが［　f　］となる。

D君は，②L4スイッチとして動作するロードバランサを用いた負荷分散では，大規模な組合からのアクセスが片方のWebサーバに集中し，Webサーバの負荷に偏りが生じるおそれがあると考え，L7スイッチとして動作するロードバランサを使用することにした。

(2) L7スイッチとして動作するロードバランサ

L7スイッチとして動作するロードバランサは，HTTP Header内のクライアント識別情報である［　キ　］やURLを用いて，振分け先のWebサーバを決定する。振分け先が決まったら，ロードバランサがクライアントの代わりにWebサーバにアクセスし，HTMLコンテンツを取得してクライアントへ返信する。このような振る舞いによって，C社のような利用者特性をもつシステムの場合にも，クライアント単位で負荷を分散するので，Webサーバの負荷に偏りが生じることが少ない。

また，Webサーバへの通信がSSLを使ってデータを暗号化している場合，SSLの［　ク　］処理をWebサーバではなく，別途導入する③SSLアクセラレータで行わせる。

**設問1**

(1) 本文中の[ a ]～[ c ]に入れる適切なIPアドレスを，図1中のIPアドレスを用いて答えよ。

(2) 図1において，クライアントPCからWebサーバにアクセスする際のフレーム構造（およびIPパケット構造）を，Ⓐ，Ⓑ，Ⓒのそれぞれで答えよ。IPヘッダに関しては，IPアドレス情報に加え，プロトコルを記載すること。また，ポート番号の記載は不要とし，IPアドレスやMACアドレスの記載がないものは，言葉で記載すればよい。

(3) 本文中の[ ア ]～[ ク ]に入れる字句を答えよ。

**設問2** 本文中の下線①について，DNSサーバ（プライマリ）のゾーン情報が変更になった場合でも，DNSサーバ（プライマリ）とDNSサーバ（セカンダリ）が同一の結果を返せるようにするためには，何をすればよいか。35字以内で述べよ。

**設問3** 本文及び図中の[ d ]～[ f ]について，(1)，(2) に答えよ。

(1) 図2に示した制御のための通信は，TCPのセッション確立のプロトコルである。[ d ]，[ e ]に入れる適切な字句を答えよ。

(2) [ f ]に入れる適切なIPアドレスを，図1中のIPアドレスを用いて答えよ。

**設問4** 本文中の下線②について，大規模な組合からのアクセスが片方のWebサーバに集中し，Webサーバの負荷に偏りが生じるのはなぜか。35字以内で述べよ。

**設問5** 下線③に関して，SSLアクセラレータはどこに設置すべきか。図1中の字句を使って答えよ。また，その理由を，40字以内で述べよ。

## 解答例

| 設問 | | 解答例・解答の要点 | | |
|---|---|---|---|---|
| 設問 1 | (1) | a | 192.168.0.1 | a，b は順不同 |
| | | b | 192.168.0.2 | |
| | | c | x.y.z.21 | |
| | (2) | Ⓐ Ⓑ Ⓒ（下表） | | |

Ⓐ

| 宛先 MAC アドレス | 送信元 MAC アドレス | タイプ | 送信元 IP アドレス | 宛先 IP アドレス | プロトコル | データ |
|---|---|---|---|---|---|---|
| プロキシサーバの MAC アドレス | クライアント PC の MAC アドレス | IPv4 | クライアントの IP アドレス | プロキシサーバの IP アドレス | TCP | 省略 |

Ⓑ

| 宛先 MAC アドレス | 送信元 MAC アドレス | タイプ | 送信元 IP アドレス | 宛先 IP アドレス | プロトコル | データ |
|---|---|---|---|---|---|---|
| インターネットの出口の装置（ルータなど） | プロキシサーバの MAC アドレス | IPv4 | a.b.c.111 | x.y.z.21 | TCP | 省略 |

Ⓒ

| 宛先 MAC アドレス | 送信元 MAC アドレス | タイプ | 送信元 IP アドレス | 宛先 IP アドレス | プロトコル | データ |
|---|---|---|---|---|---|---|
| Web サーバ 1 の MAC アドレス | ロードバランサの MAC アドレス | IPv4 | a.b.c.111 | 192.168.0.1 | TCP | 省略 |

| 設問 | | 解答例・解答の要点 | |
|---|---|---|---|
| 設問 1 | (3) | ア：セカンダリ　イ：セッション　ウ：4　エ：7<br>オ：NAPT（または NAT）　カ：TCP　キ：Cookie　ク：復号 | |
| 設問 2 | | DNS サーバ（プライマリ）からゾーン情報を転送するように設定する。 | |
| 設問 3 | (1) | d | SYN/ACK |
| | | e | ACK |
| | (2) | f | 192.168.0.1 |
| 設問 4 | | プロキシサーバ経由の通信は送信元 IP アドレスが同一となるから | |
| 設問 5 | | 設置箇所 | ロードバランサのインターネット側 |
| | | 理由 | 負荷分散装置への入力前に復号の必要があることを，適切に説明していること<br>（※ H17 年度 SM 試験 午後 I 問 3 の解答例そのまま） |

## 補足解説

**■設問1（1）**

**a，b**：振り分け先なので，利用者が通信するWebサーバのIPアドレスを指定します。

**c**：利用者からの通信は，Webサーバではなくロードバランサ（x.y.z.21）に接続させます。

**■設問1（2）**

Ⓐの通信ですが，プロキシサーバを経由する場合，パケットの宛先IPアドレスはプロキシサーバになります。

**■設問5**

通信が暗号化されている場合，Cookieなどの情報も暗号化されてしまい，負荷分散処理ができません。

Chapter 15　　Network Specialist WORKBOOK

# IPsecとGRE

● この単元で学ぶこと

IPsecの基本用語／カプセル化技術とGRE

1

## 理解を確認する　短答式問題にチャレンジ

## 問題

➡ 解答解説は273ページ

## 1. インターネットVPNとIPsec

**Q.1**

IPsecの目的は暗号化だけではない。暗号化によって盗聴は防げるが，暗号化だけでは，［　ア　］や［　イ　］の脅威を防ぐことはできない。VPNを適切に用いれば，それらの脅威に対処できる。

ア：

イ：

**Q.2**

インターネットVPN（Virtual Private Network）とは，インターネット上に構築する仮想的なネットワークである。専用線や広域イーサネットサービスに比べたインターネットVPNの利点は何か。

**Q.3**

インターネットVPNを実現する技術は，認証と暗号化の機能を持った規格である［　　　］である。

**Q.4**

IPsecには，暗号化と認証の両方の機能を持つ［　ア　］と，認証のみの機能を持つ［　イ　］がある。

ア：

イ：

**Q.5**

ESPヘッダには，TCPやUDPと違って［　　　］番号がない

**Q.6**

IPsecの通信モードには，端末間でIPsec通信を行う［　ア　］モードと，VPN装置間でIPsec通信を行う［　イ　］モードがある。

ア：

イ：

**Q.7**

一般的に企業間の通信で利用されるのは，トンネルモードである。それはなぜか。

**Q.8**

IPsecにおける鍵を交換する鍵交換プロトコルを何というか。

**Q.9**

上記Q.8は，接続相手のVPN装置が固定IPアドレスか動的IPアドレスかによって，2つのモードがある。それぞれ何というか。

①：

②：

**Q.10** Q.9の2つのモードのそれぞれの利点は何か。

①：

②：

**Q.11** IPsec通信の通信手順は，大きく分けて3つのフェーズからなる。順に，IKEフェーズ1，IKEフェーズ2，［　　　］通信の3つである。※IKEv1の場合

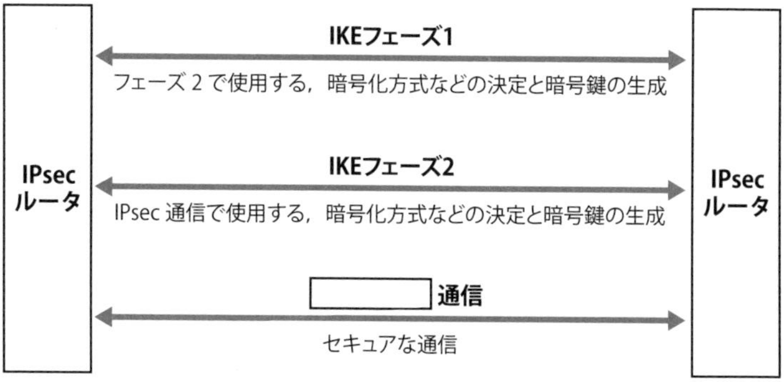

IPsecルータ
IKEフェーズ1
フェーズ2で使用する，暗号化方式などの決定と暗号鍵の生成
IKEフェーズ2
IPsec通信で使用する，暗号化方式などの決定と暗号鍵の生成
［　　　］通信
セキュアな通信
IPsecルータ

**Q.12** SA（Security Association）には生存時間があり，これをライフタイムという。ライフタイムが終了するとSAは消滅するが，SAがないとIPsec通信ができなくなるので再作成する。この処理を何というか。

**Q.13** 上記Q.12のように，一定時間でSAを廃止し，キーを再作成するのはなぜか。

**Q.14**

IPsec通信では，VPNルータの間にNAT（NAPT）を行う装置があると，ポート番号がないために，通信に失敗することがある。そこで，[　　　　]という技術を使い，ESPパケットにUDPヘッダを付与する。

**Q.15**

IPsecトンネルの接続方式には，2つの方式がある。本社などをハブとし，支店をスポークとして接続する構成を[　　　　]といい，すべての拠点でIPsecトンネルを張る構成をフルメッシュという。

**Q.16**

IPsec接続において，上記の方式のメリットは何か。

**Q.17**

動的にIPsecのトンネルを確立するために，NHRP（Next Hop Resolution Protocol）というプロトコルがある。NHRPは，IPsecトンネル確立に必要な対向側[　　　　]情報を，トンネル確立時に動的に得るのに利用される。

# 2. GRE

**Q.1**

IPsecと比べたGREの技術面（または機能面）での違いを述べよ。

**Q.2**

GREでマルチキャストパケットを転送できることによる活用ケースを1つ挙げよ。

**Q.3** ☑☑☑

IPsec上でGREを動作させる技術を何というか。

**Q.4** ☑☑☑

パケットがMTUやMSSで決められたサイズより大きくなると，パケットが複数に分割される。これを何というか。

**Q.5** ☑☑☑

GRE等でヘッダを付与するとMTUサイズが［　　　］バイトを超えてしまう場合がある。そこで，ルータなどでMTUを調整する。



## 解答・解説

# 1. インターネットVPNとIPsec

**A.1** ア：なりすまし　　イ：改ざん（ア，イは順不同）

**A.2** **安価にかつ広帯域（高速）なWANを構築できる。**

インターネット回線は，広域イーサネットに比べて1Gbpsなどの高速な回線を安価に利用できます。

**A.3** **IPsec**（Security Architecture for Internet Protocol）

**A.4** ア：**ESP**（Encapsulating Security Payload）
イ：**AH**（Authentication Header）

**A.5** ポート

**A.6** ア：トランスポート　　イ：トンネル

**A.7** **VPNルータにIPsecの設定をすれば，PCにて個別のIPsecの設定をする必要がないから。**

**A.8** **IKE**（Internet Key Exchange）

**A.9** **①メインモード**

双方とも固定IPアドレスでなければ認証できないモードです。

**②アグレッシブモード**

接続先のIPアドレスを認証情報として利用しないので，動的IPアドレスでも認証が可能です。

「固定IPアドレス」かどうかって，IPsecルータは判断できるんでしたっけ？

いえ，それはできません。ただ，メインモードで設定するときにはIPアドレスを指定する必要があります。動的IPアドレスの場合は，IPアドレスをあらかじめIPsecルータに指定できないので，アグレッシブモードを選択します。（実質的に）設定できません。

**A.10** **①メインモードはIPアドレスを使って通信相手を認証するので，セキュリティが強固である。**

**②固定IPアドレスは費用がかかるので，アグレッシブモードはコスト面で利点がある。**

**A.11** **IPsec**

**A.12** **リキー（ReKey）**

**A.13** **第三者による暗号解読を防ぐため**

暗号解読には一定の時間がかかるので，定期的にキーを変えることで，解読されにくくします。

**A.14** **NATトラバーサル**

**A.15** **ハブアンドスポーク**

**A.16** **・拠点を追加するときの設定が最小限で済む。**

**・拠点側は固定IPアドレスである必要がない。（コストメリットにつながる）**

**A.17** **IPアドレス**

ハブアンドスポークによるIPsec構成の場合，本社さえ固定IPアドレスがあれば，拠点側は動的IPアドレスでも構いません。このとき，拠点間でIPsecのトンネルを構築するには，対応の拠点のIPアドレスが必要になり，NHRPを活用する場合があります。

## 2. GRE

**A.1**
- **GREは通信を暗号化しない。**
- **GREはユニキャストパケットだけでなくマルチキャストパケットも転送できる。**

**A.2　複数拠点間でOSPFのようなルーティングプロトコルを使用するケース**

※OSPFのHELLOパケットはマルチキャストアドレス（224.0.0.5）です。

**A.3　GRE over IPsec**

**GRE over IPsecは，IPsecとGREのそれぞれの特性を生かして，相互に弱点を補っているのでしょうか。**

そうです。具体的には，GREは暗号化ができない，IPsecはマルチキャストを転送できないという弱点があります。その弱点をGRE over IPsecで補います。

**A.4　フラグメント（または，断片化）**

分割されたパケットは，元通りに組み立てる（リアセンブル）処理が発生し，通信速度の悪化につながります。

**A.5　1500**

# ステップ2 手を動かして考える IPsecのパケット構造を書いてみよう

## Q.1 IPsecのパケット構造を書いてみよう

下図に，IPsecでの通信の様子を紹介する。PCから出たパケット（パケット❶）が，VPNルータAで暗号化処理がなされて（パケット❷）VPNルータBに届く。VPNルータBでパケットを復号して（パケット❸）サーバに届ける。

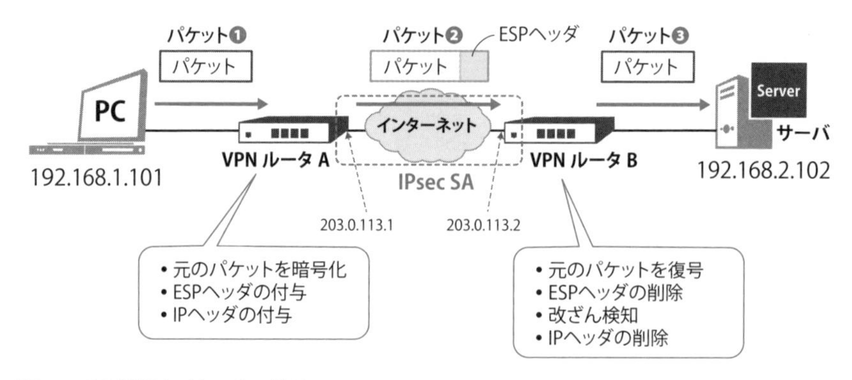


■IPsecでの通信とパケットの様子

上記の図において，PCからサーバにWebアクセスをした場合のパケット❶〜❸のヘッダを記載せよ。TCPのパケットに関しては，ポート番号まで記載すること。そのときの送信元ポート番号は20001とする。

**パケット❶**

パケット❷

パケット❸

# A.1

パケット❶：PCからVPNルータA

| データ | 宛先<br>ポート番号 | 送信元<br>ポート番号 | プロトコル | 宛先<br>IP アドレス | 送信元<br>IP アドレス |
|---|---|---|---|---|---|
| 平文 | 80 | 20001 | TCP | 192.168.2.102 | 192.168.1.101 |

パケット❷：VPNルータAからVPNルータB

| データ | プロトコル | 宛先<br>IP アドレス | 送信元<br>IP アドレス |
|---|---|---|---|
| XXXXXXX　暗号化されたパケット<br>XXXXXXXXXXX | ESP | 203.0.113.2 | 203.0.113.1 |

※厳密にはデータの前にESPヘッダが挿入されますが，ここでは割愛します。

パケット❸：VPNルータBからサーバ

| データ | 宛先<br>ポート番号 | 送信元<br>ポート番号 | プロトコル | 宛先<br>IP アドレス | 送信元<br>IP アドレス |
|---|---|---|---|---|---|
| 平文 | 80 | 20001 | TCP | 192.168.2.102 | 192.168.1.101 |

# Q.2 GRE over IPsecのパケット構造を書いてみよう

以下の構成図を見よ。本社のIPsecルータから出したOSPFのHelloパケットを，大阪支店のIPsecルータに届ける。このために，GREでカプセル化をする。

まず，GREでカプセル化をしたパケットを書き，次に，IPsecで暗号化したパケット構造を書け。

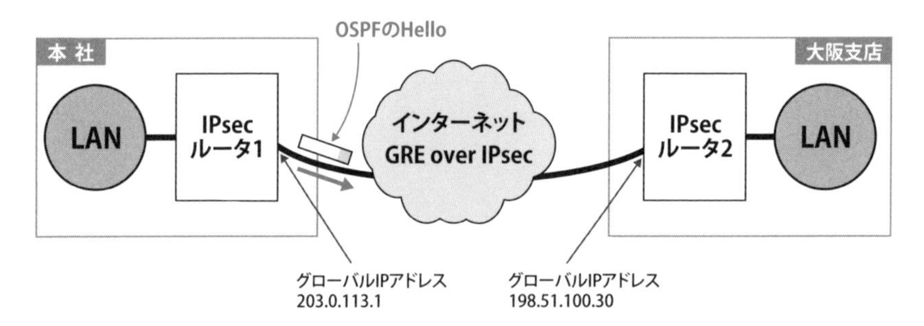


ただし，OSPFのHelloパケットは以下とする。

①OSPFのHello

| データ | 宛先 IP アドレス | 送信元 IP アドレス |
|---|---|---|
| OSPF の Hello | 224.0.0.5 | 203.0.113.1 |

②GREでカプセル化

③IPsecで暗号化

# A.2

まず，GREでのカプセル化に関しては，マルチキャストのパケットをユニキャストにするために，宛先のIPsecルータのIPアドレスをヘッダとした新しいヘッダを付与します。

**②GREでカプセル化**

| データ | 宛先<br>IPアドレス | 送信元<br>IPアドレス | GRE<br>ヘッダ | 宛先<br>IPアドレス | 送信元<br>IPアドレス |
|---|---|---|---|---|---|
| OSPFのHello | 224.0.0.5 | 203.0.113.1 | | 198.51.100.30 | 203.0.113.1 |

**③IPsecで暗号化**

次にIPsecで暗号化します。

IPsecにはトンネルモードとトランスポートモードがありますが，どちらを使いますか？

トランスポートモードです。GREでカプセル化しているので，再度トンネルモードでカプセル化をする必要がないのです。

| データ | 宛先<br>IPアドレス | 送信元<br>IPアドレス | GRE<br>ヘッダ | ESP<br>ヘッダ | 宛先<br>IPアドレス | 送信元<br>IPアドレス |
|---|---|---|---|---|---|---|
| OSPFのHello | 224.0.0.5 | 203.0.113.1 | | | 198.51.100.30 | 203.0.113.1 |

←―― 暗号化 ――→（データ～GREヘッダ）

IPsecによって，ESPヘッダが付与されてデータが暗号化されます。ですが，送信元IPアドレスや宛先IPアドレスなどの情報に変更はありません。

# ステップ3 実戦問題を解く

# 過去問をベースにした演習問題にチャレンジ

## 問題

IPsecに関する次の記述を読んで，設問1～4に答えよ。

（H28年度 NW試験 午後Ⅱ問2を改題）

〔インターネットVPNの構築技術の検討〕

J君はまず，インターネットVPNの構築に広く利用されているIPsecを調査し，その結果を次のとおり整理した。

(1) IPsecルータ

- IPsecで使用される認証方式，暗号化方式，暗号鍵などは，IPsecルータ同士による［ア］のネゴシエーションによって，IPsecルータ間で合意される。この合意は，［イ］と呼ばれる。

(2) IPsecの通信

- IKEバージョン2を使ったIPsecの通信手順は，図1のとおりである。

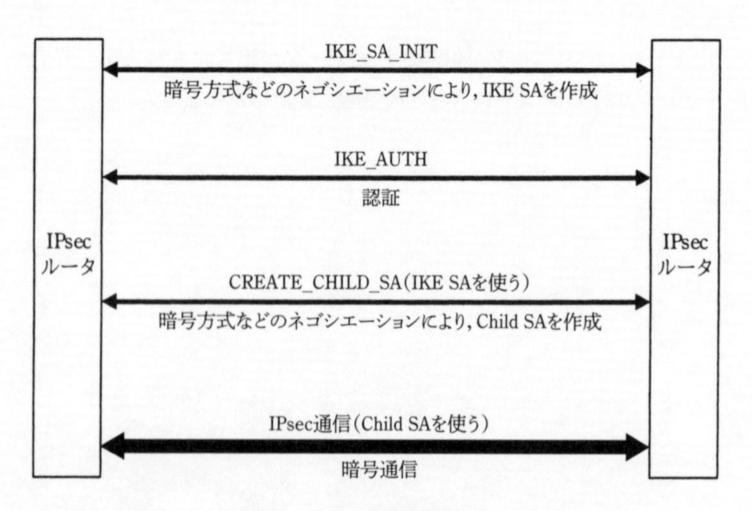


図1　IPsecの通信手順

- IKE_SA_INTでは，IKE SAを確立するために必要な，［ ウ ］化アルゴリズム，疑似ランダム関数，完全性アルゴリズム及びDiffie-Hellmanグループ番号を，ネゴシエーションして決定し，IKE SAを確立する。次に，CREATE_CHILD_SAでは，認証及びChild SAを確立するために必要な情報を，［ エ ］を介してネゴシエーションして決定し，Child SAを確立する。
- トンネリングは，インターネットのような共用ネットワーク上の2点間で，仮想の専用線を構築することである。トンネリングは，あるプロトコルのトラフィックを別のプロトコルでカプセル化することで実現する。
- IPsecでは，［ オ ］キャストのIPパケットをカプセル化して転送する。

調査の結果，(a) Y社で検討中のIPsecルータは，OSPFの通常の設定では，リンクステート情報の交換パケットをカプセル化できないので，J君は，IPsecによってインターネットVPNを構築したとき，OSPFを稼働することができないと考えた。静的経路制御でも広域イーサ網との間で負荷分散を行うことができるが，運用管理を容易にするためにOSPFを稼働させたい。

そこで，J君は，調査結果を基にN主任に相談したところ，“他のトンネリング技術についても調査するように”という指示を受けた。

〔トンネリング技術の調査〕

ネットワーク層のプロトコルをトンネリングするプロトコルには，［ カ ］があり，データリンク層のプロトコルをトンネリングするプロトコルには，L2TP（Layer2 Tunneling Protocol）がある。

J君が調査した結果，OSPFのリンクステート情報の交換パケットをGRE又はL2TPでカプセル化すれば，そのパケットはIPsecでカプセル化できるので，インターネットVPNでOSPFを稼働できることが分かった。

そこで，J君はまず，GREを調査した。

GREは，RFC 1701，RFC 2784で仕様が公開されている。GREは，ネットワーク層のプロトコルのパケットをカプセル化して転送する機能をもつ。GREでは，IPブロードキャストもIP［ キ ］パケットもカプセル化して転送できる。カプセル化とカプセル化の解除は，GREトンネリングを行う両端の機器で行われる。IPパケットがGREでカプセル化されたときのパケット形式を，図2に示す。

| 項目名 | IP<br>ヘッダ1 | GRE<br>ヘッダ | IP<br>ヘッダ2 | TCP/UDP<br>ヘッダ | データ |
|---|---|---|---|---|---|
| バイト数 | 20 | 4 | 20 | 20 | あ |

元のIPパケット（IPヘッダ2～データ）

図2　IPパケットがGREでカプセル化されたときのパケット形式

IPパケットをGREでカプセル化すると，カプセル化された元のパケットの宛先への［ク］情報をインターネットがもたなくても，元のパケットによるエンドツーエンドの通信が可能になる。GRE利用時の通信例を図3に示す。

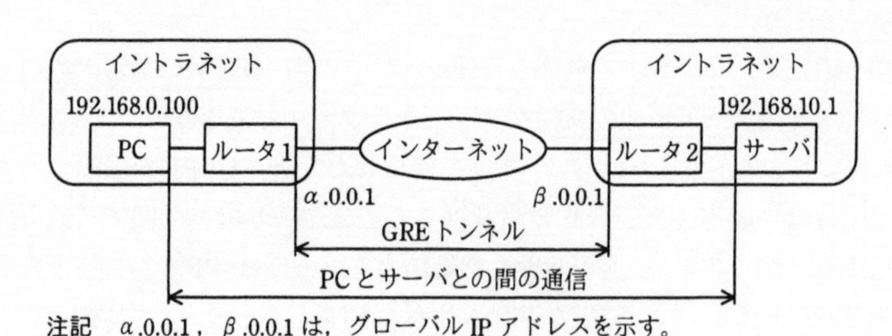


注記　α.0.0.1，β.0.0.1は，グローバルIPアドレスを示す。

図3　GRE利用時の通信例

図2に示したカプセル化によって，図3中の，GREトンネルインタフェースのMTUは，イーサネットインタフェースのMTUよりも24バイト小さくなる。このとき，図3中のPC及びサーバのイーサネットインタフェースのMTUサイズを適切な値に変更することによって，パケットの［ケ］を防げる。

J君は，GREを利用することにして，GRE over IPsecを稼働させる方法について検討した。

〔GRE over IPsecの稼働方法の検討〕

インターネットVPNではデータの暗号化が必要になるので，ESPを利用する。(b) 通信モードは，トランスポートモードを選択する。そのときの，GRE over IPsecのパケット形式を図4に示す。

元のパケットの構成

| 項目名 | IP<br>ヘッダ | TCP/UDP<br>ヘッダ | データ |
|---|---|---|---|

カプセル化されたパケットの構成

| 項目名 | IP<br>ヘッダ1 | ESP<br>ヘッダ | GRE<br>ヘッダ | IP<br>ヘッダ2 | TCP/UDP<br>ヘッダ | データ | ESP<br>トレーラ | ESP<br>認証データ |
|---|---|---|---|---|---|---|---|---|
| バイト数 | 20 | 8 | 4 | 20 | 20 | 可変 | 不定 | 不定 |

図4 GRE over IPsecのパケット形式

**設問1** 本文中の［ ア ］～［ ケ ］に入れる適切な字句又は数値を答えよ。

**設問2** 本文中の下線（a）について，カプセル化できない理由を，“OSPF”及び“リンクステート情報”という字句を用いて，40字以内で述べよ。

**設問3** 〔トンネリング技術の調査〕について，（1）～（2）に答えよ。

（1）図2中の［ あ ］に入れる最大バイト数を答えよ。ここで，ジャンボフレームは使用されないものとする。

（2）図3中のPCからサーバへの通信における，図2中のIPヘッダ1とIPヘッダ2の送信元IPアドレス及び宛先IPアドレスを，図3中の字句を用いて，それぞれ答えよ。

**設問4** 〔GRE over IPsecの稼働方法の検討〕について，（1）～（2）に答えよ。

（1）本文中の下線（b）については，トンネルモードで行う必要がない。その理由を，トンネリングに着目して，20字以内で述べよ。

（2）図4において，暗号化される項目名を全て答えよ。

## 解答例

<table>
<tr><th colspan="2">設問</th><th colspan="3">解答例・解答の要点</th></tr>
<tr><td colspan="2">設問 1</td><td colspan="3">ア：IKE（Internet Key Exchange）　イ：SA（Security Association）<br>ウ：暗号　エ：IKE SA　オ：ユニ<br>カ：GRE（Generic Routing Encapsulation）　キ：マルチキャスト<br>ク：経路　ケ：断片化（フラグメント）</td></tr>
<tr><td colspan="2">設問 2</td><td colspan="3">OSPF のリンクステート情報交換は，IP マルチキャスト通信で行われるから</td></tr>
<tr><td rowspan="5">設問 3</td><td>（1）</td><td colspan="3">あ：1,436</td></tr>
<tr><td rowspan="4">（2）</td><td rowspan="2">IP ヘッダ 1</td><td>送信元 IP アドレス</td><td>α.0.0.1</td></tr>
<tr><td>宛先 IP アドレス</td><td>β.0.0.1</td></tr>
<tr><td rowspan="2">IP ヘッダ 2</td><td>送信元 IP アドレス</td><td>192.168.0.100</td></tr>
<tr><td>宛先 IP アドレス</td><td>192.168.10.1</td></tr>
<tr><td rowspan="2">設問 4</td><td>（1）</td><td colspan="3">GRE でトンネリングが行われるから</td></tr>
<tr><td>（2）</td><td colspan="3">GRE ヘッダ，IP ヘッダ 2，TCP/UDP ヘッダ，データ，ESP トレーラ</td></tr>
</table>

## 補足解説

### ■設問3（1）

IPパケットの最大長はMTUで表され，イーサネットの場合1,500バイトです。

データ部の長さは，1500－20－4－20－20＝1436 です。

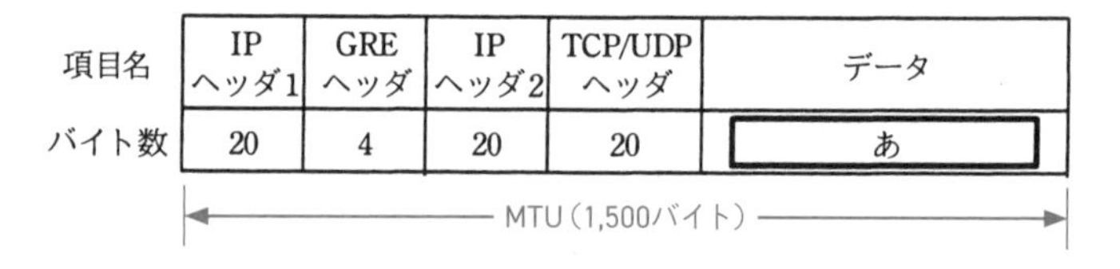


### ■設問3（2）

IPヘッダ2は，図2を見ると「元のIPパケット」とあります。PCから送信されたパケットと見ることができるので，宛先IPアドレスは192.168.10.1です。

### ■設問4（1）

トランスポートモードは，IPパケットの暗号化だけを行い，トンネリングは行いません。トンネルモードは，IPパケットのトンネリングと暗号化の両方を行います。

### ■設問4（2）

参考までに，ESPトレーラとは，パケットのサイズを調整するための詰め物のデータです。

最後の「ESP認証データ」を含めるか悩みました。

ESP認証データはオプションで，ICV（Integrity Check Value）と呼ばれます。文字どおり，完全性（Integrity）をチェック（Check）する値（Value）です。具体的には，暗号化が終わったデータ（GREヘッダからESPトレーラまでの範囲）に対して，改ざんが行われていないかを算出するチェック用のデータです。

受信側では，この認証アルゴリズムを使ってESP認証データ（チェック用のデータ）を計算し，受信したESP認証データと一致するか照合します。なので，この部分を暗号化してしまっては，チェックができません。

# SDN

この単元で学ぶこと

SDNとその仕組み

# ステップ1 理解を確認する 短答式問題にチャレンジ

## 問題

➡ 解答解説は288ページ

## SDN

**Q.1**

SDN（Software Defined Network）の代表的な技術がOpenFlowである。従来のネットワーク機器は，「①管理・制御機能」と「②データ転送機能」の両方を1台で実現していた。OpenFlowでは，両者を分離し，［ア］が「①管理・制御機能」，［イ］が「②データ転送機能」を持つ。

ア：

イ：

**Q.2**

OFSは，起動するとOFCとの間で［　　］コネクションを確立する。これによって，OFCはOFSの存在を知る。

**Q.3**

OFCからフローテーブルの作成や更新が行われ，OFSに通信メッセージが送られる。よって，OFSの導入時には，［ア］と，［イ］

さえ設定すればいいので，導入作業はとても容易である。

※VLANやSTP，ポートのSpeedやDuplexなど，ネットワークの各種設定をする必要はない。

| ア： |
|---|
| イ： |

**Q.4**

OFSとOFCは，管理のための専用ネットワークを介して，通信メッセージを交換する。このとき，Packet-Inによる問い合わせ結果として，OFCがOFSにパケットの送信指示を出すメッセージを何というか。

**Q.5**

管理テーブルは，どのようなときにどう動作するかのルール（エントリ）が記載されたものである。管理テーブルのエントリは，パケット識別子（MF：Match Field）とパケットの処理（Action）からなる。パケット識別子となる情報の例を示せ。

**Q.6**

下図では，OFSにPC1とPC2が接続されている。OFSの管理テーブルには，パケット識別子（MF）としてMACアドレスの条件と，パケットの［　　］（Action）として転送するポートが登録されている。

※Output（p1）とは，ポート1に出力（Output）するという意味。

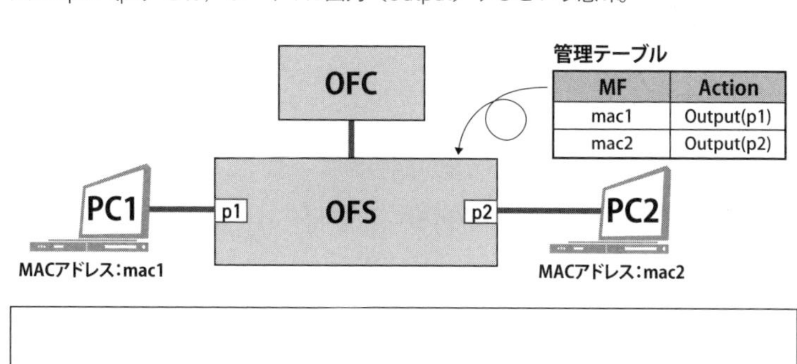

## 解答・解説

# SDN

**A.1** ア：OFC（OpenFlowコントローラ）　　イ：OFS（OpenFlowスイッチ）

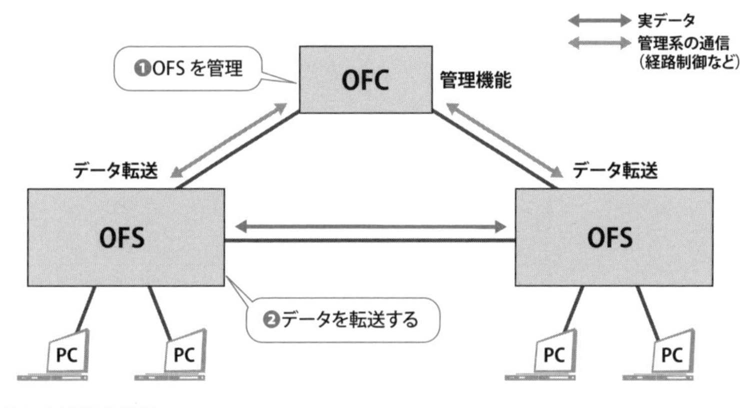


OFCとOFSの役割

**A.2** TCP

**A.3** ア：自分のIPアドレス　　イ：OFCのIPアドレス

**A.4** Packet-Out

**A.5** IPアドレス，MACアドレス，ポート番号など

**A.6** 処理

SDNに関しては，覚えることはそれほど多くありませんね。

はい，そうです。過去に何度か問われていますが，SDNに必要な知識は多くありません。試験では，SDNの知識だけではなく，その他のネットワークの知識も含めて総合的に問われます。

# ステップ 2 手を動かして考える
# SDNの動きを考えてみよう

以下の図を見てください。OFCとOFSでネットワークが構成されています。PC1が192.168.0.2の端末と通信する場合に，「192.168.0.2のIPアドレスは誰ですか？」というARP要求を送信したとします。この図をもとに、OFSの具体的な動作を考えましょう。



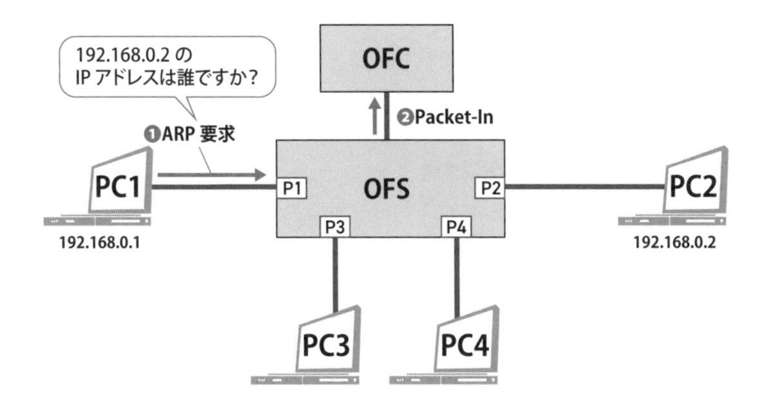


このときの動作は以下のとおりです。

**❶ARP要求の受信**

PC1からのARP要求がOFSに届きます。

**❷Packet-InメッセージをOFCに送信**

管理テーブル内に動作方法（エントリといいます）があった場合，OFSは当該エントリに記述されたActionの動作を行います。一方，エントリがなかった場合には，OFSはPacket-InメッセージをOFCに送信し，PC1からのパケットをP1ポートから受信したことを通知します。そして，OFCにそのパケットの処理方法を問い合わせます。

## Q. このあとの通信の流れを具体的に記載せよ。

## A. 以下が解答例です。

**❸Packet-OutメッセージをOFSに送信**

OFSからARP要求はブロードキャストパケットなので，同一ネットワーク上のすべてのポートにARP要求を出力する必要があります。OFCは，ポートとVLANの対応情報を持っていますので，その情報をもとにOFSに対して指示を出します。今回の場合，P2，P3，P4にARP要求を出力するように指示をします。

**❹ARP要求の送信**

OFSからARP要求のフレームがPC2～PC4に送信されます。

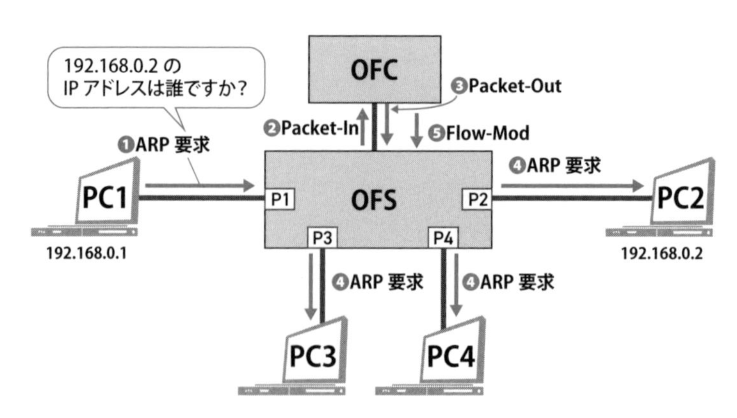


■ARP要求を受け取ったときの動作

### ❺Flow-ModメッセージをOFSに送信し，管理テーブルを更新

P1に届いたパケットの送信元MACアドレスは，PC1のものだということがOFCに伝わりました。この情報から，OFCはP1ポートとPC1のMACアドレス情報との対応を把握できます。そこで，OFCはFlow-ModメッセージをOFSに送信し，管理テーブルに書き込みます。具体的には，「PC1のMACアドレス宛のパケットを受け取ったらP1ポートから出力しなさい」というルールです。

なるほど。
管理テーブルに記憶しておけば，毎回OFCに問い合わせしなくてすみますね。

そうです。これは，通常のスイッチングHUBにおけるMACアドレスの学習と同じです。

# ステップ3 実戦問題を解く

# 過去問をベースにした演習問題にチャレンジ

## 問題

SDNに関する次の記述を読んで，設問1，2に答えよ。

（H29年度 NW試験 午後Ⅱ問1を改題）

〔新工場LANに適用するSDN技術の調査〕

ベンダから提案があったSDN技術について，D君は次のように整理した。

- 従来のスイッチ機能を，経路制御などの管理機能を実行するフローコントローラ（以下，アルファベット3文字で［ ア ］という）と，データ転送を行うスイッチ（以下，［ イ ］という）に分け，［ イ ］に入るパケットの経路制御を［ ア ］が集中制御する方式を採用する。
- OFSとOFCは，管理のための専用NW（以下，管理NWという）を介して，通信メッセージを交換する。OFCとOFS間の通信メッセージを表1に示す。

表1 OFCとOFS間の通信メッセージ（抜粋）

| 通信メッセージ名 | 通信の方向 | 用途 |
|---|---|---|
| Packet-In | OFS→OFC | 入力パケットと入力ポートIDを，OFCに通知する。 |
| Packet-Out | ［ ウ ］ | 出力パケットと出力ポートIDを送り，OFSに出力させる。 |
| Flow-Mod | ［ エ ］ | 変更情報を送り，OFSの管理テーブルを変更させる。 |

管理テーブルはOFSにあり，どのようなパケットが届いたらどのように処理するというエントリが複数登録されている。

- OFSは，IPアドレス，MACアドレスなどのパケット識別子（Match Field，以下，MFという）を使ったパケット識別条件と，識別されたパケットの処理（以下，Actionという）の組合せ（以下，エントリという）を，［ オ ］内の管理テーブルで管理する。
- OFSは，入力パケットに対して，管理テーブル内のパケット識別条件が一致する［　カ　］を探し，その［　カ　］のActionを実行する。一致する［　カ　］がない場合は，事前の設定に従い，入力パケットを破棄するか，Packet-Inメッセージを使ってOFCに入力パケットを転送する。今回の提案では，OFCへの通信集中を避けるために，入力パケットを破棄させる設定を全OFSに対して行う。

- MFとActionの例を表2に示す。

表2　MFとActionの例

MFの例

| レイヤ | MF名 | 説明 |
|---|---|---|
| L1 | IN_PORT | 入力ポートID |
| L2 | ETH_DST | 宛先MACアドレス |
| | ETH_SRC | 送信元MACアドレス |
| | ETH_TYPE | イーサネットタイプ |
| | VLAN_VID | VLAN ID |
| L3 | IPV4_SRC | 送信元IPアドレス |
| | IPV4_DST | 宛先IPアドレス |

Actionの例

| Action名 | 説明 |
|---|---|
| Output(　) | (　)内に指定された次に示すパラメータに従い，パケットを出力する。<br>・ポートID：指定ポートに出力する。<br>・controller：Packet-Inメッセージを使いOFCに転送する。 |
| Drop | パケットを破棄する。 |
| Set-Field | パケットのヘッダの一部を書き換える。<br>・表記例：Set-Field ETH_DST=m1<br>（宛先MACアドレスをm1に書き換える場合） |
| Push-VLAN | パケットにVLANヘッダを付加する。 |
| Pop-VLAN | パケットのVLANヘッダを削除する。 |

ベンダの提案では，8台のOFSを導入する。ベンダから提案があった新工場LANの物理構成案を，図1に示す。

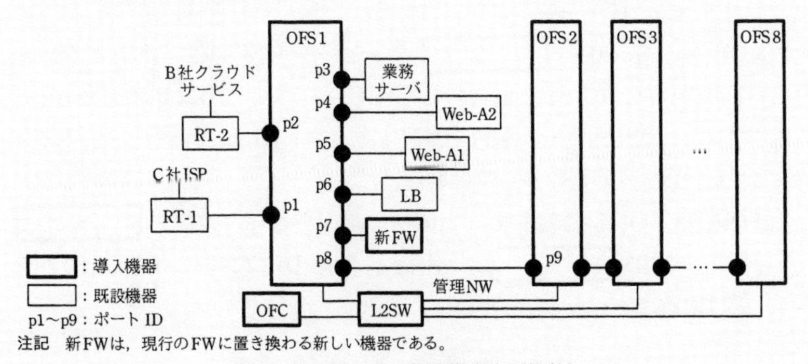


注記　新FWは，現行のFWに置き換わる新しい機器である。

図1　新工場LANの物理構成案（抜粋）

OFS同士の接続情報をOFCが収集する通信シーケンスについて，D君はベンダから説明を受けた。例えば，図1中のOFCが，OFS1とOFS2の接続情報（図1の場合，OFS1のp8とOFS2のp9が接続されている情報）を得る場合のOFS接続情報収集の通信シーケンス例は，図2のようになる。

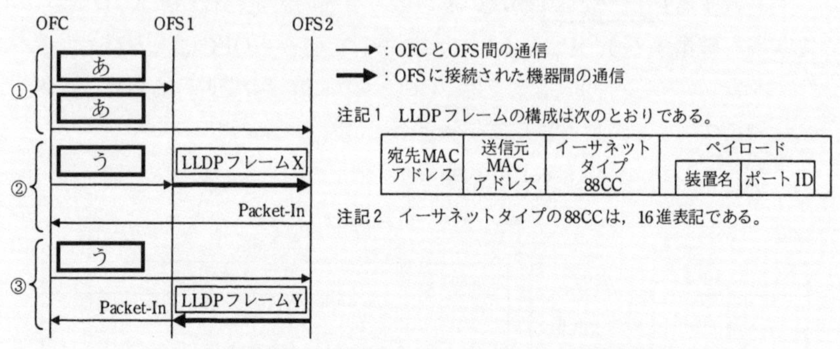


図2　OFS接続情報収集の通信シーケンス例

OFS接続情報の収集では，IEEE 802.1ABで規定されているLLDP（Link Layer Discovery Protocol）の仕組みを流用する。LLDPとは，隣接する機器（直接接続された機器）に対して，自身の情報（装置名やポート番号）を通知するプロトコルである。

図2中のOFCは，固有の［　キ　］の値88CCをもつLLDPフレームを使って，次のように，LLDPフレームXとLLDPフレームYの内容からOFS1のp8とOFS2のp9の接続情報を得ている（以下の①～③は，図2中の①～③と対応している）

①OFCは，表1中の［　あ　］メッセージを使って，ETH_TYPEが88CCに等しいときのActionとして，Output（［　い　］）を，OFS内の管理テーブルに登録させる。

②OFCは，表1中の［　う　］メッセージを使って，OFS1の全ポートについて，OFS1の装置名とそれぞれのポートIDを格納したLLDPフレームを出力させ，装置名OFS1とポートID p8が格納されたLLDPフレームXをOFS2から受け取る。

③OFCは，OFS2に対して②と同様の操作を行い，装置名［　え　］とポートID［　お　］が格納されたLLDPフレームYをOFS1から受け取る。

**設問1**　本文中の［　ア　］～［　キ　］に入れる適切な字句を答えよ。

**設問2**　本文中の［　あ　］～［　お　］に入れる適切な字句を答えよ。

## 解答例

| 設問 | 解答 |
|---|---|
| 設問 1 | ア：OFC　イ：OFS　ウ：OFC → OFS　エ：OFC → OFS　オ：OFS<br>カ：エントリ　キ：イーサネットタイプ |
| 設問 2 | あ：Flow-Mod　い：controller　う：Packet-Out　え：OFS2　お：p9 |

## 補足解説

### ■設問2

**あ**：OFCからOFSに送る通信メッセージ名が問われています。ヒントは「OFS内の管理テーブルに登録させる」の部分です。これに該当するのは表1のFlow-Modです。Flow-Modは「OFSの管理テーブルを変更させる」とあるからです。また，通信の方向が［ウ：OFC→OFS］である点も合致しています。［あ］は，Flow-Modです。これにより，LLDPを受け取ったOFSに対して，接続情報をOFCに送信させます。

**い**：ETH_TYPEが88CCのフレーム，つまりLLDPのフレームを受信したときに，どのポートに出力するかが問われています。表2のAction名「Output(　)」の説明を見ると，Output(　)の中に入るのは，指定ポートに出力する場合の「ポートID」か，OFCに転送する場合の「controller」のどちらかです。さて，どちらでしょう。

LLDPによる接続情報を知りたいのはOFCですよね。

そうです。LLDPのフレームを受信したら，OFCに転送します。よって，表2の説明に従い，［い］は「controller」です。

**う**：②では，OFCがOFS1に「LLDPフレームXを出力させ」ます。パケットを出力させるための通信メッセージ名は，表1より「Packet-Out」です。よって，［う］は「Packet-Out」です。

**え，お**：③では，OFS2からOFS1へLLDPフレームYを送ります。LLDPを送信するのはOFS2なので，［え］の装置名は「OFS2」です。OFS1につながっているのは図1よりOFS2のp9なので，［お］のポートIDは「p9」です。

Chapter 17 Network Specialist WORKBOOK

# セキュリティ

この単元で学ぶこと

標的型攻撃／認証／SSL/TLS／SSL-VPN

## 理解を確認する 短答式問題にチャレンジ

### 問題

➡ 解答解説は300ページ

## 1. 標的型攻撃

**Q.1**

標的型攻撃では，攻撃者はマルウェアを送り込み，侵入したマルウェアが，攻撃者が管理・運営する［　　　］サーバを経由して命令を送る。

**Q.2**

FWで外部からの通信をすべて拒否しているのに，なぜ標的型攻撃を仕掛けた攻撃者はマルウェアを送り込んだPCを外部から遠隔操作できるのか。

**Q.3**

攻撃者はC＆CサーバのIPアドレスがファイアウォールで拒否されないように，Fast Fluxという手法を用いることがある。これは，特定ドメイン（FQDN）に対するIPアドレスを短時間に変化させる手法である。この手法を用いると，そのFQDNに対する［ア］レコードとして，大量のボットの［イ］が設定されている。

ア：

イ：

**Q.4** ☑☑☑

マルウェアがC＆Cサーバと通信しないようにするためには，プロキシサーバの導入が有効である。その場合，ファイアウォールはどのような設定をするべきか。

**Q.5** ☑☑☑

上記Q.4の設定をしたとしても，プロキシサーバの設定を調査して，プロキシサーバ経由で通信をできるようにするマルウェアも存在する。プロキシサーバでどのようなセキュリティ対策を実施するといいか。

## 2. 認証

**Q.1** ☑☑☑

チャレンジ・レスポンス認証は，ネットワークを介してパスワードを安全に送信する仕組みである。しかし，だからといって，「レスポンス」は第三者に盗聴される危険がある。なぜパスワードが簡単に盗聴されるのに，安全といえるのか。

**Q.2** ☑☑☑

運転免許証は，本人に運転技能があること証明する。卒業証明書は，本人が卒業したことを証明する。では，ディジタル証明書では，本人の何を証明するのか。

**Q.3**

証明書には，誰の公開鍵を証明するかによって，次の3つがある。［①］～［③］を答えよ。

| 証明書の種類 | 備考 |
|---|---|
| ［①］ | 認証局（CA）の公開鍵を証明する証明書 |
| ［②］ | サーバの公開鍵を証明する証明書 |
| ［③］ | クライアント（PC）の公開鍵を証明する証明書 |

①：

②：

③：

**Q.4**

クライアント証明書をPCに配布する際に，PC側で必要な情報は何か。

# 3. SSL/TLS

**Q.1**

SSL（Secure Socket Layer）/TLS（Transport Layer Security）は，データを暗号化したり認証したりしてセキュアな通信路を確保するプロトコルで，その代表例は，ポート［　　］番を使うhttps（HTTP over SSL/TLS）である。

**Q.2**

SSLは，単に通信を暗号化する他，サーバを認証するサーバ認証とクライアントを認証するクライアント認証，メッセージ認証コード（MAC：Message Authentication Code）をメッセージに埋め込むことで，［　　］検知ができる。

**Q.3**

SSLの通信シーケンスとして，まず，クライアントからサーバに対して，利用可能な暗号化アルゴリズムの一覧を伝える［ア］を送信し，受け取ったサーバは，クライアントに対して使用するアルゴリズムを通知する［ イ ］を送信する。

ア：

イ：

## 4. SSL-VPN

**Q.1** ☑☑☑

IPsecがESPというプロトコルを使ってレイヤ［ ア ］で通信するのに対し，SSL-VPNはTCPのポート番号443番（HTTPS）を使って，レイヤ［ イ ］で通信する。

ア：

イ：

**Q.2** ☑☑☑

SSL-VPNの方式には，［ ア ］，ポートフォワーディング，［ イ ］の3つがある。

ア：

イ：

**Q.3** ☑☑☑

上記Q.2の方式の1つでは，PCに専用のソフトウェアをインストールし，PCとSSL-VPN装置間でSSLのトンネルを作成する。レイヤ2レベルの通信が行えるので，まるで同一LAN内にいるかのような通信が行える。PCには，仮想の［　　］が払い出される。

**Q.4** ☑☑☑

Webサーバの［　　］を防ぐ目的で，リバースプロキシサーバ（SSL-VPN装置）をWebサーバの前段に設置することもある。

17 セキュリティ

**Q.5** ☑☑☑

上記Q.4の他にWebサーバの前段にリバースプロキシサーバが設置される目的として考えられるものは何か。なお，Webサーバが複数台設置され，多数のアクセスがある環境とする。

## 解答・解説

# 1. 標的型攻撃

**A.1　C & C**

Command & Control，つまり，コマンド（指示）を送り，コントロール（制御）するという意味です。

**A.2　FWでは内部から外部の通信は許可されている。マルウェアからC & Cサーバに接続させ，その応答パケットで命令を送る。だから，FWがあっても外部から操作できる。**

応答パケットでOSを操作したりできるのですか？

直接的には無理です。PCに潜むマルウェアに対して，応答パケットで指示を送ります。実際にOSを操作したりするのはマルウェアです。

**A.3　ア：A　　　イ：IPアドレス**

**A.4　内部LANからインターネットへの通信は，プロキシサーバ経由からのみを許可する。**

プロキシサーバの設定を知らないマルウェアはC & Cサーバに接続できなくなります。

**A.5　プロキシサーバで，認証設定を行う。**

ID/PWを知らないマルウェアが通信できなくなります。

## 2. 認証

**A.1** 利用者は毎回異なるパスワード（レスポンス）をサーバに送ることになるから。

ワンタイムパスワードと同様と考えてもいいのでしょうか。

はい。仮にパスワード情報が漏れたとしても，そのパスワードは1回しか使わないので，漏れても問題ありません。

**A.2** 公開鍵（が本人のものであること）

**A.3** ①：ルート証明書　②：サーバ証明書　③：クライアント証明書

**A.4** クライアントの秘密鍵

（クライアント証明書に含まれている）公開鍵に対応する秘密鍵が必要です。秘密鍵がなければ，データの暗号化などができません。



## 3. SSL/TLS

**A.1** 443

**A.2** 改ざん

**A.3** ア：Client Hello　イ：Server Hello

## 4. SSL-VPN

**A.1** ア：3　イ：4

**A.2** ア：リバースプロキシ　イ：L2フォワーディング（※ア，イは順不同）

L2フォワーディングという用語は，メーカや製品によって異なります。ただ，情報処理技術者試験ではこの用語で覚えましょう。

**A.3** IPアドレス

**A.4** 改ざん

なぜ改ざんを防ぐことができるのでしょうか。

以下のように，利用者や攻撃者からのWebサーバへの通信は，リバースプロキシサーバが応答し，キャッシュを表示します。攻撃者は，（基本的には）オリジナルのコンテンツを持つWebサーバには通信できないので，改ざんなどを行うことができません。

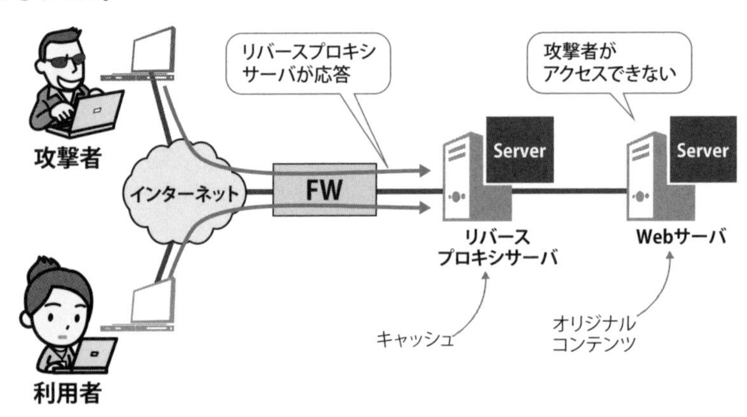


▌リバースプロキシサーバ

### A.5　Webサイトへのアクセスの負荷分散，Webサイトの表示速度の向上

リバースプロキシから複数のWebサーバへの振り分けをしたり，データのキャッシングや圧縮により，高速化やスループット向上が期待できます。

# 手を動かして考える SSL/TLSの通信を見てみよう

Webサーバに HTTPで通信をする場合と，HTTPS（SSLやTLS）で通信する場合では，パケットシーケンスが複雑になります。

具体的なSSLの通信シーケンスを紹介します。まず，クライアントからサーバに対して，利用可能な暗号化アルゴリズムの一覧を伝えるClient Helloを送信します（下図❶）。それを受け取ったサーバは，クライアントに対して使用するアルゴリズムを通知するServer Helloを送信します（❷）。



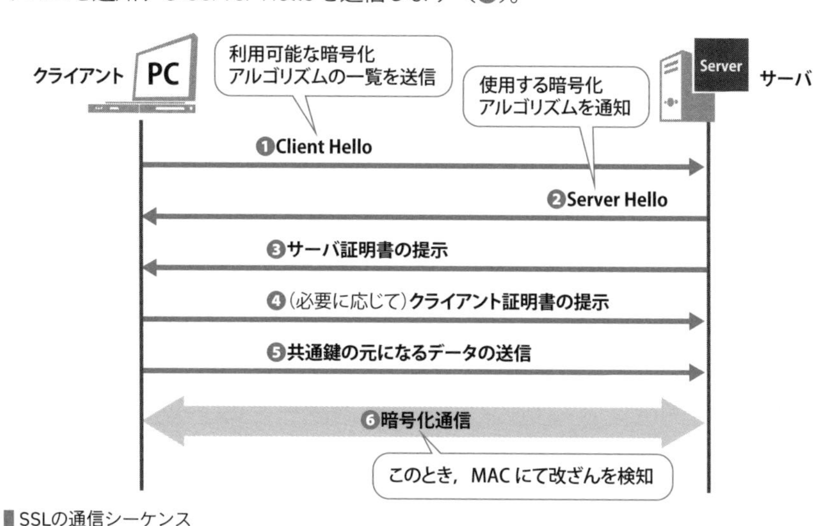


■SSLの通信シーケンス

それぞれ意味があるんですよね？

もちろんです。まず，「❻暗号化通信」によって，第三者からの盗聴を防ぎます。また，「❸サーバ証明書の提示」「❹クライアント証明書の提示」にて，第三者によるなりすましを防ぎます。

## Q. HTTPSの通信を確認しよう

HTTPSの通信を，たとえばIPAのサイト（https://www.ipa.go.jp/）に接続して，Wiresharkで確認せよ。

## A.

過去のネスペ試験では，SSLの通信シーケンスであったり，Client Helloという用語，TLSのバージョンなどが問われました。過去問の内容を一度でも見ておくことで理解が深まり，記憶の定着にもなります。

詳細なところは情報処理安全確保支援士の試験の範囲になるので，試験で問われたところだけを見ておきましょう。

では，Wiresharkを起動し，ブラウザでIPAのサイト（https://www.ipa.go.jp/）に接続しましょう。以下は，そのときのパケットのキャプチャです。

（IPAのサイトに限定するために，ip.addr==192.218.88.180 というフィルタを設定）

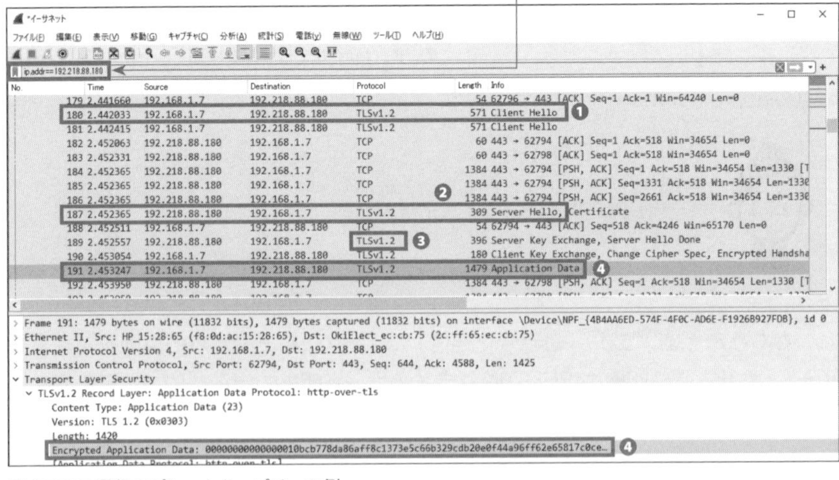


■HTTPSの通信のパケットキャプチャの例

内容を解説します。

### ❶Client Hello

先ページのシーケンス図と同じですね。

はい，クライアント（192.168.1.7）からWebサーバ（192.218.88.180）に対して，Client Helloを送信しています。

### ❷Server Hello

こちらも，Server Helloというパケットが確認できます。

### ❸TLSのバージョン

TLSのバージョン1.2を使っていることがわかります。

### ❹暗号化通信

下の❹に「Encrypted（暗号化された）」とあるように，データが暗号化されています。

# ステップ3 実戦問題を解く
# 過去問をベースにした演習問題にチャレンジ

## 問題

リモート接続の見直しに関する次の記述を読んで，設問1～4に答えよ。

（H18年度NW試験 午後Ⅰ問3を改題）

Y社は，東京に本社があり，全国に4か所の営業所をもつ，社員数300名の情報機器販売会社である。働き方改革およびコロナウイルスの影響もあり，120名の営業員に，リモートワークの環境を提供する。具体的には，社外からモバイルPCを使って，本社のファイアウォール（以下，FWという）の内側に設置されたSSL-VPN装置に接続する。図1に，Y社ネットワークの構成を示す。

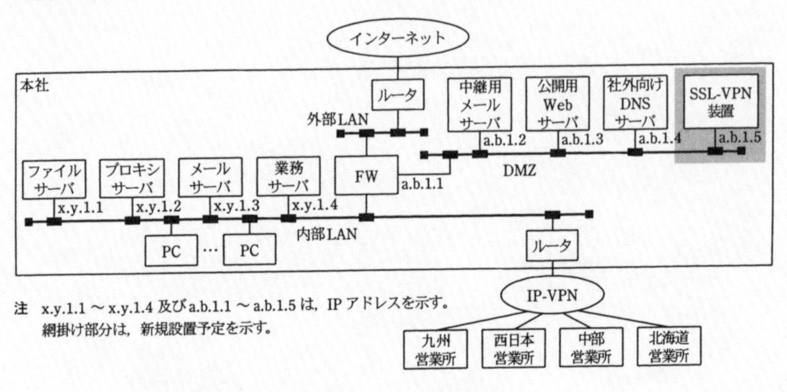


**図1　Y社ネットワークの構成**

〔リモート接続方式の検討〕

情報システム部のF君は，SSLによってVPNを構成するSSL-VPN装置について調査した。

SSL（Secure Sockets Layer）は，ネットスケープコミュニケーションズ社が開発したプロトコルである。それをRFCとして標準化するとともに，機能を付加したものが［　a　］である。これには，情報を［　b　］

する機能，情報の改ざんを[ c ]する機能，及び通信相手を[ d ]する機能がある。SSLおよびTLSでは，十分な安全性を確保できないとされるハッシュアルゴリズムであるMD5又は[ e ]を使用しないで済むように，TLSプロトコルのバージョン1.2以上を利用する。

初期のSSL-VPN装置は，SSLのサーバ機能と，[ f ]プロキシ機能だけで構成されていたこともあって，Webブラウザ（以下，ブラウザという）を使用するアプリケーションしか利用できなかった。改善策として，①SSLのクライアントとなる，ローカルプロキシ機能をもつJavaアプレットを，モバイルPCで動作させる方式が考案されてた。この方式によって，SSLに未対応の多くのアプリケーションを，プログラムの変更なしにSSLに対応させられるようになった。Javaアプレットは，アプリケーションが使用するTCPのポート番号が含まれたパケットを待ち受け，これを受け取るとSSL-VPN装置との間でSSLを利用した通信（以下，SSL通信という）を行う。SSL-VPN装置は，モバイルPCから受信したパケットを，ポート番号に対応付けられたサーバ宛てに転送することで，モバイルPCとサーバ間の通信を可能にする。この転送は，[ g ]フォワードと呼ばれている。モバイルPCで動作させるJavaアプレットは，②SSL-VPN装置からダウンロードされる。また，社外から行うことのできる作業は，SSL-VPN装置とFWによって制限できる。

〔SSL-VPN装置の利用方法の検討〕

F君は，[ f ]プロキシによるSSL-VPN装置の利用方法について検討した。SSL-VPN装置を経由したアプリケーションの利用は，次の手順で行われる。

(1) モバイルPCでブラウザを起動し，HTTPSでSSL-VPN装置に接続する。
(2) モバイルPCに表示される認証画面で，認証情報を入力する。
(3) モバイルPCに表示される利用可能なアプリケーションのリストの中から，利用するアプリケーションを選択して起動する。

手順（1）によって，SSL通信が開始される。手順（2），（3）は，SSL-VPN装置とモバイルPC間での相互認証完了後に実施される。図2に，SSL通信のシーケンスを示す。

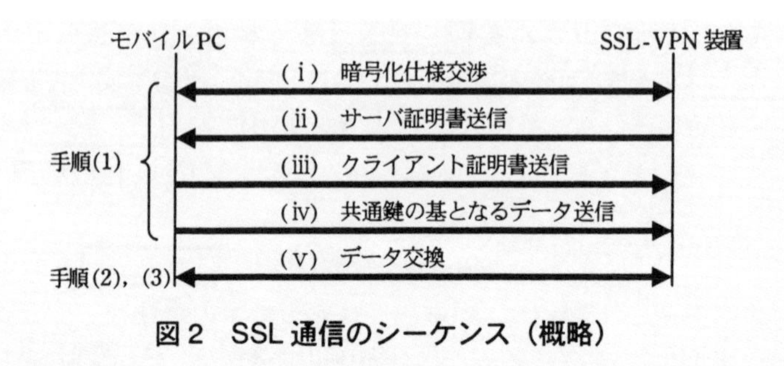


**図2　SSL通信のシーケンス（概略）**

図2中の（i）は，クライアントからサーバに対して，利用可能な暗号化アルゴリズムの一覧を伝える[ h ]を送信する。図2中の（ii）で，SSL-VPN装置は，自らを認証してもらうために，サーバ証明書を送信する。これは，[ i ]といわれる。[ j ]は，サーバ証明書を発行したCA局の証明書を保持しているので，この③証明書に含まれる鍵を使って，サーバ証明書の正当性を検証する。(iii）はオプション処理で，④クライアント証明書による認証が要求されていたときに実施される。(iv)によって，モバイルPCとSSL-VPN装置の双方で，共通鍵が生成される。

SSL-VPN装置では，手順（2）の認証だけでなく，（iii）も利用して2要素認証を行うことにした。クライアント証明書の使用方法は幾つか考えられるが，今回は，⑤モバイルPCに管理者がインストールして使用することにする。

〔SSL-VPN装置の設置の検討〕

SSL-VPN装置は，図1に示した場所に設置する。モバイルPCとサーバ間の通信が，SSL-VPN装置を経由して行われるように，SSL-VPN装置は，モバイルPCから受信したパケットの送信元IPアドレスと⑥宛先IPアドレスに変換を施して転送する。

現在，インターネットを経由したY社のサーバとの通信は，DMZに設置されているサーバだけに制限されている。そのため，SSL-VPN装置の設置によって，FWの設定変更が必要になる。表に，FWに追加で許可する通信内容を示す。

**表　FWに追加で許可する通信内容**

| 通信方向 | 送信元IPアドレス | 宛先IPアドレス | 宛先ポート番号 |
|---|---|---|---|
| 方向1 | 任意 | a.b.1.5 | ［ア］ |
| ［イ］ | ［ウ］ | ［エ］ | 15000 |
| 方向2 | a.b.1.5 | ［オ］ | 25 |
| 方向2 | a.b.1.5 | x.y.1.3 | 110 |

注1　Y社で利用する主要アプリケーションのポート番号を，次に示す。
SMTP：25，　POP3：110，　HTTP：80，　HTTPS：443，　DOMAIN：53
業務用アプリケーションプロトコル：15000

注2　表中の通信方向は，次のように定義する。
方向1：外部LANからDMZ向け，　方向2：DMZから内部LAN向け

注3　表中では，戻りパケットに関する通信内容を省略している。

**設問1**　本文中の［ a ］～［ j ］に入れる適切な字句を答えよ。

**設問2**　SSL-VPN装置について，(1)，(2)に答えよ。

(1) 本文中の下線①の方式でも，SSLに対応させることのできないアプリケーションがある。それはどのようなプロトコルのアプリケーションか。25字以内で述べよ。

(2) 本文中の下線②によって容易になる点を，25字以内で述べよ。

**設問3**　SSLの動作について，(1)，(2)に答えよ。

(1) 本文中の下線③の鍵の種類を答えよ。

(2) 共通鍵が利用される場所を，図2中の(i)～(v)で答えよ。また，共通鍵を利用することによる利点を，15字以内で述べよ。

(3) 下線④に関して，この認証を実現するには複数の証明書が必要である。どの機器にあるどの証明書を使う必要があるか。全て答えよ。

**設問4**　SSL-VPN装置の導入について，(1)～(4)に答えよ。

(1) 表中の［ ア ］～［ オ ］に入れる適切な字句を答えよ。

(2) 本文中の下線⑤によって可能となる接続制御の内容を，30字以内で述べよ。

(3) 本文中の下線⑥は何に変換されるか。25字以内で述べよ。

## 解答例

<table>
<tr><th colspan="2">設問</th><th colspan="2">解答例・解答の要点</th></tr>
<tr><td colspan="2">設問 1</td><td colspan="2">a：TLS（Transport Layer Security）　b：暗号化　c：検知　d：認証<br>e：SHA-1　f：リバース　g：ポート　h：Client Hello<br>i：Server Hello　j：モバイル PC</td></tr>
<tr><td rowspan="2">設問 2</td><td>（1）</td><td colspan="2">TCP 以外のプロトコルを使うアプリケーション</td></tr>
<tr><td>（2）</td><td colspan="2">モバイル PC へのプログラムのインストールが不要</td></tr>
<tr><td rowspan="4">設問 3</td><td>（1）</td><td colspan="2">公開鍵</td></tr>
<tr><td rowspan="2">（2）</td><td>場所</td><td>（v）</td></tr>
<tr><td>利点</td><td>・暗号化と復号が高速にできる。<br>・演算処理が高速にできる。</td></tr>
<tr><td>（3）</td><td colspan="2">モバイル PC：クライアント証明書<br>SSL-VPN 装置：（クライアント証明書を発行した CA の）ルート証明書</td></tr>
<tr><td rowspan="3">設問 4</td><td>（1）</td><td colspan="2">ア：443　イ：方向 2　ウ：a.b.1.5　エ：x.y.1.4　オ：x.y.1.3</td></tr>
<tr><td>（2）</td><td colspan="2">許可したモバイル PC 以外を接続させない制御ができる。</td></tr>
<tr><td>（3）</td><td colspan="2">ポート番号に対応付けられたサーバの IP アドレス</td></tr>
</table>

## 補足解説

### ■設問2（1）

ヒントは，問題文の「Javaアプレットは，アプリケーションが使用するTCPのポート番号が含まれたパケットを待ち受け」の部分です。よって，TCP以外のプロトコルを使うような特殊な通信では利用できません。

### ■設問3（2）

このように，鍵交換には公開鍵暗号方式，実際の通信には共通鍵暗号方式というのは一般的ですか？

はい，試験では用語は問われませんが，ハイブリッド暗号方式としてよく使われます。実際の通信に公開鍵暗号を使うのは非効率だからです。

### ■設問3（3）

クライアント証明書による認証を行う方法を説明します。まず，モバイルPCは，自分が正規のユーザであることをSSL-VPN装置に通知するために，クライアント証明書を提示します。また，SSL-VPN装置は，このクライアント証明書が正規のもの（つまり正規のCAから発行されたもの）かを確認するために，CAのルート証明書を使って検証します。

CAのルート証明書の公開鍵を使うんですよね？

はい。クライアント証明書のディジタル署名が，CAの公開鍵で復号できるか，という方法で検証します。

**■設問4（3）**

たとえば，モバイルPC（203.0.113.231）から業務サーバへの通信の場合を考えます。このパケットの送信元IPアドレスはモバイルPC（203.0.113.231）で，宛先IPアドレスはSSL-VPN装置（a.b.1.5）です。ポート番号は，業務サーバに割り当てられた15000番とします。これを，送信元IPアドレスをSSL-VPN装置（a.b.1.5）に変換し，宛先IPアドレスを業務サーバ（x.y.1.4）に変換します。

Chapter 18　　Network Specialist WORKBOOK

# プロキシサーバ

この単元で学ぶこと

プロキシサーバ／SSLの復号

1

## 理解を確認する 短答式問題にチャレンジ

## 問題

➡ 解答解説は314ページ

### 1. プロキシサーバ

**Q.1**

プロキシサーバを設置する目的は何か。

**Q.2**

プロキシサーバは，どの設定画面で設定することが一般的か。

**Q.3**

プロキシサーバを利用するには，プロキシ自動設定ファイル（PACファイル）をWebサーバに登録する方法もある。PACファイルを使うメリットは何か。

**Q.4** ☑☑☑

プロキシサーバのログでは，どのような情報を取得できるか。

**Q.5** ☑☑☑

HTTPの場合はGETメソッドなどを使うが，HTTPSによる暗号化通信の場合，CONNECTメソッドを使う。その目的は何か。

**Q.6** ☑☑☑

HTTPSで通信をした場合，プロキシサーバでセキュリティチェックが十分に行えない場合がある。それはなぜか。

**Q.7** ☑☑☑

PCにプロキシサーバの設定をしていて，PC→プロキシサーバ→Webサーバという構成で，PCがWebサーバにHTTPS通信を実施する。このとき，PCからWebサーバに向けて発出されるパケットの宛先IPアドレスはどこになるか。

**Q.8** ☑☑☑

PCがプロキシサーバ経由でインターネット上のサイト（http://www.example.com）に接続している。この場合，このドメインの名前解決をするのはどの機器か。

## 2. プロキシサーバによる復号処理

**Q.1**

HTTPSの暗号化通信であってもセキュリティ対策をするために，プロキシサーバでHTTPS通信を復号処理することがある。まず，復号機能を持つプロキシサーバでは，HTTPSの通信をプロキシサーバで一旦終端し，通信を復号してセキュリティチェックをする。その後，再度暗号化してHTTPS通信をする。PCとプロキシサーバの間でもHTTPS通信をするので，プロキシサーバに［　　　　］証明書が配置される。

**Q.2**

上記Q.1の［　　　　］証明書は，誰が作るのか。

**Q.3**

プロキシサーバが作成したサーバ証明書に，ディジタル署名を付与しているのは誰か。

## 解答・解説

## 1. プロキシサーバ

**A.1　閲覧したサイトのコンテンツを記憶**（※キャッシュといいます）**することにより，次からのアクセスを高速化する。**

たしか，セキュリティを強化する目的でも利用されますよね？

本来のプロキシサーバの機能ではないですが，ウイルスチェックやURLフィルタリング機能などを備えたプロキシサーバもあり，セキュリティ面でも寄与しています。それ以外には，送信元IPアドレスを隠蔽したりログを取得したりすることからも，セキュリティ面を向上させます。

**A.2　PCのブラウザ**

Google Chromeの場合は，ブラウザからではなくPCの設定からも可能です。

※このあとの「ステップ2」で実施してもらいます。

**A.3　プログラムを書くことで柔軟な設定ができる。たとえば，1つめのプロキシサーバAがダウンしたら，もう1つのプロキシサーバBに接続させる，などの設定が可能である。**

**A.4　たとえば，日時，送信元IPアドレス，接続先のURL，HTTPのメソッドなど**

以下に，具体的なログのイメージを示します。

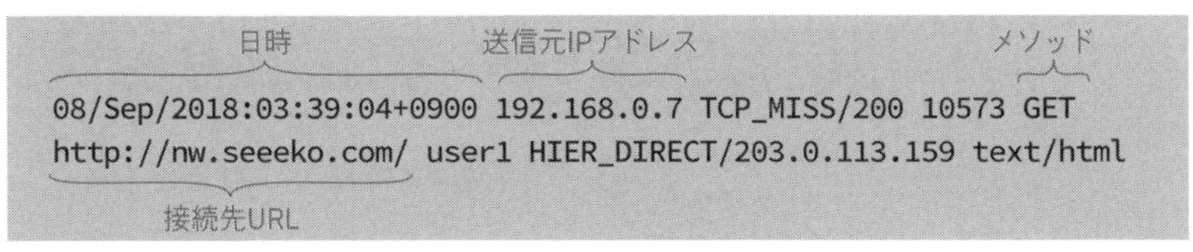


**A.5　HTTPS通信であることをプロキシサーバに通知するため**

HTTPSによる暗号化通信の場合，プロキシサーバは暗号化の鍵を持っていないので，中継処理が適切に行えません。そこで，CONNECTメソッドを使うことで，通信を通過させるように依頼します。

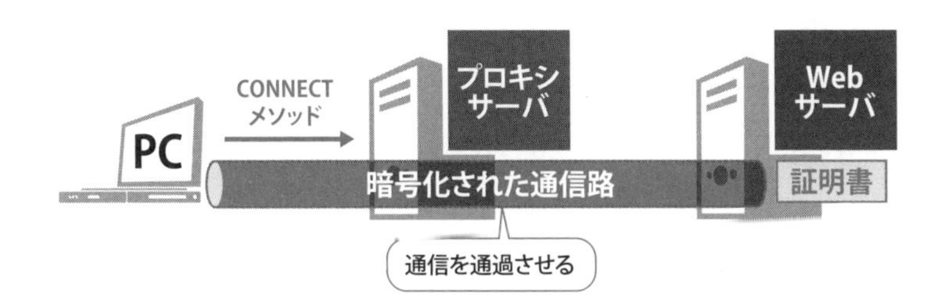


**A.6　通信が暗号化されているので，プロキシサーバにてアンチウイルスやURLフィルタリングなどのセキュリティチェックが行えない。**

**A.7　プロキシサーバ**

**A.8　プロキシサーバ**

PCは接続先のURLをプロキシサーバに伝えるだけです。実際にWebサーバに通信するのはプロキシサーバであり，名前解決もプロキシサーバが行います。つまり，プロキシサーバが名前解決をできないと，インターネットに接続はできません。

## 2. プロキシサーバによる復号処理

**A.1**　サーバ（または電子）

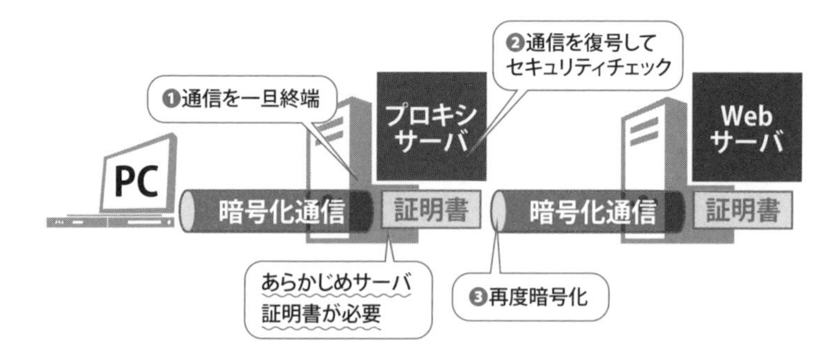


**A.2**　プロキシサーバ

**A.3**　プロキシサーバ

自己署名なので，ブラウザでセキュリティ警告が出る場合がありますね。

はい，ですから，PCにプロキシサーバのルート証明書（CA証明書）を入れます。

# 手を動かして考える
# プロキシサーバを指定してみよう

## Q.1 プロキシサーバを指定してみよう

自分のPCで，プロキシサーバを指定せよ。IPアドレスが10.1.1.1で，ポート番号を8080とする。

**A.1** Google Chromeの場合で紹介します。ブラウザの［設定］→［詳細設定］→［システム］→［パソコンのプロキシ設定を開く］をクリックします。すると，以下のようにWindows10のプロキシ設定を開くことができます。

ここで，［プロキシサーバを使う］のチェックボックスを「オン」にしましょう。［アドレス］欄に「10.1.1.1」，［ポート］欄に「8080」を設定します。

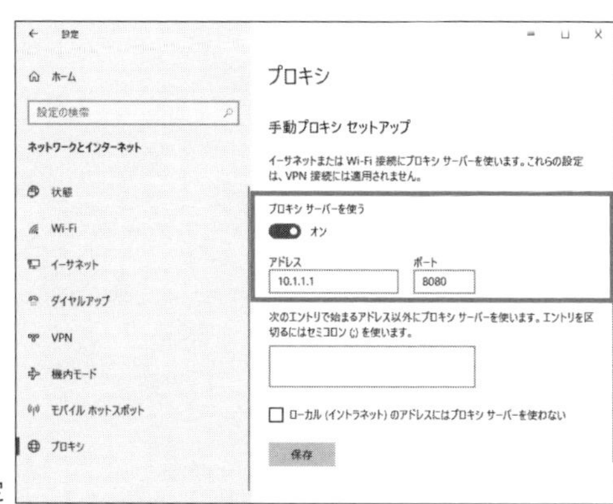

▌プロキシサーバの設定

# Q.2 プロキシサーバを経由するHTTP通信で発生するパケットを書こう

以下の構成図において，PCはプロキシサーバを経由してインターネットに接続している。ここで，PCがWebサーバ（http://www.example.com）のページを閲覧する。PCがWebサーバのURLをブラウザに入力してから，Webサーバによる HTTP応答を受領するまでの間に，各区間で発生するパケットをすべて書け。ただし，各サーバはARPテーブルに必要な情報を保持しており，キャッシュDNSサーバは，www.example.comのIPアドレスのキャッシュを保持しているものとする。また，PCは起動してからどことも通信をしていない。

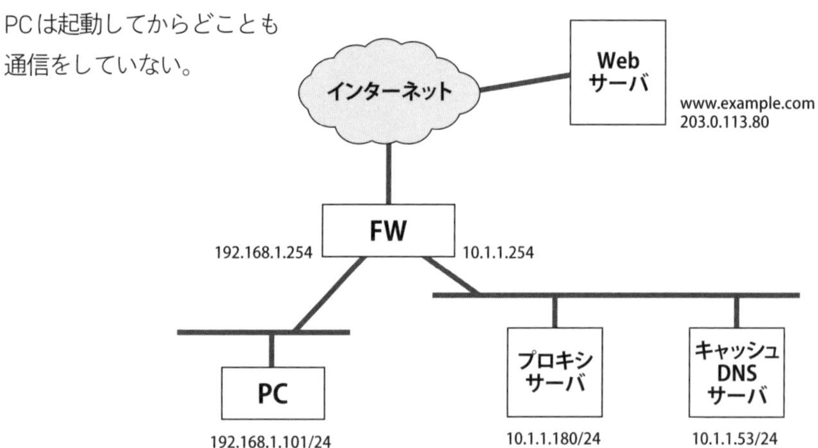

# A.2

PCからプロキシサーバにHTTPの通信をする，という単純な答えではないですよね？

はい，この問題はプロキシサーバだけでなく，総合的な問題になっています。具体的に発生するパケットは以下のとおりです。

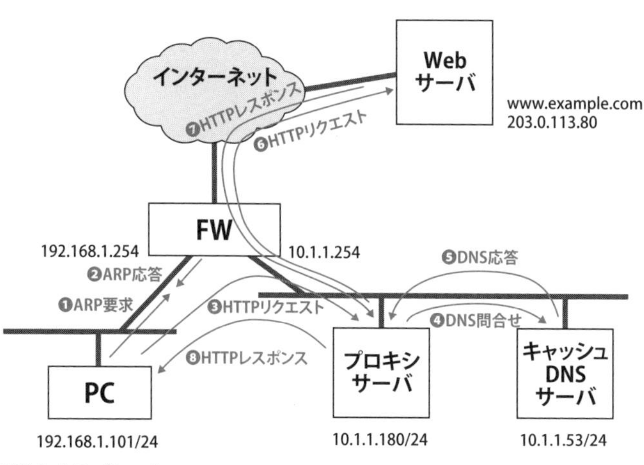


■発生するパケット

**❶PCからのARP要求**

PCがwww.example.comに接続するために，プロキシサーバ（10.1.1.180）に通信しようとします。ですが，セグメントが違うのでデフォルトゲートウェイ（FW）に通信します。PCのデフォルトゲートウェイには192.168.1.254が設定されているので，192.168.1.254のMACアドレスを知るためにARP要求をブロードキャストで送ります。

**❷FWからPCへのARP応答**

FWが192.168.1.254のMACアドレスとして，自身のMACアドレスを回答します。

**❸PCからプロキシサーバへのHTTP通信（HTTPリクエスト）**

PCからプロキシサーバにHTTP通信をします。

**❹キャッシュDNSサーバに名前解決要求**

プロキシサーバが，www.example.comの名前解決，つまりIPアドレスを問い合わせます。

**❺キャッシュDNSサーバからの応答**

キャッシュDNSサーバが，www.example.comのIPアドレス（203.0.113.80）を答えます。

**❻プロキシサーバからWebサーバへの通信（HTTPリクエスト）**

**❼Webサーバからプロキシサーバへの応答（HTTPレスポンス）**

**❽プロキシサーバからPCへの応答（HTTPレスポンス）**

**ということは，PCにDNSサーバを設定しなくてもいいのですか？**

インターネット通信に限定すれば，そうなります。ただ，プロキシサーバをFQDNで指定している場合や，各種の内部サーバにドメイン名で通信をする場合には，DNSサーバに問い合わせる必要があります。よって，多くの場合は，PCにDNSサーバの設定をします。

# 実戦問題を解く
# 過去問をベースにした演習問題にチャレンジ

## 問題

以下のプロキシサーバに関する記述を読んで，設問1～3に答えよ。

（H26年度 NW試験 午後Ⅱ問1を改題）

〔プロキシサーバの復号機能の実現方法〕

J君は，プロキシサーバの復号機能の実現方法について調査した。

PCは，Webサーバとの間でSSL通信を行うときには，プロキシサーバ宛てにconnect要求を送信する。復号機能をもたない既設のプロキシサーバの場合，受信したconnect要求に含まれる接続先サーバとの間で，指定された宛先ポート番号に対して［ a ］を確立する。その後，プロキシサーバはPCにconnect応答を送信して，それ以降に受信したTCPデータをそのまま接続先に転送する，［ b ］処理の準備が整ったことを知らせる。

復号機能をもつプロキシサーバの場合，PCからのconnect要求を受信した後の動作は，次のようになる。

復号機能をもつプロキシサーバの動作手順の概要を，図1に示す。

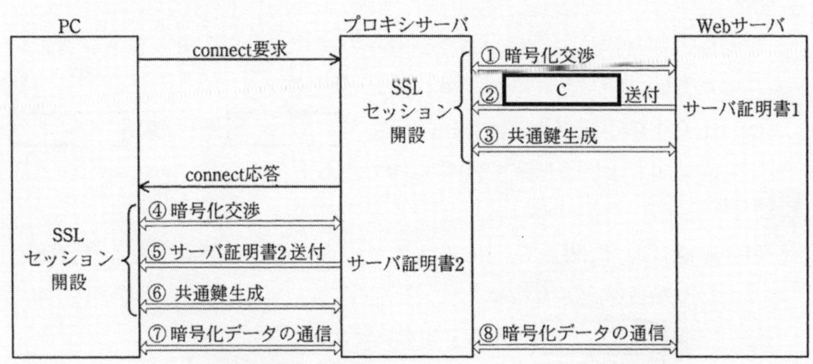


**図1　復号機能をもつプロキシサーバの動作手順の概要**

18 プロキシサーバ

(d) 図1に示したように，PCからのconnect要求を受信したプロキシサーバは，まず，①～③の手順でWebサーバとの間でSSLセッションを開設し，更にPCとの間でも，④～⑥の手順でSSLセッションを開設する。このとき，⑤で，プロキシサーバは，サブジェクト（Subject）に含まれる(e) コモン名（CN:Common Name）に，サーバ証明書1と同じ情報をもたせたサーバ証明書2を生成して，PC宛てに送信する。PCはサーバ証明書2を検証し，認証できたときに⑥が行われ，SSLセッションが開設される。ここで，PCがサーバ証明書2を正当なものと判断してプロキシサーバを認証するためには，PCに，(f) サーバ証明書2を検証するのに必要な情報を保有させる必要がある。

なお，仮に，図1中の⑤で，プロキシサーバがWebサーバから取得したサーバ証明書1をPCに送信した場合，(g) PCによるプロキシサーバの認証は［ア］する。しかし，(h) ⑥において，プリマスタシークレット（Premaster Secret）の共有に失敗するので，このような方法でSSLセッションを開設することはできない。

調査の結果，J君は，プロキシサーバの復号機能の実現方法を確認できた。

**設問1**

(1) ［a］～［c］に当てはまる字句を答えよ。

(2) 下線（d）の図1において，SSL開設後，PCが送信するパケットの宛先IPアドレスは，プロキシサーバか，それともWebサーバか。

(3) 下線（e）に関して，情報処理技術者試験を実施するIPA（https://www.ipa.go.jp/）のコモン名は何か。

**設問2**

(1) SSL復号機能がないプロキシサーバの場合，SSLセッションはどの機器間で開設されるか。図1中の名称で答えよ。

(2) 本文中の下線（f）の情報は何か。「［　　］サーバの［　　］証明書」という形式で20字以内で答えよ。

**設問3**

(1) 下線（g）に関して，PCによるプロキシサーバの認証として，どういう項目を認証するか。3つ答えよ。

(2) 空欄［ア］に入る字句を答えよ。

(3) 本文中の下線（h）について，失敗する理由を，40字以内で述べよ。

## 解答例

| 設問 | | 解答例・解答の要点 |
|---|---|---|
| 設問 1 | (1) | a：TCP コネクション　b：トンネリング　c：サーバ証明書 1 |
| | (2) | プロキシサーバ |
| | (3) | www.ipa.go.jp |
| 設問 2 | (1) | PC と Web サーバの間 |
| | (2) | プロキシサーバのルート証明書 |
| 設問 3 | (1) | ①「信頼されたルート証明機関」に登録された CA から発行されているか<br>②有効期限内であるか<br>③証明書の CN とアクセスする URL が一致するか |
| | (2) | 成功 |
| | (3) | プロキシサーバが，暗号化されたプリマスタシークレットを復号できないから |

## 補足解説



### ■設問1（3）

この設問は，IPAのサーバ証明書を実際に見て答えよということですか？

いえ，その必要はありません。コモン名（CN）は，基本的にWebサーバのFQDNと一致します。可能であれば，実際にURLにアクセスし，証明書を見ることをおすすめします。

### ■設問2（1）

プロキシサーバは通常のHTTP通信と同様に，PCおよび接続先サーバとTCPコネクションを確立します。一方，SSLセッション開設のやりとりには介在しません。よって，SSLセッションはPCとWebサーバの間で開設されます。

### ■設問2（2）

問題文に,「プロキシサーバは,（中略）サーバ証明書1と同じ情報をもたせたサーバ証明書2を生成」とあります。証明書を発行してディジタル署名を付与している認証局（CA）は, プロキシサーバです。よって, ディジタル署名を付与したCAのルート証明書で署名を確認します。具体的には, CAのルート証明書にある公開鍵を使って，ディジタル署名が復号できれば正規の証明書です。

## ■設問3（1）

例として，https://www.ipa.go.jp/のサイトに，あえてIPアドレスで接続したときに表示される警告画面を以下に示します。www.ipa.go.jpのIPアドレスは192.218.88.180なのですが，https://192.218.88.180で接続すると，証明書のCN（今回はwww.ipa.go.jp）とURL（今回はhttps://192.218.88.180）が一致しないことで，警告が出ます。

■プロキシサーバの認証での警告画面

**ちなみに，なぜ証明書のCNとURLが一致しないと，警告が出るのでしょうか。**

利用者がwww.ipa.go.jpのURLに接続したときに，まったく違う証明書（たとえば，malware.example.comの証明書）が表示されたとすると，不正なサイトに接続していると気づくことができます。

## ■設問3（3）

プリマスタシークレット（Premaster Secret）とは，暗号化通信用に使われる共通鍵のもととなるデータのことです。今回，Webサーバのサーバ証明書1をPCが受け取っているので，この証明書によるWebサーバ1の公開鍵を使い，PCとWebサーバで暗号化されたプリマスタシークレットを共有します。しかし，⑥でPCとプロキシサーバの間で共通鍵を生成しようにも，プロキシサーバはプリマスタシークレットを復号できません。だから共有に失敗するのです。

Chapter 19　Network Specialist WORKBOOK

# ネットワーク管理

● この単元で学ぶこと
ネットワーク管理／SNMP／Trapとポーリング
MIB／ping監視／SYSLOG

## ステップ1　理解を確認する
## 短答式問題にチャレンジ

### 問題

➡ 解答解説は328ページ

## 1. ネットワーク管理

**Q.1** ☑☑☑

ネットワーク管理の一つが，障害の検出を行う「障害管理」である。ネットワーク管理では，それ以外に，どのような管理をすることが一般的か。

**Q.2** ☑☑☑

機器が正常に動作しているかをネットワーク層のレベルで確認するには，どのような方法があるか。

**Q.3**

Q.2の監視による応答がない場合でも，機器の故障とは限らない。どのようなことが考えられるか。

**Q.4**

Q.2の監視だと，監視としては十分ではない。たとえば，機器の故障があったとしても，情報が十分ではない。どのようなことがわからないか。

**Q.5**

SYSLOG監視では，トランスポート層のプロトコルとしてRFC 768で規定されている［　　　］を使う。

**Q.6**

SYSLOG監視とping監視の違いを，①パケットの方向，②リアルタイム性で比較せよ。

①：

②：

**Q.7**

HTTPプロトコルを使って，ネットワーク機器やサーバと接続し，設定情報を取得したり，設定変更が行える便利な仕組みを何というか。

**Q.8** ☑☑☑

隣接する機器（直接接続された機器）に対して，自身の情報（装置名や，ポート番号）を通知するデータリンク層のプロトコルを何というか。

# 2. SNMP

**Q.1** ☑☑☑

SNMP（Simple Network Management Protocol）によって機器を管理する側を，SNMP［　ア　］といい，管理されるネットワーク機器やサーバなどを，SNMP［　イ　］という。

ア：

イ：

**Q.2** ☑☑☑

SNMPマネージャ側では，大量の管理情報を保有するが，さらに，複数の部署の複数の機器の監視情報をやりとりすると，管理が大変になる。どのような設定をすべきか。

**Q.3** ☑☑☑

上記Q.2のデフォルトのグループ名は何か。

**Q.4** ☑☑☑

SNMPの監視には，ポーリングとTrapがある。両者の違いがわかるように説明せよ。

19 ネットワーク管理

**Q.5** ✓✓✓ SNMPのインフォームによって，Trapのどのようなデメリットが解消されるか。

**Q.6** ✓✓✓ SNMPエージェント（管理されるネットワーク機器やサーバなど）では，各種の管理情報をなんと呼ばれる機器の中にあるデータベースに保存するか。

## 解答・解説

# 1. ネットワーク管理

**A.1** IPアドレスや物理構成などの構成情報を管理する「構成管理」，応答時間などのネットワーク性能を管理する「性能管理」

**A.2** pingによる監視（ICMPポーリング）

ネットワーク層以外だと，どのような方法がありますか？

この節の後半で登場しますが，アプリケーション層で監視するSNMPがあります。

**A.3**
- 通信経路上の機器の故障
- 監視対象機器がファイアウォール機能やアクセスリストなどによってpingを拒否している

**A.4**
- L2SWを監視したとしても，L2SWはIPアドレスを1つしか持てない。24ポートのL2SWのどのポートが故障したのかがわからない。
- ネットワーク層でのダウンという単純な情報しかわからない。（たとえば

アプリケーション層のレベルでの不具合はわからないので，どうなっているのかが不明）

**A.5 UDP**

RFC 768という言葉にだまされました。
ヒントは設問にある「トランスポート層」ですね。

そうです。トランスポート層のプロトコルなので，答えはTCPかUDPです。

**A.6 ①以下のように，ping監視は監視サーバ側からで，SYSLOG監視は監視対象機器からである。**

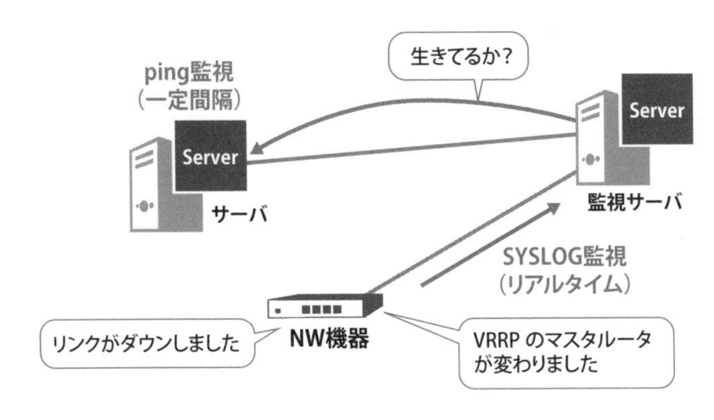


■ping監視とSYSLOG監視の方向の違い

**②SYSLOG監視は，たとえばインタフェースがダウンした場合，リアルタイムにログを送ることができる。ping監視の場合は，リアルタイム性がない。その結果，監視間隔が長くなると，故障の検知が遅れる。**

**A.7 REST**

REST（REpresentational State Transfer）は，RESTの原則に従って設計されたAPI（Application Programming Interface）です。

**A.8 LLDP**（Link Layer Discovery Protocol）

## 2. SNMP

**A.1**　ア：マネージャ　　　　イ：エージェント

**A.2**　SNMPエージェントとSNMPマネージャの設定でコミュニティというグループ名を指定し，コミュニティ単位で情報を管理する。

**A.3**　public（※すべて小文字）

**A.4**　ポーリングは，ping監視と同様に，SNMPマネージャから監視対象機器であるSNMPエージェントへ一定間隔で監視を行う。Trapは，SYSLOG監視と同様に，SNMPエージェントからSNMPマネージャへの通信である。

ポーリングは一定間隔で問い合わせをするため，タイムラグが生じる場合があり，それがデメリットですね。

そうです。一方のTrapの場合，故障したらすぐに送信するため，リアルタイムにその異常を伝えることができます。

**A.5**　Trapを送信しても，ネットワークの障害（※H30年度の過去問ではSTPの再計算の出題あり）により，TrapがSNMPマネージャに届かない場合がある。SNMPインフォームを設定しておくと，SNMPエージェントは，確認応答がSNMPマネージャから届かない場合，再送をする。これによりTrapをより確実に届けることができる。

**A.6**　MIB（Management Information Base）

# 手を動かして考える SNMPを試してみよう

SNMPおよびMIBという言葉は理解できても，イメージが湧きにくいかもしれません。そこで，実際にSNMPエージェントとSNMPマネージャで構成される簡易な管理システムを作ってみましょう。

## （1）SNMP管理の構成

SNMPによって機器を管理する側をSNMPマネージャ，管理されるネットワーク機器やサーバ等をSNMPエージェントといいます。今回は1台のWindowsのPC上で，SNMPマネージャとSNMPエージェントの両方を動作させます。SNMPマネージャとしてはフリーソフトの「**TWSNMP**」を使います。SNMPエージェントはWindowsのPCそのものです。

また，PCはWi-Fiルータとも無線で接続された状態とします。TWSNMPからは，PCとのSNMP通信に加えて，PCおよびWi-Fiルータへのping監視も行います。

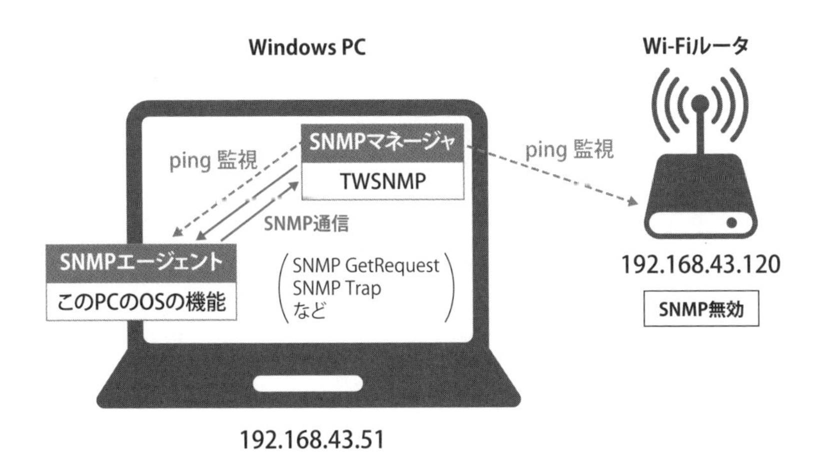


■SNMP管理の構成

## （2）SNMPエージェントの設定（Windows10のPCの場合）

### ① SNMPエージェントの有効化

WindowsのPCでは，多くの場合，SNMPエージェントの設定が有効になっていません。そこで，設定を変更して有効にします。

1. スタートメニューから［設定］→［アプリ］を開き，［アプリと機能］の［オプション機能］をクリックします。

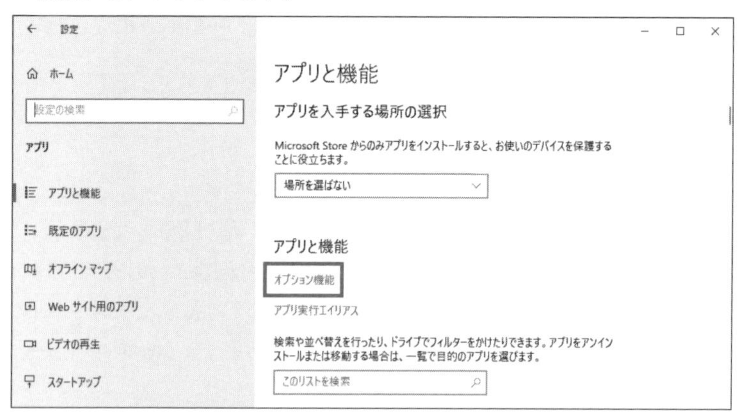


2. ［オプション機能］画面で［機能の追加」をクリックします。［オプション機能を追加する］画面の検索ボックスに「SNMP」と入力すると「簡易ネットワーク管理プロトコル（SNMP)」が表示されるので選択して［インストール］ボタンをクリックします。

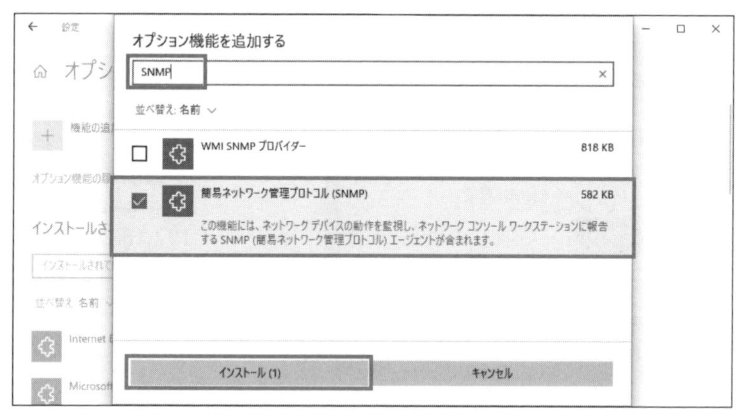


3. Windowsの検索ボックスで「サービス」と入力するか，スタートメニューから［Windows管理ツール］→［サービス］を選択して起動します。SNMPサービスが「実行中」になっていることが確認できます。

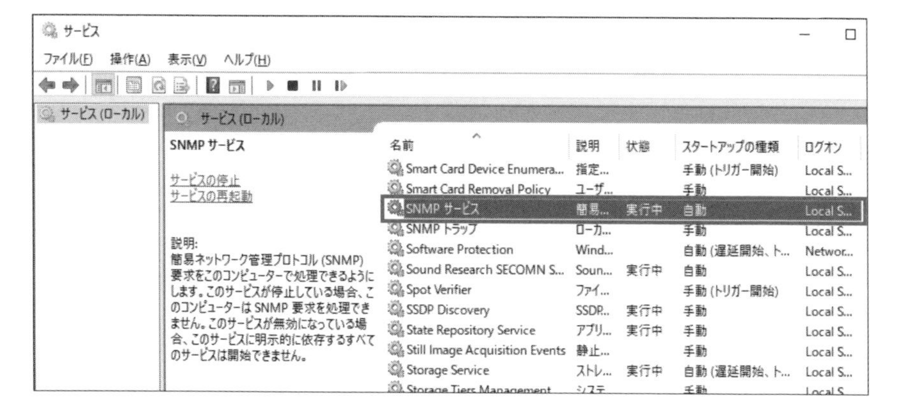


### ②SNMPエージェントの設定

続いて, SNMPの設定をしましょう。コミュニティ名として「public」を指定します。

1. 上記の［SNMPサービス］をダブルクリックして, SNMPサービスのプロパティを開きます。［セキュリティ］タブで［受け付けるコミュニティ名］として「public」を追加します。
2. ［すべてのホストからSNMPパケットを受け付ける］をチェックしておきます(今回の構成の場合, このチェックは必須ではありません)。

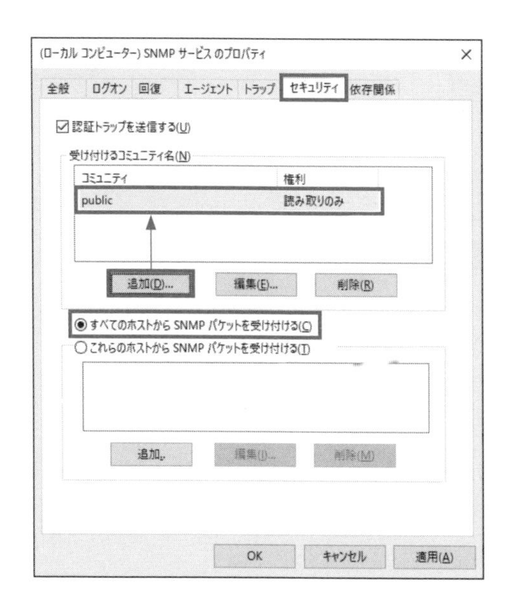


設定は以上です。

### （3）SNMPマネージャの設定と動作確認（TWSNMPの場合）

今回はWindows10上で動作し，操作も直感的でわかりやすいことから，TWSNMPを使います。それ以外のソフトを使っても構いません。

**①ダウンロードとインストール**

1. 以下のサイトから「TWSNMP v4.11.7」の「TWSNMPV4.msi」をダウンロードします。

   **https://lhx98.linkclub.jp/twise.co.jp/**

※旧バージョンですが機能は充実しています。

2. 「TWSNMPV4.msi」をダウンロード後，実行し，指示に従ってインストールを進めます。

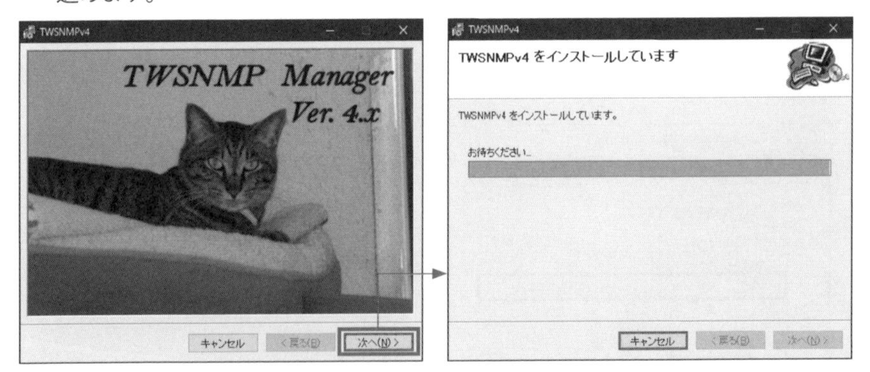


3. インストールの完了後，スタートメニューの［TWSNMPv4］→［管理MAP］を選ぶと，TWSNMPが起動します。

**②ノードの登録**

1. ［管理ツール］→［自動発見］で，IP接続性がある機器（TWSNMPではノードと呼びます）を抽出します。［SNMPモード］は普及している「SNMPv2c」を選びましょう。
2. ［開始］ボタンを押すと指定したIPアドレス帯の中でpingが届くノードが検知されマップに表示されます。マップ上の「TEST-PC17」はPCのホスト名（IPアドレスは192.168.43.51ですが，ホスト名に変換されています），

「192.168.43.120」はWi-Fiルータです。

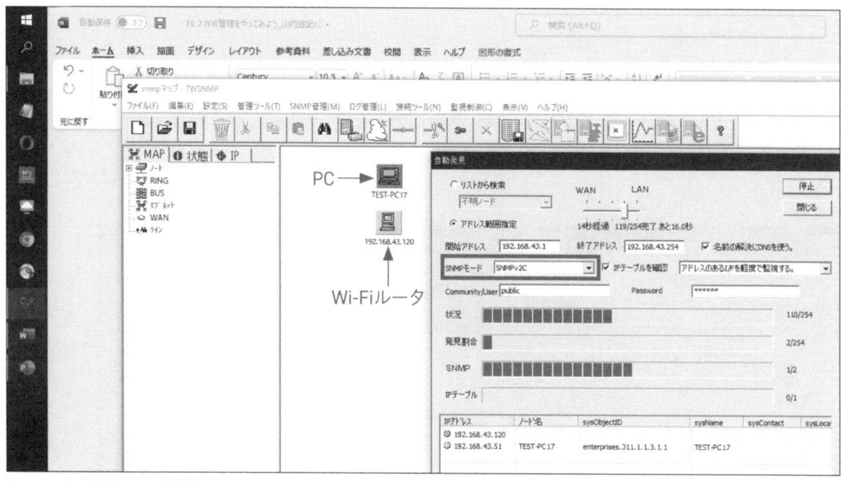


■ ノード抽出中の画面

表示されたノード名は，TWSNMPがSNMPエージェントの保有するMIB情報をSNMP GetRequestにより収集したものです。TWSNMPでは，この他，SNMP Trapやpingによる監視などの機能を備えています。

試しに，Wi-Fiを無効にしてみましょう。ping監視機能により，pingが届かなくなった192.168.43.120（Wi-Fiルータ）のノードが障害として検知されます。

### ③OIDとMIBの確認

SNMPエージェントは，管理情報をMIBと呼ばれるデータベースに保存します。MIBにも種類がありますが，最も普及している標準MIB（MIB-2）ではsystem, interfaces等の11のグループがあり，全体で171種のオブジェクトが定義されています。各オブジェクトはOID（ObjectID）で識別されます。

TWSNMPではノードが保有するMIB一覧を表示できます。

1. ノードを指定し［SNMP管理］→［MIBブラウザ］を選択するとMIBブラウザが開きます（次ページの図❶）。
2. 次に［追加］ボタン（❷）をクリックし，MIBツリーを表示します（❸）。
3. MIBツリーの［オブジェクト］欄（❹）で，下部のツリーから「mib-2」（❺）を選択して［選択］ボタン（❻）をクリックします。
4. その後，MIBブラウザで［実行］ボタン（❼）を押します。ノードが保有するMIBのさまざまなオブジェクトとその値を確認することができます。たとえば，オブジェクト名「sysName.0」の値にはノードのホスト名が記録されています(❽)。PCで「TEST-PC17」として設定したホスト名がこのオブジェクトの値となっています。

なお，今回のWi-FiルータではSNMPの設定を有効にしていません。SNMPが無効の場合はSNMPによる情報収集できず，ホスト名の取得もできません。

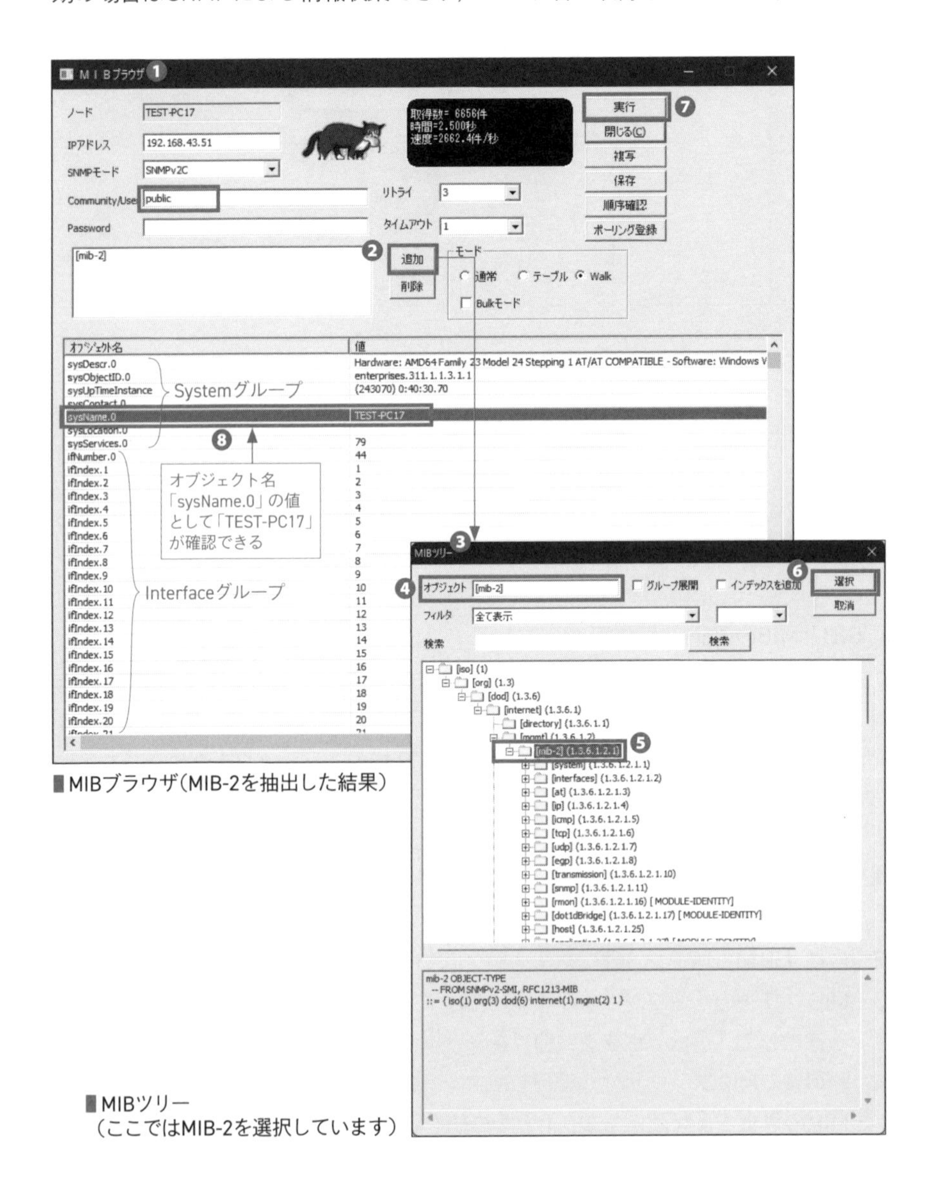


■MIBブラウザ(MIB-2を抽出した結果)

■MIBツリー
(ここではMIB-2を選択しています)

MIBツリーの表示をドリルダウンすると，次の図のように先ほどの「sysName」もOID＝1.3.6.1.2.1.1.5として確認できます。先ほどはオブジェクト名の末尾に「.0」が付いていました。末尾の数字はインタフェース番号など機器内に複数の管理対象が存在するときに使用されます。管理対象が複数存在しない場合は「.0」です。

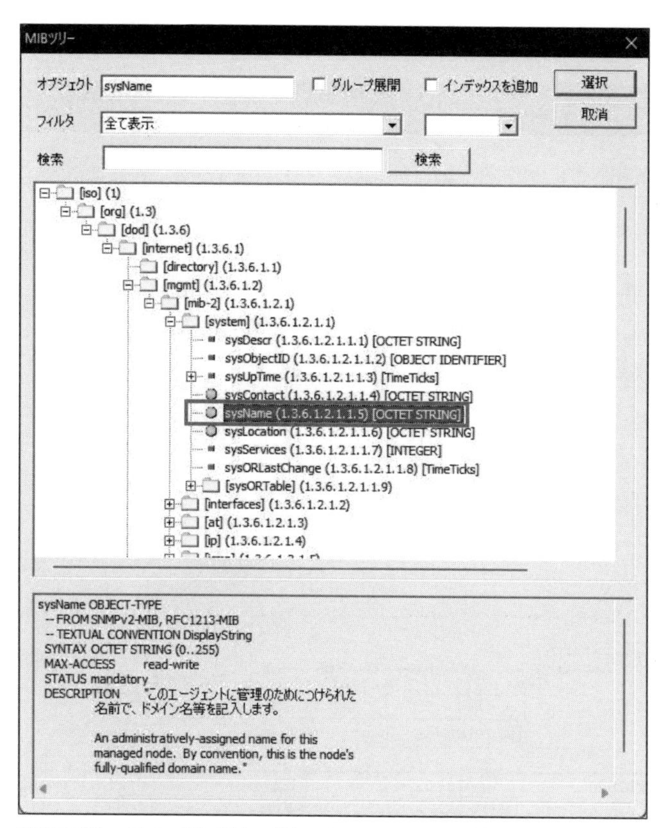


■MIBツリー（ここではドリルダウンしてsysNameを選択）

ホスト名の他にも，たとえば，インタフェースのリンク状態やパケット数等，通信の状態を記録するオブジェクトもあります。これらを定期的に取得すれば，ネットワーク管理の一環として，障害検知やトラフィック量の把握ができます。

# ステップ3 実戦問題を解く

# 過去問をベースにした演習問題にチャレンジ

## 問題

ネットワーク障害調査に関する次の記述を読んで，設問1～5に答えよ。

（H25年度秋期 AP試験 午後問4を改題）

P社は，ペット用品のインターネット通信販売業者である。社員が業務で使用するPCとファイルサーバ（以下，FSという）の処理速度を向上させるために，全てのPCとFSをリプレースすることにした。

〔本社事業所のネットワーク構成〕

情報システム課のQ君は，PCとFSのリプレースに当たり，現在の本社事業所のネットワーク構成の調査を行った（図1）。

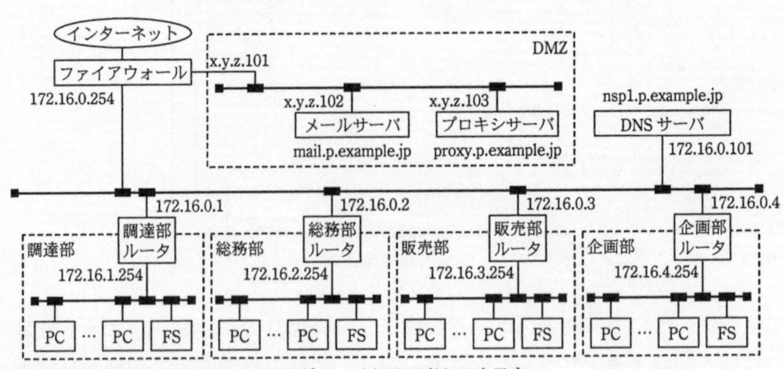


注記1　x.y.z.101，x.y.z.102，x.y.z.103はグローバルIPアドレスを示す。
注記2　p.example.jpはP社のドメイン名である。

**図1　本社事業所のネットワーク構成**

本社事業所内のPCからブラウザを用いてWebページにアクセスする場合には，プロキシサーバを経由する。また，電子メールの送受信はメールサーバを利用して行っており，PCとメールサーバとの間の通信は，本社事業所内の通信であるので，通信路の［ア］やSMTP認証は利用していない。インターネットやDMZから各部のFSにアクセスできないようにファイアウォールを設置している。ネットワーク機器は適切に設定がされており，障害などは発生していない。また，リプレース後もネットワーク構成やネットワーク機器の設定変更は行わない。

〔PCとFSの設定〕

Q君は，約80台のPCと各部のFSの設定作業を3名の情報システム課員だけで行うことは不可能と判断し，設定ガイドを作成して，各部で任命されているIT係に部内のPCの設定作業の説明を依頼した。IT係は，部内の各PCに割り当てるIPアドレスを決定した後，設定ガイドの内容を部員に説明し，PCの設定をPCの使用者自身で行ってもらうように依頼した。また，各部に設置するFSについては，PCと同様にログインを行って設定画面から設定が可能であるので，IT係に設定してもらうことにした。

図2に調達部向け設定ガイドを示す。他の部向けにも同様の設定ガイドを作成した。

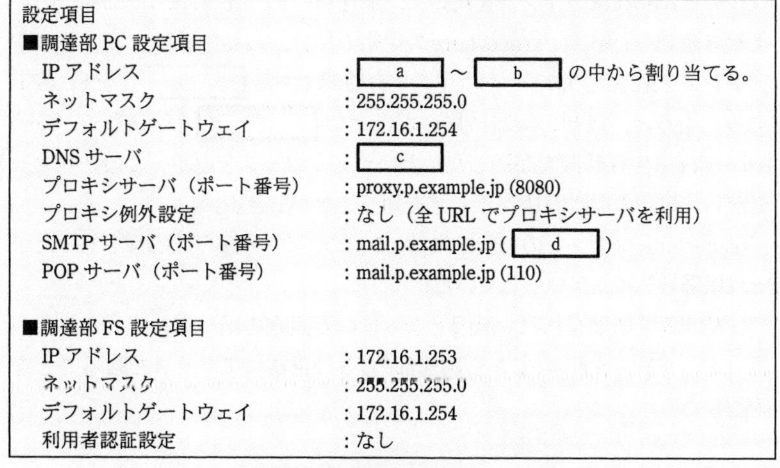
設定項目

■調達部 PC 設定項目

| | |
|---|---|
| IP アドレス | ： a ～ b の中から割り当てる。 |
| ネットマスク | ：255.255.255.0 |
| デフォルトゲートウェイ | ：172.16.1.254 |
| DNS サーバ | ： c |
| プロキシサーバ（ポート番号） | ：proxy.p.example.jp (8080) |
| プロキシ例外設定 | ：なし（全 URL でプロキシサーバを利用） |
| SMTP サーバ（ポート番号） | ：mail.p.example.jp ( d ) |
| POP サーバ（ポート番号） | ：mail.p.example.jp (110) |

■調達部 FS 設定項目

| | |
|---|---|
| IP アドレス | ：172.16.1.253 |
| ネットマスク | ：255.255.255.0 |
| デフォルトゲートウェイ | ：172.16.1.254 |
| 利用者認証設定 | ：なし |

**図2　調達部向け設定ガイド**

〔トラブル事象1〕

PCのリプレース後に，総務部のR君から“ショッピングサイトにアクセスできない。”との連絡があり，Q君がトラブル調査を実施した。

Q君は，総務部内の他のPCからショッピングサイトにアクセスを試み，正常にアクセスできることを確認した。次に，R君のPCからプロキシサーバへ正しく通信できることを確認するために，R君のPCから　e　

19 ネットワーク管理

コマンドを用いてx.y.z.103宛てにICMPパケットを送信し，正常に応答があることを確認した。

次にQ君は，[ f ]コマンドを用いて，[ g ]の名前解決（FQDNからIPアドレスを調べる）を試みたところ，エラーとなった。このことから，R君のPCの[ h ]の設定に誤りがあることを特定した。その誤りを訂正し，R君のPCからショッピングサイトに正常にアクセスできることを確認した。

〔トラブル事象2〕

総務部のS君から，“先週の調達状況の確認をしようとしたところ，調達部のFSにアクセスできない。”との連絡があり，Q君がトラブル調査を実施した。

Q君は，S君のPCと同様に，自分のPCからも調達部のFSにアクセスできないことを確認した。また，調達部のPCからは調達部のFSに正常にアクセスできることを確認した。Q君は，S君のPCから[ イ ]プロトコルのtracerouteコマンドを用いて，調達部のFS（172.16.1.253）へのアクセス確認を行った。tracerouteの仕組みでは，最初の通信先の機器のIPアドレスを知るために，パケットの生存時間である[ ウ ]を1に設定する。すると，最初の機器に届いたことで[ ウ ]は0になり，time exceeded（生存時間を超過した）というメッセージを返す。このメッセージから，最初の機器のIPアドレスを知ることができる。

tracerouteコマンドの実行結果は，1つめ，2つめからは応答があったが，それ以降はタイムアウトしていた。

Q君は調査結果を基に，原因となっていた設定の誤りを特定した。その誤りを訂正し，S君のPCから調達部のFSに正常にアクセスできることを確認した。

〔FSの利用状況確認画面の利用〕

リプレースの1か月後，企画部のIT係のT君から，“FSの説明書に，Webブラウザを用いてFSの利用状況確認ができるとの記述がある。しかし，①自席のPCからWebブラウザを用いて，説明書に記述のとおり企画部のFSにアクセスしてみたが，利用状況確認ページが表示できなかった。”との連絡があった。なお，T君のPCや企画部のFSは，設定ガイドのとおり設定されており，FS内ファイルの読み書きは可能であった。

その後，T君はQ君から連絡された設定変更を行い，FSの利用状況確認ページを表示できるようになった。

**設問1**　[ア]～[ウ]に入れる適切な字句を答えよ。

**設問2**　図2中の[a]～[d]について，(1)，(2)に答えよ。

(1) [a]，[b]に入れる，調達部のPCに設定可能なIPアドレスの範囲を，接続できるPCの台数が最大となるように答えよ。

(2) [c]，[d]に入れる適切な字句を答えよ。なお，[d]については，ウェルノウンポート番号を答えよ。

**設問3**　〔トラブル事象1〕について，(1)，(2)に答えよ。

(1) 本文中の[e]，[f]に入れる適切なコマンドを答えよ。

(2) 本文中の[g]，[h]に入れる適切な字句を図1中の字句を用いて答えよ。

**設問4**　〔トラブル事象2〕について，(1)，(2)に答えよ。

(1) 正常な場合，tracerouteコマンドの結果で表示される。IPアドレスをすべて答えよ。

(2) どの設定項目の設定誤りが原因か。想定されるものを二つ挙げ，それぞれ20字以内で述べよ。

**設問5**　本文中の下線①について，T君のPCからWebブラウザを用いてFSの利用状況確認ページが表示できなかった理由を35字以内で述べよ。

## 解答例

| 設問 | | 解答例・解答の要点 |
|---|---|---|
| 設問 1 | | ア：暗号化　イ：ICMP　ウ：TTL（Time To Live） |
| 設問 2 | (1) | a：172.16.1.1　b：172.16.1.252 |
| | (2) | c：172.16.0.101　d：25 |
| 設問 3 | (1) | e：ping　f：nslookup |
| | (2) | g：プロキシサーバ　h：DNS サーバ |
| 設問 4 | (1) | 172.16.2.254，172.16.0.1，172.16.1.253 |
| | (2) | ① 調達部 FS のデフォルトゲートウェイ<br>② 調達部 FS のネットマスク |
| 設問 5 | | プロキシサーバ経由で FS にアクセスしようとしたから |

## 補足解説

### ■設問2（1）

**a**：「リプレース後もネットワーク構成やネットワーク機器の設定変更は行わない」から，調達部のセグメントは，172.16.1.0/24であり，FSに .253，デフォルトゲートウェイに .254がすでに割り当てられているため，残るアドレスがPCに割当て可能です。

### ■設問2（2）

**c**：名前解決をするためのDNSサーバのアドレスなので，名前解決ができない状態でアクセスすることを想定しておく必要があります。なので，DNSサーバのFQDN「nsp1.p.example.jp」ではなくIPアドレスで答えます。

### ■設問3（2）

**g**：問題文に「PCからブラウザを用いてWebページにアクセスする際は，プロキシサーバを経由する」とあるので，原因として，プロキシサーバかDNSサーバの不具合が考えられます。

### ■設問4（1）

traceroute コマンドで経由する機器は次のとおりです。

**総務部PC（S君，Q君）→総務部ルータ（172.16.2.254）→**
**調達部ルータ（172.16.0.1）→調達部FS（172.16.1.253）**

### ■設問4（2）

デフォルトゲートウェイが誤っていれば，調達部FSから調達部ルータに応答パケットが届きません。また，ネットマスクが誤っていると，適切にルーティングされない可能性があります。

**■設問5**

図2のプロキシの例外設定に「なし（全てのURLにプロキシサーバを利用）」とあります。これにより，PCからのWeb通信はすべてプロキシサーバに送られます。しかし，P社では「インターネットやDMZから各部のFSにアクセスできないようにファイアウォールを設置している」ので，DMZ上のプロキシサーバからFSへの通信はファイアウォールで遮断されます。

■ 著者

左門 至峰（さもん しほう）

ネットワークスペシャリスト。執筆実績として，ネットワークスペシャリスト試験対策『ネスペ』シリーズ（技術評論社），『FortiGateで始める　企業ネットワークセキュリティ』（日経BP社），『ストーリーで学ぶ ネットワークの基本』（インプレス），『日経NETWORK』や「INTERNET Watch」での連載などがある。また，講演や研修・セミナーも精力的に実施。不定期にconnpassにてネスペ塾を開催。
保有資格は，ネットワークスペシャリスト，テクニカルエンジニア（ネットワーク），技術士（情報工学），情報処理安全確保支援士，プロジェクトマネージャ，システム監査技術者，ITストラテジストなど多数。

山内 大史（やまうち ひろふみ）

ネットワークスペシャリスト。通信キャリア網，データセンタのバックボーン，IXなどネットワークの設計，開発，構築，運用を手を動かしながら経験。執筆実績は，ネットワークスペシャリスト試験対策『ネスペ』シリーズ（技術評論社）など。
保有資格はネットワークスペシャリスト，ITストラテジスト，技術士（情報工学部門，電気電子部門，総合技術監理部門）など。

カバーデザイン◆SONICBANG CO.,
カバー・本文イラスト◆後藤 浩一
本文デザイン・DTP◆田中 望
編集担当◆熊谷 裕美子

［左門式ネスペ塾］手を動かして理解する
ネスペ「ワークブック」

2022年 8月 20日 初 版 第1刷発行
2023年 2月 21日 初 版 第2刷発行

著　者　左門 至峰・山内 大史
発行者　片岡　巌
発行所　株式会社技術評論社
　東京都新宿区市谷左内町21-13
　電話　03-3513-6150　販売促進部
　　　　03-3513-6166　書籍編集部
印刷／製本　昭和情報プロセス株式会社

定価はカバーに表示してあります。



ISBN978-4-297-12996-5 C3055

Printed in Japan

■ 問い合わせについて

本書に関するご質問については、本書に記載されている内容に関するもののみとさせていただきます。本書の内容と関係のないご質問につきましては、一切お答えできませんので、あらかじめご了承ください。また、電話でのご質問は受け付けておりませんので、FAXか書面にて下記までお送りください。弊社のWebサイトでも質問用フォームを用意しておりますのでご利用ください。

なお、ご質問の際には、書名と該当ページ、返信先を明記してくださいますよう、お願いいたします。

お送りいただいたご質問には、できる限り迅速にお答えできるよう努力いたしておりますが、場合によってはお答えするまでに時間がかかることがあります。また、回答の期日をご指定なさっても、ご希望にお応えできるとは限りません。あらかじめご了承くださいますよう、お願いいたします。

■ 問い合わせ先

〒162-0846
東京都新宿区市谷左内町21-13
株式会社技術評論社　書籍編集部
「ネスペ ワークブック」係
FAX番号　：03-3513-6183
技術評論社Web：https://gihyo.jp/book